添绿有我

环境保护探索和实践

何惠明◎著

中国出版集团
世界图书出版公司

图书在版编目（CIP）数据

添绿有我：环境保护探索和实践 / 何惠明著 . -- 广州：世界图书出版广东有限公司，2016.1（2025.1重印）

ISBN 978-7-5192-0611-6

Ⅰ . ①添… Ⅱ . ①何… Ⅲ . ①环境保护 – 文集 Ⅳ . ① X-53

中国版本图书馆 CIP 数据核字 (2016) 第 014946 号

添绿有我：环境保护探索和实践

策划编辑 赵 泓
责任编辑 钟加萍
装帧设计 卢佳雯
出版发行 世界图书出版广东有限公司
地　　址 广州市新港西路大江冲 25 号
电　　话 020-84459702
印　　刷 悦读天下（山东）印务有限公司
规　　格 787mm × 1092mm　1/16
印　　张 20
字　　数 250 千
版　　次 2016 年 1 月第 1 版　2025 年 1 月第 3 次印刷
I S B N 978-7-5192-0611-6/X·0050
定　　价 98.00 元

Content

目录

序

广东是改革开放的前沿，经济总量约占全国 1/9。多年来，在省委、省政府的高度重视和正确领导下，我省坚持环境保护优化经济发展，坚定不移走生态立省、绿色发展的路子，环境保护不断取得新进展，实现了经济质量和环境质量“双提升”，节能和减排指标“双下降”。环境保护作为一项惠及全民的伟大事业，离不开全体人民的共同参与，为此，我省率先提出大力建设民主环保，充分调动和发挥人民群众在环境保护工作中的主体作用，充分尊重、扩展和保障公众的环境知情权、参与权和监督权，推动公众共同参与环境保护。

何惠明同志 1991 年从教育部门调到广东省环境保护厅工作，在繁重的环境保护行政管理工作中，他积极从理论上探索广东环境保护工作，为广东环境保护鼓与呼。《添绿有我》汇编了何惠明同志从 1992 年至 2015 年在有关刊物上正式发表的 26 篇文章，这些文章在不同时期、从不同角度、不同方面对广东环境保护进行了积极探索，体现了一个环境保护工作者的孜孜以求，难能可贵。

是为序。

袁征

2015 年 8 月

人类的下一个社会危机：水

鱼儿离不开水。其实，对人类、对一切动植物来说，也是不能没有水的。水在人类世界中确是重要极了。据有关资料，目前全世界有100多个国家缺水，其中严重缺水的有40多个。为此，联合国首次发出警告："石油危机之后，下一个社会危机便是水"。由于栏河筑坝开凿渠道和淤积，以及因盐类、酸雨、农业和其它毒性化学物引起的污染等所造成的自然环境的变化，使全世界的淡水生态系统受到严重影响。目前工业污染使世界上十几亿人难以找到干净的饮用水，每年有5亿多人因使用不洁水而致病，其中1000多万人丧生。如果不采取切实可行的措施保护地球的水源、特别是淡水资源，人类就难以立足地球。

可能有人会说，我们中国并未感到如此严重啊。那么，我国的情况又如何呢？

据有关资料，目前在我国许多地方，由于经济的快速发展和人口的不断增加，使得水污染日趋严重而造成不断增长的用水量与有限的水资源之间的矛盾更趋尖锐。在北方，水资源不足与水质污染的问题已经较为突出；在南方，虽然地理位置得天独厚，水资源较为丰富，但水资源也遇到不断的污染。水环境中量大面广的污染物是有机物，危害最严重的是重金属。1980年国家有关部门曾经对全国878条主要河流、32个湖泊、107个水库进行了调查与评价，在调查与评价的92806公里的河长中，已有20000公里的河水受到较重的污染，其中5322公里已成为鱼虾绝迹的臭水。

水体污染不仅加速了水资源的紧张，而且形成各种社会公害。如因水污染而引起人畜中毒、死亡、渔业减产、工业减产及产品质量下降、破坏供水水源等重大事故。肝炎、肠胃病以及癌症病人逐年增多，因汞、镉、氟等造成的地方病也逐年增多。据有关资料，目前全国因水源缺乏和水污染，约有4000万人和3000万头耕畜饮水困难。

也许又有人认为，那是全国的情况，广东的情况并非如此。那么，广东水环境的情况又是怎样的呢？

据有关资料，虽然从总体上说，目前广东省内主要江河水质基本保持良好，达到国家地面水Ⅱ、Ⅲ类水质标准，但，近年来有机物和氨氮污染呈发展趋势，特别是流经城市的河段，污染普遍比较严重。以珠江来说，珠江水系上游水质良好，广州河段则污染严重，主要污染物是氨氮、耗氧有机物、悬浮物和亚硝酸盐氮。据环境统计资料，1990年全省废水排放总量25.13万吨，比1985年增加了29%，其中生活污水11.1亿吨，比1985年增加了62%。工业废水除排放达标率比1989年有所减少外，其它几项治理指标均有提高。

面对与人类生存息息相关的水资源不断受污染，我们每一个公民，每一个工矿企业，每一个部门，都有责任，都有义务，为了人类的生存和我们的子孙后代，爱护水源，保护水源。

此文发表在《文化参考报》（1992年第162期）

辛勤耕耘五载　结下累累硕果

党的十四大以来，在省委、省政府的正确领导下，在全省人民的支持下，广东的环境保护工作取得了显著成就。

环境保护机构日臻完善，环境保护专业队伍颇具规模

截至1996年底，全省已建立由政府负责人任主任的各级环境保护委员会101个；珠江三角洲的建制镇成立了环境保护领导小组；省、市（含县级市）和大部分县的环保机构被列为政府的规范设置机构；省、市、县均建立了环境保护监测站；全省环境污染监理机构94个，环保系统的环境科研机构26个。全省环保系统职工达4495人，其中管理人员3325人；在专业科技人员中，具有高级专业职称的223人，中级专业职称的731人。

环境法制建设不断加强，环保执法工作重在落实

截至1996年底，省一级的地方性环保法规、规章共27件；地级以上市人大、政府制定的环保规章、规范性文件120件。深圳、珠海、汕头市被全国人大授予立法权后，已制定了5部地方性环保法规。这些环保法规、规章不仅具有较强的地方特点，而且在全国也具有首创性。

自1993以来，由省人大和省政府联合组织的环保执法检查团，先后对全省21个地级以上市及其所属的30个县（市）和200多个单位进行了环保执法检查。在表彰先进、树立典型的同时，查处了一批环保违法案件，仅1995～1996年就查处了22宗违法进口废物事件。

加强管理，增加投入，工业污染防治成效显著

省、市政府分批下达了共900多项重点工业限期治理项目，经检查验收，80%以上完成了治理任务。“三同时”（环保工程与主体工程同时设计、同时施工、同时投入使用）的执行率逐年上升，1996年达93.3%。“八五”期间，省政府每年拨出425万元专项资金，用作治理重点工业污染源，收效显著。5年来，省工业环保投入57.45亿元，完成治理项目7152项。“八五”期间广东省工业总产值比“七五”期间增加近5倍，但工业废水排放量从1990年的14.02亿吨到1996年的15.04亿吨，只增加7.28%；工业废水处理率从56.8%提高到80.4%；工业废气治理率则从75.5%提高到77%，工业固体废物综合治理率从43.03%提高到70.6%。此外，全省查清属于国务院限期取缔、关闭或停产15种污染严重的企业739宗，已全部取缔、关闭或停产。

城市环境综合整治取得突破性进展

全面施行城市环境综合整治定量考核制度和各级政府任期环保目标责任制，积极开展创建国家环境保护模范城市、全国卫生城市活动和以城乡规划建设达标为主要内容的“南粤杯”、“岭南杯”竞赛活动。深圳市、珠海市被授予国家环境保护模范城市，佛山市被联合国评为“人类居住区优秀范例”，深圳、珠海、佛山、中山等4市被授予“国家卫生城市”。全省已建成的城市污水处理厂16座，在建的12座；城市生活垃圾处理率有11个市达100%；城市气化率有11个达90%以上。

自然生态环境保护稳步推进

自然生态环境建设取得可喜成绩。全省森林覆盖率达 56.3%，消灭了宜林荒山，全面实现平原绿化达标；在 3033.3 公里长的宜林海岸线上建成 2796.9 公里的防护林带；全省已建立自然保护区 36 个，总面积 50.8 万公顷，保护区陆地面积占全省陆地面积的 2.4%；建立了华南珍稀濒危植物中心和华南灵长类动物引种繁育中心；珠海经济特区、增城市、湛江市区、廉江市、龙门县等被国家列为全国生态示范区建设试点。

环境宣传教育工作继续深入

省环保局在办好《环境》杂志的基础上，1994 年与广州市环保局又联合创办了《珠江环境报》。举办了环境文化沙龙及“菊城杯”、“番禺杯”两届全国环境漫画大赛；举办了全省中小学生“爱国家爱环境手抄报大赛”以及编辑出版高、初中《环境教育》课外阅读教材；举办广东省环保系统首届卡拉 OK 大赛；从 1994 年以来，持续开展“广东环保千里行”活动，组织《南方日报》等 20 多家报社 50 名记者参与并进行追踪报道，发表文章 680 多篇。环境教育方面，继潮州市环境教育小组获“全球 500 佳”之后，近年来，广州、深圳、南海、顺德、曲江、梅县等市县大有后来居上的势头。据统计，全省有 3600 多所中小学开展了环境教育，在全国表彰的环保宣教先进集体和先进工作者中，南海市环保宣教领导小组等 3 个单位和 8 个个人榜上有名。

环保科技、环保产品和对外合作不断发展

环保科技业绩喜人。自 1991 以来，开发科技成果 300 多项，有 234 项获国家级、省部级和市级科技进步奖；在环保产品认定工作上，

有 26 个产品通过了国家认定，广东科龙的“无氟冰箱”和顺德市泰成的“白土特丝绸墙漆王”经国家环境标志认证委员会批准为环境标志产品。

环保产业长足发展。全省有环保企事业单位 676 家，从业人员 5 万多人，年产值 21.16 亿元。佛山分析仪器厂等 5 家企业被列为“全国环保产业百强企业”；“旋流充气气浮技术装置”等 5 个新产品达到先进水平或国内领先、国内首创；有 20 个环保产品打进国际市场。

对外交流日趋活跃。“八五”期间，接待了来自 20 个国家和地区的外宾 173 批、672 人次；派出访问、考察、学习团组 145 批、498 人次。为了加强粤港两地环保合作，1990 年成立了“粤港环保联络小组”。

此文发表在《环境》杂志（1997 年第 11 期）

环境宣传阵地上一颗闪烁着光彩的新星

——祝贺《珠江环境报》出版200期

做为《珠江环境报》的一个忠实读者，很高兴受到编辑部的邀请参加《珠江环境报》出版200期座谈会。《珠江环境报》是目前我省唯一的一份环境专业报纸，她着力为我省环境保护摇旗呐喊，发挥着环境保护舆论导向的积极作用。

我喜欢这份有特色的报纸，每期必读。从这份报纸可以了解到全省各地环境保护工作情况，了解各地环境保护的大事，了解人民群众对环境问题的关注情况，对我从事的工作很有帮助。虽然《珠江环境报》走过的路程并不长，但由于报社同志的积极努力，已办出了自己的特色，取得了可喜的成绩。我认为《珠江环境报》至少有如下这些特点：一是具有地方特色，广东味很浓。翻开每期的报纸，可以看到全省环境保护的工作部署，可以看到全省各市县甚至乡镇发生的环境保护的重大事情，有一种是自己的报纸的感觉，体现出广东环境报纸的特色。二是版面活跃，内容充实，信息量大。从标题的设计，到图片、漫画的安排及各个版块的结合等，都体现了报社编辑同志较高的专业水平。报纸的内容十分充实，既有最近发生的环保重大新闻，也有环保科普知识介绍，还有环境文学、书法、摄影等等，我觉得内容很丰富，十分耐看。三是具有监督性、战斗性。环境问题关系到人民群众的切身利益，是社会的一个热点问题。《珠江环境报》专门开辟投诉专栏，并且跟踪落实，为人民群众排忧解难，较好地发挥了舆论监督的作用，体现出珠江环境报的战斗性。

《珠江环境报》处于成长过程中，需要不断总结、不断提高。作为《珠江环境报》的忠实读者，提三点建议供编辑部参考：（1）环境保护是一个系统工程，牵涉到各部门、各单位，牵涉到社会的方方面面，牵涉到人民群众的切身利益，而《珠江环境报》在反映其他部门、单位搞好环境保护工作方面似乎分量不够；同时，我认为，《珠江环境报》在贴近群众、贴近社会生活方面还需要进一步加强，要多为群众排忧解难。（2）要及时报道全省环境重大污染事故处理处置情况，报道环保人可歌可泣的先进事迹。（3）对全省性的重大工作部署应组织系列报道，使之形成良好的社会氛围。

衷心祝愿《珠江环境报》越办越好，更上一层楼。

这是参加《珠江环境报》出版200期座谈会的发言稿，发表在《珠江环境报》（1998年11月6日第201期）

环境保护引起广泛重视

省委、省政府加大环境保护工作力度。1998 年，省第八次党代会把可持续发展确定为我省三大发展战略之一，环境保护作为可持续发展的重要内容摆上了应有的地位。在省的《政府工作报告》确定的 1998 年要着力抓好的 11 项工作中，其中第五项工作就是要合理开发资源，搞好环境保护，要求各级政府认真实施跨世纪绿色工程规划和《广东省碧水工程计划》，加强江河水质、水源的保护和自然生态环境保护以及城镇绿化美化工作；积极实施污染物总量控制计划，做好大气污染防治工作；以治理机动车尾气、火电厂二氧化硫污染为重点，制定并实施《广东省推广使用无铅汽油实施方案》《广东省酸雨防治规划》；依法加大环境整治力度，使全省环境污染得到有效遏制。为进一步搞好中心城市的城市建设、环境建设，省委、省政府在广州市召开了关于广州市城市建设和管理现场办公会议，明确提出广州的城市环境建设要努力实现"一年一小变、两年一中变、三年一大变"的目标，把加强广州中心城市建设、实施可持续发展作为增创发展新优势的重大举措；在中山市召开全省精神文明建设会议，环境保护作为会议的重要内容予以强调。为落实政府环境保护目标责任制，省政府下达了《广东省 1998 年至 2002 年环境保护目标与任务》。经省委、省政府批准，省环保局与省委组织部、省建委联合举办了全省第二期可持续发展市长研究班，来自全省 20 个地级市和12个县级市的32名市长参加了学习，强化了城市当家人的环境意识和可持续发展观念。

环境保护取得新进展。一是环境法制建设不断加强。省九届人大常委会第六次会议审议通过了《广东省珠江三角洲水质保护条例》，为保护珠江三角洲地区水质，防治水污染，确保饮用水安全，提供了法规保障；制定了《广东省环境保护执法监督办法》《广东省环境保护规范性文件备案办法》《广东省环境保护案件查处办法》，规范了环境保护执法行为。全面开展环境保护执法责任制试点工作，省环保局会同省人大城建环资委组织开展了环境保护执法检查，通过现场检查与新闻媒体宣传先进典型、公开曝光相结合，使执法检查取得了很好的社会效果。二是水环境保护工作取得较好成效。《广东省碧水工程计划》实施工作进展顺利，《碧水工程计划》115个项目中，已有83个项目开展工作，约占72%；列入《碧水工程计划》的城市污水处理工程项目中，广州新华西区污水处理厂等8项已建成投入使用，新增污水处理能力64万吨／日；《碧水工程计划》的逐步实施，在一定程度上减缓了广东省水环境恶化趋势。省政府批复了中山、韶关、佛山、揭阳等市的饮用水源保护区划，转发了省环保局、省水利厅、省旅游局《关于加强水库资源综合开发管理工作的请示》，并对部分市利用水库搞开发的问题进行了检查。三是城市环境保护工作上新台阶。省政府转发了国家环保总局《关于开展创建国家环境保护模范城市活动的通知》，对创建国家环境保护模范城市工作提出了明确要求；中山市荣获国家环境保护模范城市称号；城市环境综合整治工作走在全国前列，广东5个市参加全国47个重点城市环境综合整治定量考核，其中深圳、珠海、汕头市名列全国前茅；珠海市获得联合国人居中心颁发的“国际改善居住环境最佳范例奖”；全省建成烟尘控制区205个，面积1537平方公里；建成环境噪声达标区130个，面积793平方公里；有2座城市污水处理厂投入运行，全省城市污水处理厂共24座，日处理能力达140万吨；城区交通噪声污染防治工作进展顺利；省政府颁布《关于市县城区逐步实施禁鸣喇叭的通知》后，已有广州、深圳、珠海等20个地级市和部分县级市实行了城区机动车禁鸣；广州、深圳、珠海、汕头、韶关、中山、佛山、江门、湛江、茂名、肇庆、潮州、揭阳等市开展了城市空气质量周报发布工作。四是酸雨污染防治工作正式启动。省政府成立了酸雨污染防治工作领导小组，颁布了《转发国务院关于酸雨污染控制区和二氧化硫控制区有关问题批复的通知》，对全省酸雨污染防治工作进行了具体部署；省政府成立了推广使用无铅汽油领导小组，发出了《关于推广使用无铅汽油的通知》，广州、深圳、珠海、佛山、中山、东莞、惠州等市已实行汽油无铅化。五是污染防治和生态保护工作稳步推进。制定和实施《广东省工业污染源达标排放计划》，全省排污申报登记工作通过了国家环保总局的考核验收；全省下达限期治理项目850项，完成限期治理项目564项，投入4.88亿元；关停并转企业141家，搬迁企业80家。加大生态保护工作力度，编制了《广东省自然保护区发展规划》；珠海市生态示范区完成了多项生态工程建设，生态环境质量建设明显提高；湛江市区、增城市、廉江市、龙门县等4个国家第二批生态示范区建设试点市县，也开展了规划编制等工作。

环境保护成效显著。1998年，广州市市委、市政府提出要用三年或稍多一点时间把广州市建成国家环境保护模范城市，将投资600亿元，完成100多项城市环境形象工程。深圳市荣获“国家环境保护模范城市”之后，已不满足于“30公里马路，30公里的绿化带”的水平，随着《深圳市1998 ~ 2005年环境质量建设目标与任务》的颁发和实施，改善城市环境质量尤其是生活环境质量已成为该市实现现代化的基础条件。中山市把环境保护作为关系国民经济与社会发展大事来抓，坚持环境与发展综合决策，大力开展环境宣传教育，使文明意识、环境意识深入民心。

环境保护是中国的一项基本国策。它已成为广东省“两会”期间人大代表、政协委员热切关注的话题，有关环境保护的人大代表议案、建议和政协委员的提案每年都有约30件，1998年是44件。公众投诉环境污染问题的来信来访也逐年增多，1998年全省各级环保部门收到投诉环境污染的来信22511封，来访2374批、5170人次。

此文发表在《广东年鉴(1999)》,主编卢瑞华,广东年鉴社出版(1999年8月)

改革开放20年广东环境保护取得可喜成效

一

广东省70年代初提出环境保护问题，1973年9月建立环境保护机构，环境意识和环境保护行为则出现较早。

解放初期广东省没有明确的环境保护目标，但开展了许多有利于环境保护的工作。1957年前，广东省经济建设注意了综合平衡，统筹兼顾，有计划按比例发展。随着经济的发展，工业企业的增多，污染源也增多。这一时期，虽然没有明确的环境保护目标，没有管理环境的机构，但是全省各级政府进行了许多有利于环境保护的工作，如：全省各地兴建许多公用设施，进行旧城改造，开展植树造林，开挖人工湖、建公园，开展爱国卫生运动，疏通下水道，改善居民住宅条件，治理了一批环境脏、乱、差的区域；工业和科研部门开展废物综合利用研究工作。这些都使全省的生产和生活环境得到了改善。

1958–1972年，广东省生态环境受到破坏，环境质量恶化。3年“大跃进”，广东省与全国一样，经济建设盲目追求高速度，到处建简陋的炼钢炉、炼铁炉，广州、茂名、韶关、佛山等市环境质量恶化；珠江水系受到污染；工农渔业生产受到影响，自然环境特别是森林资源、名胜古迹遭到严重破坏。60年代初，连南、连县、阳山、乳源、乐昌、始兴、英德、曲江等8县的一些社队企业先后开办土法炼砒场，这些土法炼砒场采用落后的暴露式的手工生产方法，严重污染环境，烟气所到之处草木不生，雨水冲涮炼砒场污水流入河涌造成鱼虾死亡，严重危害人体健康。工业“三废”污染环境问题开始引起广东省各级领导的重视。1971年6月召开了广东省工业“三废”污染治理会议，同年10月省委决定成立“治理工业‘三废’领导小组”。

1973年9月第一次全省环境保护会议在广州召开，正式开始了开创广东环境保护事业的历程。同年11月成立广东省革命委员会环境保护领导小组，12月成立广东省革命委员会环境保护办公室，环境保护工作重点放在城市和工业密集区的“三废”治理上，特别是工业炉窑的消烟除尘，以及放射性废水、石油工业废水和电镀废水的治理，抓住污染突出的佛山、韶关、茂名等城市和工业区，开展重点调查，摸索污染治理经验。创立了以普及环境科学知识为宗旨的《环境》杂志，创办了全国第一所环保中专学校——广东省环境保护学校；通过组织各方面专家对茂名石油化学工业公司进行全面调查，摸清污染现状，及主要污染源分布情况，提出治理计划，为后来茂名的污染治理，彻底改变油城污染面貌提供了科学依据；在粤北重点抓了铀矿和重金属废水的治理，使外排放射性废水合格率达到了100%，重金属废水排放量大幅度削减；通过技术改造和污染治理，成功地使陶瓷之城——佛山市石湾区消除了烟尘污染；初步建立了省、地（市）一级政府和各主管部门的环境管理、科研、监测机构以及一些污染单位的环保机构；同时，通过建立环境科学学会，把社会力量组织起来，形成上下左右紧密联系的环境保护工作机构。

1978年改革开放政策的春风吹进了南粤大地。20年来，广东在大力发展经济的同时，由于注意认真贯彻环境保护基本国策，坚持经济建设、城乡建设与环境建设同步规划、同步实施、同步发展的方针，大力防治污染，保护和改善生活环境与生态环境，全省环境保护取得了积极的成效。在经济快速增长的情况下，环境质量急剧恶化的趋势有所遏制，部分城市环境质量相对稳定，少数城市环境质量有所改善，地面水水质大多保持在国家Ⅱ ~ Ⅲ类标准。

二

改革开放 20 年，环境保护取得的成效主要体现在以下方面：

（一）环保机构日臻完善，环保专业队伍颇具规模。

1978 年以来，广东环境保护事业经过 20 年的发展，目前已基本建立起环境保护管理、监测、科研、监理、宣传、教育、产业机构网络(见附图)。至 1998 年底，广东省已有省、市、县环境保护委员会 101 个，各级政府环境保护局 132 个，环境监测站 122 个，环境监理机构 118 个，环境科研所 18 个，全省环保系统工作人员 6932 人，其中科技人员 3289 人。

此外，在工业、农业、林业、水利、卫生、海洋等主管部门，广州军区以及大型国有厂矿企业，大部分设立了有专人负责的环保机构，有的还附设了本行业的环境监测站和自然保护机构。

（二）加强管理，工业污染防治成效显著。

防治工业污染，是广东省环境保护长期以来的重点工作。1982 年、1995 年，省环保局与省有关部门先后两次召开全省工业污染防治工作会议，部署工业污染防治任务。各级政府和部门在政策、投入、制度建设等方面加强对工业污染防治的管理、协调和支持，工业污染防治工作取得较大成效。通过制定产业政策，结合产业、产品结构调整和引进先进工艺技术，淘汰能耗高、污染严重的工艺设备，实施建设项目环境影响评价、征收超标排污费制度、限期治理和排污许可证制度，有力地促进了工业污染的防治。仅“八五”时期，各级政府下达的 900 多项重点工业污染限期治理项目,80%以上完成了治理任务；全省工业环保投入比前5年增加3倍。“八五”时期，万元工业产值废水排放量从1990年的300吨，下降到1995年的43吨，减少86%;工业废水处理率从1990年的40%提高到81.2%，高于全国76.8%的平均水平；工业固体废物综合利用率达70.5%，高于全国44.4%的平均水平。新建、扩建、改建项目“三同时”制度执行率逐年上升,1998年达97.95%。

（三）城市环境综合整治和各级政府任期环保目标责任制取得突破性进展。

从1990年起，广东省全面施行城市环境综合整治定量考核制度和各级政府任期环保目标责任制，大力开展以防治废水、废气、固体废物和噪声为内容的城市环境综合整治,广东省人民政府为此先后颁布了《关于加强城市环境综合整治的决定》《广东省城市环境综合整治定量考核办法》《广东省环境保护目标任期责任制试行办法》，每年通过考核，公布各市城市环境综合整治定量考核的结果，促进了各级政府领导人对环保工作的重视，推动了城市环境基础设施的建设，有效地遏制了城市环境污染恶化的势头。同时，开展创建国家环境保护模范城市、全国卫生城市活动和以城乡规划建设达标为主要内容的“南粤杯”、“岭南杯”竞赛活动，各城市环境有了明显的改善。珠海市连续5年在全省城市环境综合整治定量考核中名列前茅，成为公认的花园式海滨城市，被列为国家生态示范区建设试点；珠海市、佛山市分别被联合国评为“国际改善居住环境最佳范例奖”、“人类居住区优秀范例”；珠海市、深圳市、中山市被评为国家环境保护模范城市；深圳、珠海、佛山、中山市被授予“国家卫生城市”称号。至1998年，全省已建成烟尘控制区205个、1537.21平方公里，建成环境噪声达标区130个、792.71平方公里。

（四）水环境保护工作取得较好成效。

80年代初，水环境保护就被列为广东省环境保护的重点工作。10

多年来对重点的江河、湖泊，通过立法执法、加强规划、强化管理、建立小流域管理协调机构、增加资金投入，采取工程措施、技术措施、行政措施等开展水环境保护工作，取得较好的效果。

依法治水，加强水系水质保护的立法工作和执法检查。1991 年 1 月和 1998 年 12 月，广东省人大常委会先后颁布了《广东省东江水系水质保护条例》《广东省珠江三角洲水质保护条例》，广东省人民政府制定了一系列保护水源的行政规章和具体办法，如颁布了《东深供水工程饮用水源水质保护规定》《广东省跨市河流边界水质达标管理试行办法》等，形成比较完整的水环境法规体系。《广东省跨市河流边界水质达标管理试行办法》规定了东江、西江、北江、韩江、鉴江等跨市河流 24 个断面要达到的水质目标，并以政府环保目标责任制的形式加以实施，保证了跨市河流的水质。1996 年广东省人民政府批准了《广东省碧水工程计划》，这是一项为切实保护全省水资源，改善水环境质量，实施可持续发展战略的跨世纪宏伟工程。至 1998 年底，《广东省碧水工程计划》115 个项目中，有 83 项在开展工作，约占 72%。

制定水系水质保护规划，实施产业合理布局。省环保局会同水电等部门以及水系所在市、县政府，开展水环境科技工作，并制定水系水质保护规划，已先后制定了《东深供水工程水质管理与水污染控制系统规划》《韩江水系水质保护规划》《东江流域水环境保护与经济发展规划》等河流水环境保护规划。

加强各水系水质的管理和监测。全省各级环境保护机构以及有关部门，采取多种措施保护水质，在污染源管理与污染治理、控制重污染企业发展、产业结构调整、查处污染事故、城市环境综合整治定量考核、实施水污染物排放申报登记和许可证制度、污染物排放总量控制、划定各水系水环境功能区、建立水系水质监测系统、设立流域水系水质保护专项资金等方面做了大量卓有成效的工作。全省 100% 市、县城区及绝大部分建制镇均划定了饮用水源保护区，保证了饮用水源水质符合国家标准。

（五）自然生态环境保护稳步推进。

抓造林绿化，努力减缓环境恶化趋势。广东省是被国务院授予“绿化荒山第一省”光荣称号的省份。目前全省森林覆盖率达56.6%，已建成海岸防护林带2796.9公里，占宜林海岸线92.2%；生态公益林面积达319.6万公顷，占全省林业用地面积的31.6%。森林资源连续多年保持年生长量超过年消耗量的良性循环。同时，大力治理水土流失，至1997年，全省已治理水土流失面积累计117万公顷，营造水土保持林55.8万公顷，使部分水土流失严重的穷山区山变绿，水变清，人变富。为了保护农业生态，确保农业生产的发展，全省还划定了206万公顷基本农田保护区。

控制乡镇企业污染，保护农村生态环境。广东省乡镇企业以电子、塑料、金属制造、纺织、印染、造纸、制革、制衣（鞋）、电镀、陶瓷、水泥等为主。广东省在发展乡镇企业时注意采取措施保护乡镇生态环境，使乡镇环境质量没有随着乡镇企业的发展而同步恶化。主要做法是：（1）加强法治。在执行国家的有关法规的同时，结合我省实际制定地方法规、规章和规范文件，几年来先后制定颁发了《广东省乡镇企业污染防治技术政策》《广东省乡镇矿业环境保护技术政策》《广东省乡镇企业环境保护管理办法》《关于我省乡镇工业污染现状和对策的报告》等，为加强乡镇企业环境管理提供了依据和手段。（2）编制乡镇环境规划。目前在沿海地区乡镇企业发展较快的乡镇企业都编制了以小型工业区为主要内容的环境规划，明确划定商住区、工业区、农田保护区和环境生态保护区。（3）严格执行环境管理八项制度和措施，把乡镇环境管理纳入政府任期环境目标责任制，将城市环境综合整治定量考核扩大到县城镇和乡镇工业发达的乡镇，有力地促进污染控制工作。（4）加强乡镇环保机构建设。近几年，广州、深圳、珠海、佛山、中山、东莞、江门、汕头等市建立了乡镇环保机构，纳入镇政府正式编制。珠江三角洲一些乡村还设置了环保领导小组，配备专兼职环保员，使环保方针、政策、法规得以贯彻执行。

开展全国生态示范区试点的建设工作。1996 年 3 月，国家批准珠海市为全国第一批生态示范区建设试点。珠海市委、市政府十分重视这一工作，把生态示范区建设作为该市 21 世纪行动方案，把原定示范区面积从特区的 112 平方公里扩大到整个珠海市，面积达 7602 平方公里。1997 年国家又批准湛江市区、增城市、廉江市、龙门县为全国第二批生态示范区试点。至 1998 年底，广东省已有生态示范区 7 个、96.27 万公顷。至 1998 年，广东省已建自然保护区 56 个，自然保护区总面积 65.19 万公顷。全省自然保护区体系的面积合计已达 99.21 万公顷，约占全省陆地面积的 5.6%。

大力发展生态农业，保护农村生态环境。近年重点推广沼气综合技术，利用高效优质的沼气肥，实现种养结合、良性循环的生产模式，促进了“三高”农业和农村经济的发展。至 1996 年底，全省累计建设农户沼气池 17.5 万户，大中型沼气工程 43 宗，已形成了年产沼气一亿多立方米、年处理有机废水 800 万吨的能力。被列为全国 50 个县（市）级生态农业试验区的东莞市和潮安县，已于 1994 年上半年完成了规划编制、项目合同签定，目前项目正在实施。这两个试点县（市）经过多年的生态农业建设，生态环境得到改善，经济建设步伐加快。

支持和推动生物多样性保护工作。早在 80 年代，广东省环保局就与中国科学院华南植物研究所共同建立了华南珍稀濒危植物繁育中心，在华南植物园内建立了面积达 10 公顷的木兰科植物保存种质基因库——“木兰园”。目前木兰园已收集了 11 属 120 种木兰科植物，占全世界属数的 80%、种数的 45%。至 1998 年底，全省已建珍稀濒危动物人工繁殖场 6 个、珍稀植物引种栽培场 5 个。

加强海洋生态环境的保护。广东省各级环保部门充分运用法律、经济、行政手段，强化沿海工业污染源和入海河流污染物的控制管理，使海洋环境避免了随经济的快速发展而同步恶化。同时编制近岸海域环境功能区划，省环保局会同有关部门共同编制的《广东省近岸海域环境功能区划》，将海洋生态繁衍栖息区、珍贵海洋资源区和鱼类回游通道区定为重点保护区域，并对养殖、制盐、食品加工等与人类食物有关的功能区域进行优先保护。

（六）环境科技和环保产业不断发展。

环保科技成果丰硕，业绩喜人。广东省环保系统现有研究、开发机构33个，专业技术人员2500多人，基本形成一个门类齐全的多层次的研究开发体系。研究专业门类广泛，包括：环境基础理论、环境资源利用与保护、环境工程、环境生物、物种保护、环境医学、环境规划、海洋环境、环境教育、环境评价等不同的技术领域；研究开发机构可分为5个层次：国家和科学院驻粤科技机构、高等学校的科技机构、省属科技机构、市属科技机构、县和企业及民营科技机构，这些不同层次的科研机构在运行机制、技术力量、研究领域、发展方向上各有特色，互为补充，形成了一个有机整体。广东省的环境科技工作在70年代以前以发展工业废弃物综合利用技术为主；70年代研究的重点是环境状况调查和环境质量评价，炉窑的消烟除尘和电镀、漂染、造纸、化工、冶炼等工业废水治理技术；80年代以来，承担了一批国家攻关项目，主要成果是：工业污染防治技术研究进一步深入，以高等学校和大设计院（所）为主的工程技术力量在高效除尘技术、医用废物焚烧技术、城市污水处理、高浓度有机废水处理技术、人工湿地处理系统和氧化沟处理技术等取得一批成果。仅1991年以来，全省开展环保科技成果就有300多项，其中有234项获国家级、省部级和市级科技进步奖；32个产品通过了国家环保产品认定。

环保产业发展迅速。从1978年开始，环保产业以“变废为宝，化害为利”的综合利用为主，同时开拓环保产业的其它领域。在技术开发应用上，以改炉节燃、销烟除尘技术和装置的推广应用为突破口，解决工业炉窑冒黑烟和粉尘污染问题；水环境则以抓重金属废水和其它工业废水治理为主，大张旗鼓地在全省范围开展工作；开始推广应用无氰电镀、低铬纯化、低汞电池、无水银差压计等清洁生产技术。1986年4月广东省环保工业协会成立，标志着广东环保产业进入了初具规模的发展阶段。这一时期，为支持和推动环保产业的发展，国家和省陆续出台了有关环保产业管理的政策措施：1990年11月，国务院办公厅转发了国务院环境保护委员会《关于积极发展环境保护产业的若干意见》，为发展环保产业奠定了政策基础；1992年4月，国务院环境保护委员会委托国家环保局召开了全国第一次环保产业工作会议，会议阐明了发展环保产业对推动我国环保事业发展的重要意义，并确定了我国发展环保产业的指导思想和基本方向；国家环保局开始了最佳环保实用技术的筛选和推广、环保产品认定、环保工程设计资格证书管理、环境标志产品认证等工作，逐步规范环保产业市场。1994年，广东省人民政府和各市政府批准的有关职能和机构设置中，明确规定了各级环保部门对全省环保产业的管理职能，使广东省环保产业逐步走向组织、有序的发展。1997年成立广东省环境保护咨询评估中心，进一步加强环保产业的管理。环保产业协会在沟通政府与企业、组织产业技术交流、内外交流合作、信息咨询服务等方面，起到了很好的桥梁纽带作用，较多地承担了组织协调、引导发展的微观管理活动。目前全省环保企业事业单位676家，从业人员5万多人，年产值21.16亿元，不少产品已打进国际市场。

（七）环境法制建设不断加强，环保执法工作重在落实。

重视环境法制的机构队伍建设。1994年，省环保局在机构改革中增设了政策法规处；1995年，增设了东深水质保护深圳监理站和东莞监理站，加强了保护东深水质的执法监督力量；全省已有13个地级市环保局成立了环境法制工作机构，部分县环保局也设立了环境法制工作机构。

建立健全环保执法责任制。从1994年开始广东省环保局从六个方面开展执法责任制工作：一是把环保法律、法规、规章的执行和监督责任纳入部门的管理职责，分解到有关部门和执法个人，把执法与执法监督责任和岗位责任制结合起来，做到各司其职，各负其责。二是各执法单位同时负责对下级环保部门实施监督。三是做好宣传教育工作，使每个环保执法人员认清建立执法责任制的意义，编印了《广东省环境保护执法责任制手册》。四是在各市、县环保部门成立环保执法责任制领导小组，加强了对执法责任制的组织领导。五是把建立执法责任制列入每年的执法检查内容。六是在建立执法责任制过程中不断探索总结，建立环保部门内部的执法监督机制。1998 年，省环保局制定了《广东省环境保护执法责任制试点方案》，发至全省各市环保局执行。还制定了省环保局机关执法责任制实施方案，把现行法律、法规、规章中规定的环保部门的职责，按职责分工分解到各有关执法处室，按查处分开的原则确定执法程序和形式，确立有关的保障制度和措施。为规范执法行为，省环保局制定了《广东省环境保护规范性文件备案办法》《广东省环境保护案件查处办法》《广东省环境保护行政执法监督暂行办法》。

地方环境法制建设取得较大进展。在认真执行国家的环保法律、法规的同时，广东省重视地方的环境法制建设。至 1998 年，广东省制定颁布实施的省一级的地方性环保法规和规章 35 件，地级以上市人大、政府制定的环保规章和规范性文件 120 多件。由省人大颁布的《广东省东江水系水质保护条例》《广东省建设项目环境保护管理条例》《广东省实施〈中华人民共和国环境噪声污染防治法〉办法》《广东省珠江三角洲水质保护条例》，省政府颁布的《广东省乡镇企业环境保护管理办法》《广东省建设项目环境保护分级审批管理规定》《广东省跨市河流边界水质达标管理试行办法》《广东省核电厂环境保护管理规定》《广东省东江水系水质保护经费使用管理办法》等法规规章，对推动广东省各级环保部门依法行政发挥了重大作用。

抓好环境执法。有法必依，令行禁止，关键在于落实。自 1993 年以来，由广东省人大、政府联合组织的环保执法检查团，先后对全省 21 个地级以上市及其所属的 30 多个县（市）和 200 个厂矿、公司、开发区进行了环保执法检查。在表彰先进、树立典型、推广经验的同时，查处了一批环保违法案件，严厉打击了一批严重污染和破坏环境的违法行为。1996年以来，落实《国务院关于环境保护若干问题的决定》，全省取缔、关闭、停产“15小”污染企业760家，削减工业废水3694万吨/年、工业废气413194万标立方米/年、工业固体废弃物160多万吨/年。

（八）环境宣传教育工作继续深入。

环境宣传大踏步走向社会，新闻媒体踊跃参与，文化艺术教育部门积极配合，全社会响应。

开展环境教育。1978年，省环保局创办了全国第一所中等专业学校——广东省环境保护学校，二十年来该校共培养中级环保人才1147人，并举办了72期各类培训班，培训学员2361人次。早在1981年，潮州市就在全市459所幼儿园和598所中小学校逐步开展环境教育，创造了“三位一体”（环保局、教育局、环境科学学会三位一体）、“渗透结合”（课堂渗透、课外结合）的环境教育方法。为表彰潮州市在环境教育上作出的贡献，联合国环境规划署授予潮州市环境教育领导小组为1989年“全球500佳”称号。目前全省已有3600多所中小学校开展了环境教育。

1978年，省环保局创办了全国第一份环境科普期刊《环境》杂志，1990年《环境》被评为全国环境科学优秀期刊，1996年被评为广东省第二届优秀科技期刊，1997年获中国科协优秀科技期刊奖。1995年，省环保局与广州市环保局联合创办《珠江环境报》，这是广东省目前唯一的环境专业报，1997年《珠江环境报》被中国环境新闻工作者协会评为“优质报纸”。全省各地、各部门充分调动宣传部门和新闻单位的积极性，利用每年的“世界环境日”、“地球日”、“土地日”，组织各种形式的宣传活动。由省人大常委会牵头，省内20多家新闻单位参加的“广东环保千里行”活动，是发挥舆论监督作用、解决环境问题的形式；从1994年至1997年，“广东环保千里行”活动，共发表新闻报道、专题报道、系列报道、述评及内参等1500多篇，促进了一批“老大难”

环境问题的解决。

（九）环境保护面临的主要问题。

随着社会经济的快速发展和城市化进程的加快，自然资源开发的强度加大，环境污染范围在扩大，区域和流域的环境问题日益突出，环境污染和生态破坏已在一定程度上制约了经济发展，威胁人民健康，全省环境形势仍然严峻。

主要问题是：

——水污染日益严重，饮用水源受到威胁，水质性缺水问题突出。主要是废水排放量逐年增加，而处理水平低，尤以城市污水为甚。

——城市空气质量下降，酸雨污染日益突出。城市大气污染的主要污染物在珠江三角洲地区的城市是氮氧化物，其余城市是二氧化硫、总悬浮颗粒物或降尘。这主要是因城市机动车的迅速发展而产生的尾气污染所造成，其中摩托车的排污最为严重。近年来我省酸雨污染一直保持在90年代初期的高水平上，范围有所扩大，广大的农村地面更多地受到了二氧化硫和酸雨的污染。广东省每年因二氧化硫和酸雨造成的经济损失达40亿元。

——城镇噪声扰民严重，大部分城市居民在噪声超标的环境下生活和工作。

——固体废物污染亟待解决。工业固体废物和生活垃圾围城、“白色污染”问题日益严重。

——环境污染从城市向农村蔓延，生态环境遭到一定程度的破坏。

——区域环境负荷沉重。

——矿产开发、采石取土、土地开发等造成的水土流失明显加剧。在城市化进程中，大量土地无序开发，土壤裸露，成为造成水土流失的重要原因。

——生物多样性保护滞后，森林整体生态效益不高。

——近海海洋资源日益枯竭，生态环境不断恶化。一是酷渔滥捕，造成近海渔业资源日益枯竭。二是盲目填海、围垦，优质滩涂、红树林、防护林受毁严重，很多鱼、虾、蟹、贝类洄游、产卵、繁育的场所受破坏。三是沿岸大量工农业废水和市政污水大部分未经处理直接排入近岸海域，近岸海域污染日益严重。

——流域、区域性污染问题突出、矛盾尖锐。

——污染和生态破坏造成的经济损失巨大。据测算，广东省每年因水污染以及二氧化硫和酸雨污染造成的经济损失近百亿元，而且还影响投资环境和损害人民群众的身体健康。

此文发表在《辉煌的20世纪新中国大纪录·广东卷》（主编：于幼军·红旗出版社出版，1999年9月）

坚持污染防治与生态保护并重
增创全省环境保护工作新优势

在20世纪的末年，环境问题已成为社会的热点，成为公众关注的话题。在广东争创发展新优势、率先基本实现现代化的进程中，环境问题已成为绊脚石。省委、省政府对环境保护工作高度重视，采取强有力措施，出台了近10个环保规范性文件，在实施《碧水工程计划》的同时，启动了《蓝天工程计划》，召开了水污染防治现场会，扭转了环境恶化的趋势。

一、1999年全省环境保护工作回顾

1999年，全省各级环保部门认真贯彻落实中央人口资源环境工作座谈会和省委、省政府计生与环保工作座谈会精神，着力推动“一控双达标工作”，深入开展创建国家环境保护模范城市活动，稳步推进污染防治与生态保护工作，环境保护各项工作取得了新的进展。

（一）认真贯彻落实中央人口资源环境工作座谈会和省委、省政府计生与环保工作座谈会精神

1999年3月13日中央召开了人口、资源、环境工作座谈会，2月1日省委、省政府召开了计划生育与环境保护工作座谈会。中央和省委、省政府每年在“两会”期间召开座谈会，充分体现了中央和省委、省政

府对环境保护基本国策的高度重视。省环保局党组、学习中心组先后多次召开专题学习会，学习领会贯彻江泽民总书记、朱镕基总理以及李长春书记、卢瑞华省长的重要讲话精神。在学习贯彻两个座谈会精神中，省环保局着力建立和完善环境与发展综合决策机制，促进可持续发展战略的实施：一是建立了环境质量行政领导负责制，卢瑞华省长与广州、深圳以及各地级市市长签订了1999年《广东省环境保护目标任期责任书》，省环保局在1999年12月对深圳、汕头等16个市政府环保目标任期责任制工作进行了检查，落实1999年全省各市的环境保护目标与任务；经省人民政府批准，省环保局公布了《广东省1998年至2002年环境保护目标任期责任制奖惩办法》，成立了环保目标责任制年度考核小组；二是继续举办市长可持续发展研究班。1999年9月，省政府会同省委组织部共同举办了规划与环保可持续发展市长研究班，广州、深圳和各地级市的市长以及19个县级市的市长参加了学习研讨。通过培训班，增强了市长们的可持续发展意识；三是着力推进建立全省县以上党委常委每年至少听取一次环境保护工作汇报制度，全省21个地级以上市已建立了听取环保工作汇报制度。

各级环保部门按照省环保局的要求，在全省掀起学习贯彻中央、省座谈会精神的高潮，并结合各地实际提出具体的贯彻意见。广州市环保局在学习讨论中认为，省委、省政府把广州市的环境整治工作列为全省环保工作的重点，这是推动广州市环保工作的又一契机，他们及时制定了近期环保行动方案，着力抓好突出问题。汕头市环保局通过学习，进一步明确了做好环境保护工作的方向，摘取国家环保模范城市的金牌。

（二）“一控双达标”工作进展顺利

在完成将污染物排放总量控制指标逐级分解下达，并落实到污染企业的基础上，通过“双达标”工作确保总量控制计划的完成。一是广泛动员，提高认识。省政府于1999年5月在广州召开了广东省环境污染防治工作会议，省政府汤炳权副省长、省人大常委会张凯副主任等领导出席会议。会议就2000年实现“双达标”进行了广泛深入的动员和部署。会后，全省各地积极行动，逐级召开“双达标”工作动员会，加大了“双达标”工作力度。1999年10月召开的省环委会四届五次会议，进一步强调要把“一控双达标”工作抓紧、抓好、抓实。二是加强领导，制定实施方案。省成立了以汤炳权副省长为组长的“双达标”工作领导小组，全省各地也相应成立了以分管领导挂帅的达标领导小组，设立了具体工作机构，加强对“双达标”工作的统一领导，从组织上保证“双达标”工作的落实。省环保局组织制定的《广东省2000年工业污染源达标排放和环境保护重点城市环境功能区达标工作方案》，经省人民政府批准下发全省各级政府实施。根据省的统一部署，各地制定了相应的工作方案，做到目标明确、任务落实、责任清楚、措施得力，确保“双达标”工作的顺利开展。三是实施变更登记，摸清达标底数。全省各地在1996年排污申报登记的基础上，开展1998年变更登记工作。通过对污染源现状分析，摸清工业污染企业达标排放情况，找准达标工作的重点和难点。同时按国家、省、市、县分级管理的原则，对污染企业按规模进行排序，列出国家重点源、省重点源、市重点源和县重点源，并分别在新闻媒体上公布。对未能达标排放又没有治理设施的污染企业，各地按管理权限依法作出限期治理；对有治理设施因管理不善不能达标排放的实施限期整改，确保稳定达标排放；对效益差污染严重而又治理无望的企业，则依法关停。此外，按国家的要求建立了广东省工业污染源达标月报制度。四是层层培训，把好技术关。为保证“双达标”工作严格按照国家的有关规范和标准执行，省环保局和全省各地都举办了相关的培训班，除培训环保部门业务骨干外，还对重点企业环保人员进行了培训。省环保局在深圳市召开了深圳、珠海、中山、汕头市环保局参加的环保模范城“双达标”工作座谈会，坚定了环保模范城市提前实现“双达标”的信心和决心。五是严格标准，规范考核。省环保局制定了《广东省2000年工业污染源达标排放和环境保护重点城市环境功能区达标工作考核试行办法》，进一步明确考核指标、标准、要求、组织方式、程序和时间安排。

由于全省各级政府的重视和环保部门的着力推动，全省“双达标”工作总体上进展顺利。据不完全统计，全省现有工业污染企业18097家，其中纳入国家考核重点453家、省级重点776家。截止1999年底，全省达标企业15049家，达标率83.2%。

深圳市已提前于1999年8月实现了“双达标”，通过了省人民政府的考核和国家环保总局的核查，成为全国第一个实现“双达标”的城市。汕头市也已于1998年11月通过了省政府“双达标”工作考核组的考核。珠海、中山市已于1999年底按期完成“双达标”工作任务。

（三）深入开展创建国家环境保护模范城市活动，城市环境综合整治得到加强

继深圳、珠海、中山市荣获国家环境保护模范城市称号后，汕头市“创建”工作已通过国家的考核验收，成为我省第4个国家环境保护模范城市。通过开展创建国家环境保护模范城市活动，提高了城市的环境质量和文明程度。城市环境综合整治定量考核工作取得新进展，广东省参加全国“城市环境综合整治定量考核”的5个城市，深圳、珠海、汕头市名列前茅。湛江、茂名、阳江、肇庆、汕尾、东莞、潮州、阳江、清远、佛山、揭阳市的烟尘控制区和噪声达标区通过了省验收；佛山汾江综合整治二期工程已投入资金4亿多元，整治工作取得比较大的进展；湛江市投入4000多万元整治流经市区的南桥河，投入1亿多元对市区主要道路和景点环境进行了美化；加强了城市交通噪声污染防治工作，广州、深圳和各地级市以及花都、从化、增城、南海、顺德、台山等部分县级市实行了城区机动车禁鸣喇叭；广州、深圳和各地级市以及南海、花都等部分县级市开展了城市空气质量周报发布工作，广州市从1999年5月起开展了城市空气质量日报工作。经省政府批准，省环委会、省人事厅对十年来城市环境综合整治定量考核取得优异成绩的深圳、珠海、中山市授予“广东省城市环境综合整治定量考核先进城市”称号，授予

广州市环保局等 21 个集体为“广东省城市环境综合整治定量考核先进集体”和周日方等 97 名个人为“广东省城市环境综合整治定量考核先进个人”称号。

（四）树立大环保观念，稳步推进污染防治与生态环境保护工作

认真贯彻执行国务院、省人大《建设项目环境保护管理条例》，进一步完善建设项目环境保护各项管理制度，严把建设项目环保审批关。省政府办公厅向全省各级政府及有关部门发出了《关于加强建设项目环境保护管理的通知》。年初，省环保局布置了在全省开展建设项目环保执法检查；年中，以各种形式对广州、深圳、珠海、佛山、湛江、东莞、惠州、韶关、茂名、肇庆、河源等 11 个市进行了抽查；这次执法检查共检查了 3800 多家工矿企业，对 200 多家违法建设项目依法进行了查处。

认真贯彻落实《建设项目环境影响评价资格证书管理办法》，对持环境影响评价证书的单位进行了考核，完成了 7 个甲级、25 个乙级环境影响评价证书持证单位的考核和证书的重新申领工作。至 1999 年底，全省 20 个地级以上市（除揭阳市）环科所均已取得甲级或乙级环境影响评价证书。

酸雨污染防治工作正式启动。省环保局编制的《广东省酸雨控制规划》《广东省蓝天工程计划》已上报省政府待批；从 1999 年 10 月 1 日起全省所有加油站一律停止销售含铅汽油，全省实行了车用汽油无铅化；开展了新生产机动车排污申报登记和新车强制检测工作，已完成 34 家机动车生产企业的申报登记和新车强制检查工作。广东省人民政府和香港特别行政区政府联合开展“珠江三角洲空气质量研究”，并于 1999 年 11 月将任务分解下达给有关承担单位。

固体废物管理取得新进展。依据有关规定，省环保局对具有危险废物环境风险评价能力的 13 家单位进行了资格认定；制定了《广东省实施 < 危险废物转移联单管理办法 > 规定》，发出了《关于切实加强危险废物管理的通知》。为加强对建材工业的环境监督管理，省环保局与省建委共同制定下发了《关于切实加强建材工业环境保护的通知》。依法审批进口废物，及时查处违法行为，协助海关把“洋垃圾”拒于国门之外。

加大生态环境保护工作力度。《广东省碧水工程计划》实施进展顺利。《碧水工程计划》115个项目中，已有96个项目开展工作，约占总项目的83.5%，完成投入约40亿元；列入《碧水工程计划》的城市污水处理工程项目中，广州新华西区污水处理厂等8项已建成投入使用，新增污水处理能力64万吨／日；针对全省水污染态势仍然严峻的状况，省政府发出了《关于加强水污染防治工作的通知》，要求全省各级政府和省府直属有关单位，要加大水污染防治工作的领导和监督力度，认真解决和控制重点区域水污染问题，加快城市污水处理设施建设。省环委会在东莞市举行水污染防治现场办公会议，卢瑞华省长、汤炳权副省长到会作重要指示。主要江河流域水质保护规划的编制工作全面开展，《广东省地表水环境功能区划（试行方案）》《广东省近岸海域环境功能区划》已获省政府同意，正在组织实施；韩江、潭江水质保护规划和九洲江水系水资源保护规划已通过验收并已上报待批，西江、北江、鉴江、漠阳江、榕江、练江水质保护规划和南渡河水资源保护规划编制工作已经启动。东江、东深饮用水源水质保护工作继续得到加强，东深流域8家大型养猪场的限期治理基本通过验收，列入国家第三批限期治理的19家重点污染企业已全部落实整改措施；东深水质保护深圳监理站挂牌开展工作。重点污染河流淡水河、小东江等分别编制了污染整治方案。下达了《广东省自然保护区发展规划（1996-2010）》，提出了建立白海豚保护区的建议并获省政府批准。在全省开展了创建生态示范村（镇、农场）活动，命名了深圳市横坑镇西坑村、顺德市伦教镇、清远市畜牧水产示范场等15个村（镇、场）为广东省首批生态示范村（镇、农场）；会同有关部门，对深圳、韶关、肇庆、惠州市贯彻落实国务院办公厅《关于进一步加强自然保护区管理工作的通知》的情况进行了检查，珠海市国家生态示范区建设通过国家的考核验收，获得国家首批生态示范区称号；湛江市区、增城市、廉江市、龙门县等4个国家第二批生态示范区建设试点市县正在开展规划编制工作；中山市被批准列入国家第四批生态示范区建设试点。

（五）法制、投入、宣教、科技四项工作得到增强

环境立法和执法工作力度加大。《广东省韩江流域水质保护条例》《广东省放射性废物管理办法》和《九洲江水质保护规定》已上报省政府审核、审批。继续开展环境保护执法责任制试点工作。配合省人大组织开展了环境保护执法检查。1999年7月，省人大常委会朱森林主任、张凯副主任带队到深圳、东莞、惠州、潮州、揭阳市及增城市开展环境保护执法检查，重点检查了东深供水工程、东莞运河、淡水河和榕江、枫江流域水污染防治特别是饮用水源保护情况和增城市仙村水泥厂群的大气污染情况，以及深圳西部电厂海水脱硫工程运行情况。

大力开展环境宣传教育工作。围绕"保护生态环境，倡导文明新风"、"热爱我们共同的家园"和"拯救地球就是拯救未来"等主题，组织了全省环保宣传月活动，开展了6000多项活动，参加活动近750万人次；继续开展"广东环保千里行"活动，据不完全统计，"千里行"记者全年发稿近800篇，利用舆论监督和公众参与的力量，促进了一批环境"老大难"问题的解决；借助全省污染防治工作会议的东风，全省各地广泛宣传"双达标"与防治污染造福人类的重要意义，营造浓厚的"双达标"氛围，提高企业治污实现达标排放的积极性。首次在报纸、电视上公布各地"城考"结果，推动了各级政府对"城考"工作的重视。深入开展创建"绿色学校"、"绿色幼儿园"活动，在命名142所省级首批"绿色学校"、"绿色幼儿园"的基础上，广泛发动，认真组织各地开展创建活动，举办了十三期创"绿色学校"的校长、教导主任和骨干教师培训班，参加人数1300多人。广州市绿田野生态教育中心等13个单位被命名为广东省第二批环境教育基地。会同省委宣传部、珠江电影制片公司完成了环保专题电视片《碧水忧思录》的摄制工作。

切实增加环境保护投入。一是积极理顺环保投资关系，努力确立稳定有效的资金渠道。全省各级环保部门积极主动协助当地政府在基本建设、技术改造、综合利用、财政税收、金融信贷及引进外资等方面制定并完善有利于环境保护的经济政策和措施，逐步提高环境污染防治投入占同期国内生产总值的比重。二是通过开展政府环保目标任期责任制工作，促使各级政府加大环保投资力度，以确保任期环保目标的实现。三是推动有关部门改革现有城市污水和垃圾处理投资制度。四是开展争取日元贷款援助广东省环保项目的前期工作，开拓城市环境综合整治的投资新渠道。

依靠科技进步，提高科技在环境保护中的贡献率。围绕广东省环境保护的热点、重点问题，下达了32项环保科技研究开发项目。组织了广东省环境保护科技发展“十五”计划和2015年规划调研工作，编制《2000年度广东省环保科技研究开发项目指南》，明确2000年环保科技发展的重点领域和方向以及重点研究项目。继续抓好重点环保实用技术的筛选、评价、推广工作，广东省经国家认证的环境标志产品12个，广东省认定的环保产品53项；组织申报环保设备国产化项目，广州劲马动力设备企业集团公司获国债支助项目。省环保局与省建委共同制定和颁发了《广东省环境污染防治工程设计证书管理办法》，加强了对环境污染防治工程设计的资质管理，保证了污染防治工程的设计质量，全省新增乙级资质证书单位6个，批准核发丙级资质证书单位23个。省环保局和中国国际贸易促进会广东省分会共同在广州举办了第三届广州国际环保技术及设备展览会。

（六）环境监理、监测、信息、外事工作取得较好成绩。

加强环境监理工作。全省各级环境监理部门，按照“内强素质，外树形象”和“文明服务”的目标要求，着力提高服务质量，积极解决与人民群众密切相关的环境问题。受省环保局的委托，省环境监理所对工业污染企业污染物排放口规范化整治、污染设施运行情况、企业限期治理情况等进行了全面检查。省环保局发出了《关于加强环境污染与破坏事故报告工作的通知》，要求全省各级环保部门切实做好重大和特大的环境污染与破坏事故的及时报告工作。全省各级环保部门高度重视高考期间环境噪声污染的监督管理，据不完全统计，仅广州、珠海、汕头、佛山、汕尾、湛江、肇庆等7个市从6月20日至7月10日就出动了4344人次现场巡查，处理群众投诉591宗，处理违法排放噪声单位近200个，责令409个噪声污染比较严重的建筑工地、娱乐场所停业整顿。加强对排污费的征收、管理和使用。珠海、佛山、江门、湛江等市已实行票据分离。

坚持环境监测为环境管理服务的方针，紧紧围绕环保工作的中心任务做好监测工作。召开了全省环境监测站站长会议及常规编报工作会议，重点提出了要继续加强能力建设和“一控双达标”的监测工作。常规监测工作有了新的突破，在完成常规“五报”工作的同时，全省21个地级市全部开展了城市空气质量周报工作；全省及各市地面水水质监测和空气环境质量监测优化布点工作已经完成，重新确定了137个省控地面水断面和72个空气监测点位。能力建设步伐加快，全省的大气自动监测系统有了较大的发展，继广州、深圳、珠海之后，佛山、东莞、中山市及南海、顺德、花都、新会、开平等5个县级市也相继建设了大气自动监测系统；到1999年9月，全省21个地级市全部按规范开展了二氧化硫、氮氧化物、总悬浮颗粒物、降尘的监测工作。

环保政务信息工作取得较大成绩。1999年省环保局进一步建立健全了全省环保政务信息网络，在县级以上市环保局中聘请了44名政务信息联络员，保证了全省政务信息网络的顺畅；下发了《关于切实加强环保政务信息工作的通知》，全省各级环保部门对政务信息报送工作进一步重视，广州、深圳、湛江等市环保政务信息报送工作走全省环保系统在前面。1月至12月省环保局分别向省委办公厅、省政府办公厅、国家环保总局办公厅报送环保政务信息268期，受到省委、省政府和国家环保总局的肯定和表扬。

环保对外交流与合作活跃。接待了瑞典环境大臣、丹麦环境大臣等来访外宾41批、219人次，并与英国、瑞典、丹麦等国家联合举办了环保技术研讨会、座谈会，交流了情况，切磋了技术，增进了友谊。根据广东省与日本兵库县签订的《酸雨及其成因物质测定技术交流协议书》，兵库县环保局向广东省环保局赠送了价值约30万日元的二氧化硫监测仪器。

在肯定环保工作取得成绩的同时，也要看到目前全省的环境形势依然严峻。存在的主要问题：一是环境质量仍有待改善。1998年全省城市空气质量虽然比1997年有所好转，但氮氧化物污染严重，机动车尾气型污染特征明显，已成为城市一大公害；酸雨频率较高。在全省评价的江段中，佛山水道、东莞运河、梅溪河的水质污染明显加重；珠江三角洲流经城市的河段仍是全省污染最重的河段，除潭江保持Ⅱ～Ⅲ类水质外，大部分均为Ⅳ类或劣于Ⅳ类水质；水质性缺水问题日益突出，地区间水污染纠纷越来越多，水污染越来越成为影响甚至是制约可持续发展的因素。二是生态环境脆弱。目前，花岗岩分布较广的韩江、东江、北江上游和西江中下游地区是我省水土流失最严重的地区。粤北石灰岩地区水源缺乏，是全省生态环境最恶劣和最贫困的地区。三是珠江三角洲以及沿海地区，由于经济增长速度快、开发强度大，环境保护的压力大；经济欠发达的山区，项目选择有较大被动性，且缺乏治理资金，环保难度大。四是相当部分乡镇企业、“三来一补”企业资源、能源消耗高。五是由于经济体制的变化，以及相当部分企业经济效益差，负担重，环保投入严重不足。六是一些企业负责人环保意识差，只顾经济效益不顾环境效益，污染治理设施偷停偷排现象时有发生。七是人口对环境压力大。我省人口数量大，加重了资源消耗和环境负荷，不利于环境治理和管理水平的提高。

二、2000 年全省环境保护工作展望

2000 年全省环境保护工作的指导思想是：高举邓小平理论伟大旗帜，认真学习领会、深入贯彻落实党的十五届四中全会和省委八届四次全会精神，坚持实施可持续发展战略，坚持依法保护环境，狠抓一个重点——“一控双达标”，完成两项任务——机构改革和制定“十五”计划，实施三大举措——《广东省碧水工程计划》《广东省蓝天工程计划》和《广东省自然保护区发展规划》，做好四项工作——政府环保目标任期责任制、城市环境综合整治、创建生态示范村（镇、场）、环境保护执法责任制，促进环境与经济的协调发展。

（一）全力做好“一控双达标”各项工作

“一控双达标”是保证实现全国人大审议通过的本世纪环境保护目标的重大措施。省环保局将采取更进一步切实有效的措施，把“一控双达标”工作抓紧、抓好、抓实，确保按期完成“一控双达标”工作任务。

1. 全省各级环保部门要积极主动协助当地政府将“一控双达标”工作纳入当地社会经济发展计划并组织实施。积极协调当地计划、财政、经济综合管理部门，争取他们在项目安排、资金投入和相关政策上给予支持，使“一控双达标”真正做到责任到位、投入到位、措施到位。

2. 认真贯彻执行国务院《建设项目环境保护管理条例》和《广东省建设项目环境管理条例》，按照污染物排放总量控制的要求，严把建设项目的审批关，有效控制新污染源。凡对环境有影响的建设项目，包括区域开发、技术改造项目，都必须首先经过环保部门审批。切实做到增产不增污或增产减污。建设项目未经有审批权的环保部门审批，有关部门越权、越级审批，要依法追究有关审批机关和审批人的责任。

加强对非污染生态型的建设项目的环境管理，修改完善《非污染

生态型建设项目环保设施竣工验收申请报告》后下发全省执行。

3. 加大污染源限期治理的力度。要将经济结构调整和环境保护结合起来。对经济效益好的企业，要实实在在地帮助其治理污染，争取早日达标排放；对超标排污企业，要依法责令其限期治理；对逾期未完成治理任务的企业，要提请当地政府依法坚决予以关、停；通过切实有效的措施，确保工业污染企业全面按期达标和主要污染物排放总量控制在国家下达的计划以内。

4. 加快城市环境综合整治步伐，确保环保重点城市环境功能区达标。广州、湛江市和2000年“创模”城市要确保在2000年实现“双达标”。

5. 优化产业产品结构，淘汰落后工艺和关闭污染严重企业。认真贯彻落实《国务院关于关闭非法和布局不合理煤矿有关问题的通知》《国务院办公厅转发国家经贸委等部门关于清理整顿小炼油厂和规范原油成品油流通秩序意见的通知》，依法关闭明令关闭的小煤矿、小炼油厂、小水泥厂以及《国务院关于环境保护若干问题的决定》中要求取缔、关闭的“15小”企业，并防止其死灰复燃。在达标工作中，结合广东实际，充分发挥企业现有污染治理设施和技术的作用，并结合产业、产品结构调整，扶持市场前景好、技术含量高、单位产值排污量小的企业，对那些污染严重的企业要坚决取缔或关闭。

（二）积极配合政府有关部门，完成机构改革各项任务

根据中央精神，从1999年下半年开始至2000年上半年进行省级政府机构改革，并结合政府机构改革进行所属事业单位的机构改革，随后进行市、县机构改革。这次机构改革在深度、力度上都远远超过以往任何一次。全省各级环保部门要积极主动配合当地党委、政府，精心组织好这次机构改革的各项工作。同时，结合机构改革，积极稳妥地推行干部人事制度改革。要通过机构改革，使全省环保系统无论是组织结构还是人员素质都更能适应新世纪环保工作的要求。

（三）进一步落实政府环保目标任期责任制

建立环境保护目标管理与考核奖惩制度。认真实施政府领导环保目标任期责任制，对已经省政府批准下达给各市政府的《广东省 1998 至 2002 年环境保护目标与任务》年度考核指标要进行严格考核，并将考核情况作为职务晋升和奖惩的依据之一，务必使环境保护工作落到实处。省环保目标任期责任制年度考核小组将对卢瑞华省长与各市市长签订的 1999 年度《广东省环境保护目标任期责任书》的执行情况进行检查、考核并公布完成情况；继续签订 2000 年《广东省环境保护目标任期责任书》，并按省政府《关于加强水污染防治工作的通知》要求，公布跨市河流边界水质达标情况，促进各市政府保护环境。各级环保部门要积极主动地配合当地政府，履行部门职能，当好政府领导参谋，确保环保目标的实现。

（四）认真做好“十五”环保计划的编制工作

国务院明确将环境保护规划作为“十五”规划八个重点专项规划之一，国家环保总局就计划编制工作已作了部署，省环保局将积极做好编制“十五”环保计划工作。“十五”期间环保工作和制度应进一步深化和创新。

1. 全省各级环保部门要认真、全面地总结“九五”环保计划执行情况，总结、分析计划执行过程中的经验教训。

2. 环境保护要适时应对国际、国内形势发生的变化。目前，世界经济全球化进程加快，国际资本自由流动加速，企业跨国并购重组增多，国际互联网迅速发展，对经济增长的作用上升，这都将对我国我省的经济发展产生重大影响。同时，国内买方市场的形成，经济体制改革的深入进行，产业结构调整的加快，使经济形势发生重大变化。这些变化，都将会对环境保护、环保产业产生影响。“十五”计划要应对这些变化。

3. 实施可持续发展和科教兴国战略，是党中央、国务院作出的重大决策，是全面完成第二步战略目标，进一步实施第三步战略部署的重要保障；省委提出了“外向带动”、“科教兴粤”和“可持续发展”三大发展战略。“十五”期间的环保工作和制度应体现这一思想。

4. 党的十五届四中全会通过的《中共中央关于国有企业改革和发展若干重大问题的决定》和省委八届四次全会通过的《中共广东省委关于贯彻<中共中央关于国有企业改革和发展若干重大问题的决定>的意见》，进一步明确了国有企业改革的目标、任务、指导方针和重大措施，并对这些工作作了全面部署，这是我国我省国有企业改革和发展的新的里程碑。“十五”期间的环保工作和制度应紧密结合中央和省委的部署。

5. “十五”期间的环保工作和制度应贯彻生态保护与污染防治并重的方针，以遏制生态环境恶化的趋势。

（五）坚定不移地实施“碧水”和“蓝天”工程计划

全省各级政府在制定国民经济和社会发展规划、计划时，要把《碧水工程计划》和《蓝天工程计划》中所列项目纳入重点建设投资项目中予以保证。坚决贯彻李长春书记关于“近期要把水的问题列为重中之重”的批示精神和省政府《关于加强水污染防治工作的通知》，强化流域水质保护工作，依法采取强硬措施限期整治水环境污染问题。召开全省水污染防治会议，全面推动水污染防治工作。以保护饮用水源为重点，以整治淡水河、小东江、枫江、练江、东莞运河污染和进一步加强东江、东深流域水质保护工作为突破口，全面推进《碧水工程计划》的实施。完成鉴江、西江、北江、榕江、练江、漠阳江水质规划和南渡河水资源保护规划的编制工作，进一步总结推广潭江水环境管理经验，扎扎实实做好跨市河流水质保护工作，提高流域污染防治能力及管理水平。

实施大气污染物排放总量控制。有计划、有步骤地落实火电厂和大型燃煤、燃油锅炉的烟气脱硫示范工程；继深圳西部电厂海水脱硫工程环保竣工验收后，要完成广州造纸厂5万千瓦自备电站荷电脱硫的验收工作；督促沙角电厂A厂30万千瓦机组脱硫工程建设，加强对粤连电厂12.5万千瓦机组石灰石——石膏法脱硫的环保“三同时”管理。2000年二氧化硫排放总量电力行业控制在55万吨以内，其他行业控制在1995年的水平；继续做好推广使用无铅汽油工作，加强机动车排气污染治理，全省机动车排气达标率要达到80%，新生产的机动车排气达标率确保100%。逐步停止生产和销售消耗臭氧层的物质。

（六）继续深入开展城市环境综合整治工作

城市是环境保护工作的重点。全省各级环保部门要着力建立有效机制，形成政府统一领导、各部门分工负责、人民群众积极参与的城市环境综合整治局面。切实治理噪声污染、工业“三废”污染和生活污染，努力改善城市环境质量。在继续对21个地级以上市和珠江三角洲16个县级市城市环境综合整治定量考核的基础上，组织和开展其余17个县级市的“城考”工作，全面推进广东省城市环境综合整治工作。继续促进城市污水和垃圾处理等环保基础设施建设。要积极协助政府，采取强硬措施，推动有关部门加快城市生活污水处理厂和垃圾处理厂的建设，提高城市生活污水处理率和垃圾无害化处理率。积极防治噪声污染，认真贯彻落实省政府《关于在市县城区逐步禁鸣喇叭的通知》，切实做好县级市、县城区2000年底前禁鸣喇叭；加强对未完成创建烟尘控制区和噪声达标区工作的城市的指导、检查和验收。继续深入开展创建国家环境保护模范城市活动，重点抓好南海、花都市的“创模”工作。

（七）加强生态环境保护工作

生态环境保护的重点是加强对水源保护区、自然保护区、重要湿地、重要渔业水域、优质滩涂和海湾以及珍稀濒危物种集中分布区等特殊生态功能系统的保护，着力解决人为因素造成的生态环境的破坏。2000年生态环境保护工作主要是：配合省人大和有关部门，做好《广东省自然保护区管理条例》的起草工作；加强统一监督管理，充分发挥组织协调作用，推动《广东省自然保护区发展规划（1996–2010年）》的有效实施；协助农业部门认真贯彻执行《广东省农业环境保护条例》，依法保护农业环境，做好农村生态环境保护工作，深入开展创建生态村（镇、农场）活动，加大生态保护力度；完成增城、廉江、龙门县（市）、湛江市区和中山市国家生态示范区建设规划的编制工作。

（八）切实做好环境法制、投入、宣教、科技工作，提高环境执法监督管理能力

2000年环境法制工作的主要任务是，在完善地方环境立法的同时，继续把环境执法作为工作重点，加大环境执法力度，查处环境犯罪案，确保各项环境保护法律法规、规章真正落到实处。在立法方面，草拟和送审《广东省实施<中华人民共和国固体废物污染环境防治法>办法》《广东省跨市河流边界水质达标管理条例》《广东省东江水系水质保护条例》（修订）、《广东省环境保护条例》《广东省排放污染物许可证管理办法》。在执法方面，继续抓好环保执法责任制试点工作，召开全省环境保护执法责任制试点工作经验交流会，组织对执法责任制试点单位的验收；配合省人大、省政府组织环保执法检查；组织对各市、县环保执法情况进行不定期监督检查。在环境法制宣传教育方面，继续举办县级环保局长环境法制培训班和法制管理干部、执法人员培训班；同时，通过多种形式，积极向公众宣传环境保护的法律知识。

积极推动全省各级政府在基本建设、技术改造、综合利用、财政税收、金融信贷及引进外资等方面制定并完善有利于环境保护的经济政策和措施，建立环保投入机制，逐步提高污染防治和生态环境建设投入占同期国内生产总值的比例，并建立相应的监督检查考核制度，提高资金使用效益。保护环境是政府行为，要加大政府投入，逐年增加财政安排的年度环保专项资金，争取建立珠江三角洲或韩江流域专项资金；按“谁污染谁治理”和“污染者付费”的原则，依法征收排污费，

合理使用污染治理基金。建立水污染严重行业的“三同时”保证金制度。组织编制环保专项、挖潜治理基金和各项经费计划；认真做好项目的前项工作，积极利用国家财政专项资金，努力开拓引进外资工作，做好小东江污染综合整治利用加拿大赠款项目工作，充分利用环保贷款，增加污染治理的投入。

围绕全省环境保护的中心工作积极开展宣传教育活动。配合“一控双达标”等重点任务和《广东省碧水工程计划》《广东省蓝天工程计划》的实施，做好各项宣传工作，及时报道工作进展情况，发挥舆论和公众监督作用；继续开展“广东环保千里行”活动；根据省委、省政府对经济特区和珠江三角洲率先基本实现现代化作出的部署，主动配合做好在实现现代化过程中环境保护的宣传工作；继续会同宣传、教育等部门，围绕“六五”世界环境日主题，组织领导干部和社会各界参加形式多样的环保宣传月系列活动，使公众在活动中受到教育，提高参与意识；以创建“绿色学校”、“绿色幼儿园”为推动力，在大中小学及幼儿园中普及环境科学知识，提高青少年的环境意识；评审、命名第二批省级“绿色学校”、“绿色幼儿园”；继续与珠江电影制片公司合作摄制一部反映我省生态保护状况的电视专题片，组织编写一批宣传资料。加强环境宣传阵地建设，办好《环境》杂志。

切实做好环境科技工作。编制广东省环境保护科技发展“十五”计划和2010年规划；做好《2000年度环保科技研究开发项目指南》科研项目的申报、评审工作；组织好2000年度广东省环境保护科技进步奖的评审工作，并组织申报省级科技奖励和国家环保科技进步奖工作；做好《珠江三角洲空气质量研究》课题的组织编写协调工作，确保项目的顺利进行。继续做好环保产品、环境标志产品等环保资质认可工作，加强全省环境工程设计资质管理，规范环境工程设计，保证工程设计质量；强化环保产品质量管理，规范环保产业市场，推动有利于环境保护的产品发展；继续抓好重点环保实用技术的筛选、评价、推广工作，推动实用技术集成化、工程化和产业化。做好地方污染物排放标准的修订、颁布工作；大力推行 ISO14000 环境管理体系认证，开展 ISO14000 示范区建设试点工作。

此文发表在《广东省国民经济和社会发展报告（1999—2000）》，主编：黄伟鸿，广东经济出版社出版，2000 年 2 月

广东城市大气污染状况及防治对策

1978 年改革开放的春风吹进了南粤大地。20 多年来，广东的经济以平均每年 13.8%的速度增长，经济发展取得了世人瞩目的显著成绩，广东的国内生产总值由 1978 年的 185.85 亿元增加到 1999 年的 8459.46 亿元。广东的工业以轻工业为主，轻、重工业门类比较齐全。近年来，广东的工业产业结构进一步调整优化，以电子信息、电器机械、石油化工等为代表的九大产业发展加快。目前，广东的工业化、城市化速度加快，城市化水平已达 31.5%，城市化进程进入了加速发展时期，珠江三角洲地区已成为我国经济发展最快、城市化进程最迅速的地区之一。20 多年来，广东在大力发展经济的同时，十分注意纠正在经济发展中出现的与环境保护碰撞的问题，广东的城市大气污染防治虽然做了大量的工作，也取得了一定的成绩，但在此过程中也不可避免地付出了环境遭到破坏的沉重代价，但总体上是沿着可持续的方向发展。

本文拟针对广东城市大气污染现状提出相应的防治对策措施。

一、广东城市大气污染现状

1978 年我国实行改革开放政策。广东是实行改革开放政策最早的省份。在改革开放前期，由于相当部分工厂没有有效地防治废气，建筑工地没有实行封闭式施工，火力发电厂基本没有脱硫装置，机动车迅速增多却没有配套尾气防治装置，资源也近乎掠夺式开采等等，致使广东城市的大气遭到前所未有的污染，引发了一系列严重后果：一是日照减少，出现类似光化学烟雾。据有关资料，近年来广州市每年日照少于2小时的天数，比60年代多了近40天，是全国省会城市日照减少最多的城市。珠江三角洲不少城市都不同程度出现过类似光化学烟雾。广州市随着城区的扩展，成群成片的高楼大厦拔地而起，马路不断延伸，大批农田被征用，湖泊池塘被填平，工厂、酒楼、火电厂等排放的污染物，建筑工地的粉尘，以及机动车排放的尾气，使之形成大量的气溶胶粒子，这些气溶胶粒子长期悬浮笼罩在城区上空，导致到达广州地面的太阳总辐射量比60年代减少了4.6%，紫外线降低8%。加上广州市城区人口密度高，消耗的能量多，释放到大气中的热量高，从而造成广州市城区夏天持续高温且越来越热的原因。这种热岛效应的作用在广东其他城市也不同程度的出现。二是频繁的酸雨侵蚀，缩短了公共设施和建筑物的寿命，破坏了生态环境。广东是全国酸雨污染较严重的地区之一，全省2个副省级市、19个地级市，除茂名、阳江、河源、梅州4个地级市和乳源、新丰、陆河、连山、连南、阳山、清新、揭西等8个县外，其余17个地级和副省级市均被国家划入酸雨控制区，全省酸雨控制区面积12.8万平方公里，约占全省国土面积（17.8万平方公里）的63%，占全国酸雨控制区总面积的16%，是全国酸雨控制区面积最大的省份之一。酸雨控制区内人口5300多万，约占全省总人口的73%。1990年至1999年，全省城市酸雨频率在35.2～53.1%范围内，降水pH平均值在4.53～4.98之间，其中珠江三角洲和粤北地区污染最严重，有的城市酸雨频率高达70%以上。据有关资料，1999年全省城市降水pH平均值为4.98，酸雨频率是35.2%，其中广州、佛山、江门、肇庆、清远市的酸雨频率在50%以上，属于重酸雨区的城市。据估算，广东每年因酸雨污染造成的经济损失达40亿元。西樵山是岭南四大名山之一，其绿化面积达11平方公里，其中马尾松等松林有6.67平方公里，据有关资料，目前该山有超过20%的松林面积已枯萎或濒临枯萎，桉树也开始出现枯萎现象，造成西樵山松林枯萎的“元凶”就是酸雨。广东酸雨的主要成份为硫酸根，其次是硝酸根离子，即主要因空气中的二氧化硫和氮氧化物等酸性物质，这些酸性物质来自于大量的矿物燃料燃烧。广东能源结构以煤、油为主，火电厂是二氧化硫排放大户，占了全省二氧化硫排放总量的40%以上，仅珠江三角洲火电装机容量就达1200万千瓦，二氧化硫排放量达38万吨。由于燃料消耗量的增加，废气中污染物排放量也不断增加。1999年，全省工业废气排放量7165亿标立米，废气（含非工业部分）中二氧化硫排放量为69.49万吨，其中工业排放二氧化硫66.94万吨，占排放总量的96.3%；烟尘排放量34.73万吨；工业粉尘排放量94.42万吨。近年来，尽管城市气化率不断提高，城市大气中二氧化硫的年日均值随之有所下降，但珠江三角洲地区酸雨频率仍居高不下。部分城市中以氮氧化物为特征的机动车尾气污染型大气污染仍较为突出，珠江三角洲的氮氧化物高于粤东、粤西地区，机动车尾气污染比其他区域明显，珠江三角洲的广州等城市的氮氧化物出现超标，个别城市已出现了光化学烟雾的征兆。

广东省城市空气质量基本保持在国家环境空气质量二级标准，但不同地区，其污染物有所不同。珠江三角洲地区的城市是二氧化氮、二氧化硫，其他城市是总悬浮颗粒物、降尘。广州市拥有的机动车辆总数超过100万辆，使广州市的废气日趋严重，1999年广州市的氮氧化物年日均值是0.118毫克／立方米，大大超过国家环境空气质量二级标准（0.05毫克／立方米）。环境空气的污染危及到市民的健康，据有关资料，广州地区15岁以下儿童哮喘的患病率高达3%～4%，高于全国1%的平均水平；广东的癌症死亡率逐年上升，70年代为60.95／10万人，90年代为124.96／10万人，增长了105.02%，城市居民恶性肿瘤死亡率高于农村，且以肺癌占首位。这与城市空气污染比农村严重有关。

据广东省国民经济和社会发展“十五”计划，“十五”期间广东省GDP的增长速度安排为9%，按照这一速度，广东的工业污染物的产生量会相应增加15～20%，而按照环保计划要求，“十五”期间污染物排放总量不仅不能增加，而且还要削减。为此，“十五”时期广东的环境保护工作需要进一步加大力度。

二、造成广东城市大气污染严重的原因

造成广东城市大气污染严重，其原因是多方面的。笔者认为主要有以下几个方面：

1. 环境意识、可持续发展观念淡薄，存在“先污染后治理”的思想观念。一些地方和部门的领导把可持续发展战略只当成一种口号，甚至认为环境保护只是环保部门的事，自己的责任就是促进经济发展，把发展经济与环境保护对立起来，没有真正树立环境与经济协调发展的思想。重经济发展、轻环境保护的思想在一些地方政府、部门的领导和企业负责人中不同程度地存在着，没有把近期的政绩目标服从于全面的、长期的可持续发展的要求，把环境保护与经济发展对立起来，还没有走出“先污染、后治理”的误区，甚至以牺牲资源与环境为代价追求经济发展速度。在工业项目的审批上，往往只注重其经济效益，忽视了环境效益；在制定产业政策时，没有坚持鼓励发展污染少、效益好的产品；没有淘汰污染严重、效益低的产品。为了求速度，求发展，有些地方甚至把法律规定的环保审批程序和排污收费制度取消，有的以投入不足为由，取消“三同时”（环保工程与主体工程同时设计、同时施工、同时投入使用）项目，有的借企业效益不好之故放弃污染治理，导致老污染源未得到有效治理新污染源又产生。比如，一边整治大气污染，一边又在上火力发电厂项目时省去了脱硫装备；在购买新机动车时省去了尾气净化装置；在上有粉尘污染的项目时省去了粉尘防治设施。不少地方为了迅速摆脱贫困落后面貌，忽视环境保护，什么重污染项目都上，结果是毁掉了当地的蓝天碧水。这种先污染后治理、边污染边治理甚至不治理的环境保护方式，不但未能有效地遏制环境污染恶化的势头，而且只能是环境质量变得越来越差。广东能源建设以火电厂为主，消耗大量的

煤、油，由于经济利益的驱使，这些年来选用了大量的高硫份、高灰份劣质油、煤，造成大量的二氧化硫、氮氧化物排放，且主要集中在珠江三角洲一带，使得该地区的大气污染和酸雨污染最为严重。还有，通过对降水中的阴离子成分分析发现，虽然酸雨污染目前仍以二氧化硫的影响为主，但氮氧化物的贡献率呈越来越大的趋势，这与近年来各城市机动车数量的迅速增加有关。然而有关方面对此并未引起足够重视，如目前对机动车的路检不够正常；机动车改用清洁能源而加气站却未能及时配套，等等。

2. 投入严重不足，治理滞后。投入不足表现为：一是广东的环保投入长期低于全国的平均水平。改革开放以来，广东不少地方存在重经济、轻环保的倾向，对环保的投入能少则少，能拖则拖，能免则免。“八五”期间，全省环保实际总投入 108.67 亿元，仅占同期 GDP 的 0.64%，达不到“八五”计划要求的 0.8%，也低于全国 0.8% 的平均水平，甚至还低于“七五”期间的 0.67% 的水平。虽然“九五”环保投入达到约 1.8% 的水平（1999 年全省环保投入达到 201.85 亿元，占 GDP 的 1.97%），比“八五”期间环保投入有较大增长，但离实际要求还有一定差距，美国、日本等发达国家在 80 年代环保投入占 GDP 比重就达到 2.1% ~ 4%。据有关部门研究估算，要控制环境污染的势头，环保投入水平至少要占 GDP 的 1.5% ~ 2.5%；要把受污染的环境完全治理好，环保投入水平至少要占 GDP 的 5% 以上。依此相对照，广东的环保投入就显得明显不足，与广东的经济发展水平和污染治理任务极不相称。而且，目前不少的环保投入主要用于城市环境综合整治中的绿化等城市景观、美化工程，直接用于污水处理、垃圾处理等环保基础设施工程的比例不高。工业污染防治的投入比例较低，不到环保总投入的 40%，导致相当部分地区工业废水、废气达标率很低。二是环境经济政策力度不够，未能形成有效的投入机制。一方面由于排污收费标准偏低，而污染治理投资和运行成本高，企业宁愿交排污费也不愿治理污染，无法推动实现“谁污染、谁治理”的政策，致使很多企业的污染治理老账未清，又添新账。

如，广东省现行二氧化硫排污收费标准是0.15元/公斤，与北京（1.00元/公斤）等城市相比显然偏低。受利益驱动，企业宁愿交纳二氧化硫排污费也不愿意上脱硫设施，环境管理的经济手段显得软弱无力。一方面由于相应的投入机制和鼓励环保投入的经济政策不足，没有能够很好调动起全社会的力量来治理和保护环境，如城市污水和垃圾处理费标准偏低，造成谁建设谁背财政包袱的状况，致使城市污水处理和垃圾处理等基础设施建设严重滞后。长期以来，环境保护主要靠政府的财政投入。污染治理费的分担无法实现多元化。这种大包大揽的投入方式，既是政府财政的沉重负担，又不能及时治理环境污染，也不符合市场经济的要求。由于经济政策的不配套，大多数电厂上脱硫设施的积极性不高。据了解，近年来上马的一些大型火电厂的新机组大都没有配套脱硫设施，使得全省二氧化硫排放总量仍在增长；原有部分电厂由于设计和建设时没有考虑脱硫场地和资金等因素，脱硫工作进展缓慢。按照目前烟气脱硫的进度，如果不出台相应的政策措施并在资金、管理上的配合，要完成国家下达的二氧化硫排放总量控制指标将十分困难。在大气环境监测方面，目前大城市对大气环境监测项目实施情况较好，中小城市由于资金、技术问题而实施困难；按照规定，必须对企业排放的污染物进行在线监测，但有些企业的废气排放没有按规定及时完成在线监测系统，使环境监督管理出现漏洞。

3. 环境法制建设力度不够。在环境立法方面，目前广东的地方环境立法还未能与经济体制改革相适应。在环境执法方面，现行的环保法律法规得不到全面、准确的执行，有法不依，执法不严，违法难究和以言代法，以权压法的现象不同程度的存在。虽然国家、省陆续颁布了不少的环境保护法律法规，但是环境保护法律法规还不够完善。有些环保法规和执法对象界定不清，往往停留原则性、方向性，对违反规定后如何处罚，由哪个部门处罚，有的就没有具体的规定，对各类企业也没有明确规定权利和义务。同时，地方保护主义严重，阻碍环保执法现象时有发生。有些地方的领导人往往只顾经济发展，忽视环境保护，盲目上项目，不少“市长工程”、“县长工程”、“镇长工程”，对环保执法横加权力干涉或不予理睬。1999年全省共发生环境污染与破坏事故171宗，其中就有部分是“权大于法”的结果。

4. 产业结构不合理和企业粗放经营。广东正处在经济快速增长期，能源、化工、建材等消耗大、污染重的工业发展迅速。虽然广东在经济发展中不断调整产业结构，并取得了一定成绩。但工业经济结构、产业结构和产品结构不合理的现象依然存在，造成了结构型污染；工业技术水平整体较低，能源消耗高，资源、能源浪费大，排污量大则导致技术型污染。广东乡镇企业发展迅速，但主要靠高投入、高消耗、高污染，粗放经营。有关资料表明，全省县以下企业污染源排放的废水、废气、烟尘、粉尘、固体废物，分别占全省企业污染源排放总量的29.2%、29.3%、65.2%、62.4%和87.1%。

5. 环保机构、队伍与实际工作需要不相适应。目前，广东的环保机构设置不规范，环保队伍建设与环保工作要求不相适应，环保执法力量薄弱，尤其是在县、镇一级更为突出。在1996年以来的机构改革中，广东的县级环境保护局有9个由行政局改为事业局，4个被撤并，6个与建设部门合署办公；全省1556个镇中，仅224个设立了环保管理机构。环保部门行政事业经费没有保障，有的市、县只给编制，不给经费。环保经费来源没有保障，环境监测和环境监理所需的技术装备和监控手段普遍严重落后，对突发性污染事件的应急能力较差，严重影响了现场执法和监督管理。

三、广东城市大气污染防治的对策措施

广东城市环境的大气污染确实应该引起全省各级政府的重视，要采取有效的措施防治大气污染，使广东的环境保护与经济、社会发展相协调，坚持走可持续发展道路。

1. 强化政府环境管理职能。各级政府要按照《环境保护法》关于

“对本辖区的环境质量负责”的规定和江泽民总书记关于“坚持党政领导一把手亲自抓、负总责”的重要指示，从贯彻落实江泽民总书记“三个代表”的重要思想和党的十五届五中全会精神的高度，落实政府任期环保目标责任制，切实加强领导，做到责任到位，投入到位，措施到位，把环保工作作为考核班子、考核各级领导业绩的一项重要内容。各级政府要全面理解和贯彻实施可持续发展战略，要按照经济建设、城乡建设与环境建设同步规划、同步实施、同步发展的方针，协调好城市建设、经济建设和人口、资源、环境的关系，将环境污染防治与推进经济增长方式转变有机结合起来，优化工业布局，调整产业结构，推行清洁生产，使用清洁能源，发展质量效益型、科技先导型、资源节约型先进工业，开发低投入、低消耗、低污染、高产出、高效益、高附加值的产品。

2. 建立适应市场经济体制的污染防治资金筹措机制，增加投入。首先，各级政府和有关部门要贯彻执行国家在基本建设技术改造、综合利用、财政税收、金融信贷和引进外资等方面的环境保护经济政策和环境保护资金渠道的规定，并建立相应的监督检查和考核制度，确保落实。第二，要加大政府投入。环境污染防治作为社会公益事业，政府财政支持必不可少，政府应逐年增加财政安排的年度环保专项资金；增强环保宏观调控能力。第三，要制定有利于环境保护的经济政策，实现环保投入的多元化、社会化。要按照国家有关部门的要求和污染物的收费高于成本的原则，提高广东省现行二氧化硫排污费和城镇生活污水处理费的征收标准，制定城市垃圾处理收费和鼓励火电厂脱硫政策，将二氧化硫排污费的征收标准逐步提高到与北京等城市相近的水平，同时形成谁污染谁就要承担相应经济责任的公平竞争机制，促使排污企业积极增加投入，主动治理污染。切实有效促进二氧化硫的控制和城镇污水处理厂、垃圾处理场的建设。要改革排污收费制度，依法足额征收排污费，提高收费标准，最大限度地发挥其在污染治理方面的效益；向开发和利用资源的生产者和消费者征收生态补偿费，用于恢复生态平衡，改变过去无偿开发、使用资源、国家投资恢复的不合理状态，防止生态环境恶化。要按照广东省人民政府《关于切实加强环境保护工作的决定》的要求，建立建设项目“三同时”保证金制度，确保建设项目“三同时”及其环保投入到位。按照谁投资、谁受益的原则，鼓励企业投资建设、经营环境污染治理项目，建立自主经营、自负盈亏、自我发展的良性机制，促进环境保护的市场化。第四，通过多种形式引进境外资金和吸收社会资金，争取和利用国际金融机构、外国政府的环保贷款、赠款等资金。

3. 严格执行建设项目环保审批制度，有效控制新污染源。要认真贯彻国务院颁布的《建设项目环境保护管理条例》和广东省人大常委会颁布的《广东省建设项目环境保护条例》，凡对环境有影响的建设项目，要严格执行建设项目环境影响评价制度和环境保护项目与主体工程“三同时”制度，并且必须首先经过环保部门审批。凡按规定须经环保部门审批而未经审批或经审批不同意的，有关部门不予办理项目审批，规划行政主管部门不予办理建设工程规划许可证和建设用地规划许可证，土地管理部门不予办理征地手续，工商行政部门不予办理营业执照，银行不予贷款，供水、供电部门不予提供水电。建设项目未经有审批权的环保部门审批，有关部门越权、越级审批的，要依法追究审批机关和审批人的责任。建设单位擅自建设和投入使用的，要依法惩处。

4. 完善环境法制建设，依法防治大气污染。全省各级政府和环保部门要进一步提高对环境法制建设的认识，切实把环境法制工作摆上重要议事日程，加快广东大气污染防治的地方立法步伐。要制定广东省实施《中华人民共和国大气污染防治法》办法，以及《广东省环境保护条例》《广东省排污许可证管理办法》等，进一步完善广东省地方大气污染防治法规体系。要加大环境执法力度，严格依法办事，加强对大气污染治理的监督管理。要全面推行和落实环保执法责任制，形成在各级政府领导下，环保部门统一监督管理，各有关部门分工负责的环境管理和生态保护机制。要完善环境空气监测系统，加快重点污染源在线的建设，强化大气污染源的监督管理。

5. 依靠科技进步，控制大气污染。要积极鼓励和扶持企业通过科技进步，不断改进生产技术，开发新产品。环保科技的发展要结合广东省的实际，重点研究开发少废、无废及无害化综合集成技术，大力推广清洁生产技术；研究应用新型高效污染处理技术；研究开发大气污染防治技术、脱硫实用技术和机动车尾气污染控制技术，有效解决酸雨和大气污染。各城市必须严格限制大气污染型工业，积极发展污染少的高新技术产业。实行控制二氧化硫的优惠政策，明确支持脱硫产业，在产业政策上给以优惠，使投资向环保产业倾斜；鼓励开发和推广应用适合国情、省情的实用脱硫技术；制定二氧化硫治理技术政策和脱硫项目招投标规定，逐步形成规范化的脱硫市场。要认真做好环保科技成果的转化、推广工作，提高科技进步在大气污染防治中的贡献率，促进环保实用技术的集成化、工程化和产业化；要积极引导环保产业的发展，规范环保技术和产品市场，引进和应用国外先进技术，提高环保产品的高科技含量；要建立健全环保产品和工程质量监督机构，逐步实现规范化、标准化，促进广东省环保产业健康发展，推进广东大气污染防治工作。

6. 规范环保机构设置，充实环保执法力量，提高环保队伍素质和水平。朱镕基总理在 1999 年中央人口、资源、环境工作座谈会上明确指示："省级机构的设置基本上要与国务院的机构相对口。通过机构改革，要减员增效，提高队伍的素质，使人口资源环境方面的工作得到加强而不是削弱"。国务院明确规定，环保部门是全国环境保护领域最具权威的监督执法部门。中央有关文件对地方机构的改革与调整，突出了加强环保等执法监管督部门，并列为第一类需要加强的部门。广东省在已确保省级现有环保机构和人员编制基本不变的基础上，也应确保市级环保机构和人员编制基本不变（或减少人员精简的比例）；县级环保部门应纳入规范设置机构，合理确定人员编制；理顺市辖区环保部门的管理体制；加强镇级环保机构设置。各级编委、财政和环保部门，要大力支持和规范环境监理和监测队伍的建设，加强环境监测基础能力和快速反应能力建设，强化环境监理职能，并从编制、经费、技术装备等方面给予保证，增强污染防治现场监督执法和技术监督能力。

此文发表在《广东行政学院学报》（2000 年第 1 期）

加大环境治理力度 着力改善环境质量

在2001年省“两会”期间召开的全省计划生育和环境保护工作会议上，省委、省政府贯彻中央人口、资源、环境工作座谈会精神，把环境保护工作纳入了率先基本实现现代化的总体格局。人大、政协加大了监督和支持的力度，通过视察和专项检查，解决了一批环保的热点、难点问题。全省各级党委和政府都按中央的要求做到责任、措施和投入“三个到位”，认真抓好污染控制和环境治理，全省环境污染继续得到控制，生态保护工作也取得进展，生态环境质量有所改善。

一、2001年环境保护工作回顾

2001年，全省环境保护工作出现了良好的工作局面。全省城市空气质量比去年同期好转，综合污染指数下降，尘类污染明显减轻；全省江河水质总体保持稳定，大江大河干流水道水质保护良好，且枯水期达标江段比去年略有增加，呈好转趋势；城市功能区噪声等效声级平均值略有下降。全省环保工作取得新的进展。

（一）以环保实绩考核为切入点，全面推进“十五”环保计划的实施

为实现“十五”环保工作目标，《广东省环境保护“十五”计划》

作为全省国民经济和社会发展的“十五”计划的一个主要专题计划，经省政府批准并印发各市政府实施。与此同时《广东省“十五”环境管理技术能力建设规划》亦经省政府同意印发各市、县执行。在省“两会”期间，省委、省政府召开了计划生育暨环境保护工作会议，卢瑞华省长与各市市长签订了2001年度政府环境保护目标任期责任书；会议对全年环保工作做出了部署，并通报了2000年度政府环保目标任期责任制执行情况的考核结果，有16个城市获得了“优秀”。为了进一步落实中央提出的“党政一把手负总责”和“三到位”的要求，8月，省委组织部、省环保局联合下发了《关于实行市县党政领导环境保护实绩考核的意见》，决定从2001年开始对市、县党政领导班子和党政正职、分管环保工作的副职进行环境保护实绩考核，并制定了具体考核的工作细则，配套、规范对市县党政领导环保考核的有关工作，进一步完善了我省环境保护目标管理与考核奖励制度。《考核意见》下发后，各地党委、政府普遍重视，成立由市领导为组长的考核小组，按照省的要求认真组织实施；东莞市市委书记亲自挂帅，任考核领导小组组长，市长、组织部长、分管环保的副市长任领导小组副组长，市政府副秘书长任领导小组办公室主任。江门、湛江市由市长任考核领导小组组长，阳江、肇庆等市则由市委副书记挂帅。

（二）继续加强监督管理，稳定工业污染防治和达标成果

做好污染源达标管理工作。在2000年底全省基本实现“双达标”基础上，2001年组织全省各地开展工业污染源达标工作考核，省政府成立了以副秘书长任组长，省直有关单位为成员的省政府“一控双达标”考核组，4月底完成了考核工作。为巩固这一工作成果，5月又开展了查处环境违法行为专项行动，有效地制止了工业污染的反弹。在专项行动中，全省组织执法检查6534次，参与人数3.1万人次，检查企业19315家，立案查处558宗（其中属重点案件412宗），已全部结案；实施行政处罚348宗，查处“十五小”死灰复燃企业16家，“新五小”企业死灰复燃3家，违法新建污染项目63家，治理设施正常运行但达标不稳定企业439家，设施不正常运行超标企业202家；专项行动结果表明，全省工业企业排污超标反弹率为4.4%，远低于全国平均15%左

右的反弹率。下半年，又组织了对停产治理和延期达标企业的跟踪监督检查，全省共有 200 多家停产治理企业经治理达标验收后恢复了生产。

加强建设项目环境管理。在全省推广深圳、珠海、中山市建设项目环境管理政务公开的经验，积极稳妥地进行审批制度改革，简化审批程序，完善重大项目集体评审制度、审批和验收结果公示制度和项目审批备案制度，确保项目审批的民主化和科学化；积极探索区域开发建设项目环境保护管理新路子，加强对大亚湾开发的环境管理，省政府召开了中海壳牌石化项目环境管理协调会议，明确了中海壳牌石化项目及大亚湾环境管理原则要求，实行由单个项目环境影响评价审批拓展到区域开发环境影响评价审批，加强了建设项目的宏观管理。开展了中小型建设项目环境影响评价和“三同时”制度专项执法检查。召开了全省建设项目环保管理工作会议，总结“九五”全省建设项目环保管理工作，部署“十五”工作任务，研究进一步加强建设项目环保管理的措施。全年全省建成投产项目 37862 个，应执行“三同时”（防治污染的设施与主体工程同时设计、同时施工、同时投产）项目 4954 个，实际执行“三同时”项目 4890 个，“三同时”项目环保投资 17.07 亿元，“三同时”执行合格率 97.8%；全年设立的建设项目 54823 个，执行环境影响评价的建设项目 54726 个，环境影响评价制度执行率 99.8%。全年已办理排污申报登记的企业 45708 个（其中水污染物 29037 个，大气污染物 13518 个，固体废物 6151 个）；完成限期治理项目 607 个，完成限期治理项目投资 2.17 亿元，关停并转迁企业 627 个。

（三）以流域水污染控制为重点的水环境保护工作取得较大进展

继续全面实施《广东省碧水工程计划》。以保护饮用水源为重点，强化流域与区域水环境管理，加强跨市河流边界水质达标交接的管理，大力推进城市生活污水处理工程建设，加大重点流域、区域污染综合整治力度。《碧水工程计划》下达并实施 4 年多来，115 个项目中已有 105 项在开展工作，投入资金 70 多亿元，我省境内的珠江等主要大江大河干流水质维持良好，部分污染情况较为严重的河段，如小东江、淡水河、珠江广州河段等水域水质有所改善。

完成全省主要流域水质保护规划工作。继东江、潭江、韩江、九洲江水质保护规划获省政府批复实施后，2001年，西江、鉴江、榕江、漠阳江、练江的水质保护规划又获得省政府的批复，北江的水质保护规划已通过专家评审。南渡河的水质保护规划正在编制。《粤东水污染防治对策》获省政府同意，在此基础上设立“省水污染防治专项资金”，重点用于粤东及其他经济欠发达地区的水污染防治。继实施小东江、淡水河水污染整治计划后，省政府又批准实施枫江、石马河水污染综合整治计划，批转了深入贯彻《广东省珠江三角洲水质保护条例》的意见，广州、佛山跨区水污染综合整治工作已启动，东莞运河水污染整治工作也正在进行中。进一步加大东深供水工程水质保护工作力度，观澜河河道应急处理工程的运行，对稳定供水水质发挥了积极的作用；深圳观澜镇生活污水处理厂和东莞鸡爪河应急处理工程正在建设，东莞清溪、塘厦、凤岗、樟木头镇4个生活污水处理厂已完成前期工作；省环保局组织制定了《东深供水工程水质安全应急预案》。

（四）全面推进大气、固体废物、噪声污染防治工作

《广东省蓝天工程计划》实施进展顺利。《蓝天工程计划》纳入“十五”环境治理计划中，加大了实施力度。编印《〈蓝天工程计划〉简讯》，及时发布工作开展情况。《蓝天工程计划》主要整治项目已有70%开展工作，已完成45.6%。全省有排放二氧化硫重点污染源505个，其中有482个经治理达标排放。加强对机动车排气污染的监督管理。会同公安交警部门联合发出《关于加强机动车排气污染监督检测工作的通知》，恢复了对机动车尾气的路检、复查工作。机动车排放污染年检率58.1%。

组织编制《广东省固体废物污染防治规划》，起草了《固体废物污染环境防治法》的实施办法。医疗废物集中处理率43.98%。加大对

进口废物的管理力度，省政府颁布了《关于加强废物进口管理的通知》，省环保局也制定了相应的管理规范，加强了与海关、商检部门的沟通和联系，加大对加工利用单位的检查，依法查处违法进口废物的行为；整顿了第七类进口废物定点企业，取消和调整了12家企业的定点资格。

（五）自然生态环境保护工作扎实推进

积极贯彻落实《全国生态环境保护纲要》。《纲要》下达后，省环保局及时制定贯彻落实《纲要》的计划，制定了全省生态调查、生态功能区划、生态保护规划的工作方案，省政府批准了这个方案，并建立了以省环保局为召集人、各有关部门参与的联席会议制度。

加强农村、农业环境保护。组织开展了全省规模化禽畜养殖业污染情况调查，会同省农业部门完成了全省农业环境调查。

加强自然保护区建设和规范化管理。经省政府批准，成立了省级自然保护区评审委员会，组织对申报国家级和省级自然保护区的申报点进行评审。至2001年12月，全省已有自然保护区175个、2704970公顷，自然保护区面积占辖区面积3.83%。

国家级生态示范区、省级生态示范村（镇、场、园）创建工作不断推进。继珠海市、湛江市区、增城市、廉江市、龙门县、中山市之后，2001年又有南澳、始兴、连平、徐闻、揭西等5县被列为国家级生态示范区建设试点县。至2001年12月，全省有生态示范区78个，省级生态示范村（镇、场、园）36个。

监督检查近岸海域环境功能区管理工作。结合国家环保总局《近岸海域环境功能区管理办法》的实施，对沿海各市、县近岸海域环境功能区管理工作进行检查，对沿海近岸海域环境功能区监测站位进行优化布点；组织完成了入海污染物直排口情况调查工作。

（六）深入开展城市环境综合整治和创建国家环境保护模范城市活动

2001 年城市环境综合整治定量考核已由 21 个地级以上城市增加到 52 个设市城市。全省各级环保部门按照省环保局《关于积极开展区域整治以洁净优美的环境迎接九运会的通知》的要求，在九运会前抓住当地突出的环境问题予以整治，在短期内检查和改变突出的环境污染状况。组织对各市进行 2000 年度城市环境综合整治定量考核工作，获“城考”总分前 3 名的依次是：汕头市、珠海市、中山市；获“城考”环境质量指标得分前 3 名的依次是：河源市、肇庆市、惠州市。在积极推行“城考”工作的同时，继续在全省开展创建国家环境保护模范城市活动，惠州市“创模”通过了国家环保总局的验收，即将成为我省第 5 个国家环保模范城市。广州市城市建设、生态建设等方面取得较大成就，荣获国际花园城市称号和城建特别奖、中国人居环境范例奖；深圳市荣获中国人居环境奖。继续进行城市烟尘控制区、噪声达标区建设工作，建成烟尘控制区 145 个、2048 平方公里，噪声达标区 159 个、1222 平方公里。

（七）依法行政，环境法制工作得到进一步加强

做好环境法规的起草和修订工作。《广东省韩江流域水质保护条例》经省人大审议通过于 2001 年 3 月 1 日起实施；《广东省东江水系水质保护条例》（修订送审稿）已报省人大审议。《广东省放射性废物管理规定》经省政府批准于 2001 年 6 月 1 日起实施，随后省环保局下发了具体的贯彻意见。《广东省排放污染物许可证管理办法》经省政府同意后，由省环保局以规范性文件的形式下发各市县执行。起草了《广东省环境保护条例》并报送省政府审核。完成《广东省小城镇环境保护问题的调研报告》。

做好环境执法检查、监督工作。协助省人大组织 3 个环保执法检查组，分别到湛江、茂名、深圳、佛山、汕头、揭阳等市查处环境违法

行为，重点检查了东江、韩江、榕江、鉴江、练江的水质保护情况及汾江、深圳河、龙岗河、小东江、信宜市一河两岸、龙洲江等小流域污染整治情况。立案查处信宜市安莪纸厂、罗定市互益染厂、罗定市美鹏染厂、潮州华海水产品公司、平远造纸厂、东方锆业和平分公司等企业的环境违法行为。全年实施环境行政处罚案件 98 件，处罚金额 2183.5 万元。

完成省人大环保议案结案工作。协助省政府做好省人大八届四次会议代表提出的《关于大力整治污染加强环境保护的议案》。2001 年 9 月，省人大常委会会议审议通过了省政府的办理报告，并做出了《关于批准省人民政府〈关于大力整治污染加强环境保护议案的办理情况报告〉的决议》。

做好省各民主党派对环保问题意见建议的承办工作，对省各民主党派提出的环保问题的意见建议逐条研究落实，向省委领导和有关部门报告，同时起草了《中共广东省委、广东省人民政府关于加强环境保护工作的决定》。

建立环保政务公开机制。印发了《关于在全省环保系统推行政务公开的决定》，在全省环保系统推行政务公开；省、市、县环保部门均已建立政务公开制度，设立了政务公开栏和“公众意见栏”，不少地方还设置了电脑触摸屏，印制了《办事指南》，在因特网、电讯 168.163. 移动电话网上设立了政务公开网页和咨询电话；在电台、电视台开辟“环保政务公开”栏目。除清远市外，全省各地级以上市在 2001 年都先后开通使用 12369 环保投诉举报热线电话。省环保局组织编印了《广东省环境保护政务手册》，政务工作进一步规范化、制度化。

（八）推进环境科技进步，努力为改善环境质量提供技术支持

做好环保科技项目管理和技术开发研究工作。2001 年下达了省环保科技专项资金项目 34 项。对进行中的环保科技开发项目加强了监督管理，及时做好对到期项目的验收评审工作。有 3 个环保科技项目获省科技进步奖。“珠江三角洲空气环境质量研究”项目在粤港双方的共同努力下进展顺利，已基本完成总报告书。

积极推行环保资质认可制度，强化环保产业市场规范管理。开展了丙级环境工程设计资质的评审工作，审查批准 13 家；做好甲、乙环境污染防治工程专项设计证书的初审推荐和临时证书的转正工作，通过环保资质认可，规范了环保产业市场管理，保障了环境工程设计质量。继续开展国家级环保产品认定工作，有 1 家 1 种产品获国家认定；有 12 家获国家环境标志产品认证；有 22 家企业获得国家批准颁发的环保设施运营资质证书。

做好环境标准工作。省环保局转发了国家环保总局发布的《大气固定源镍的测定火焰原子吸收分光光度法》等 17 项环境保护行业标准和《轻型汽车污染物排放限值及测量方法》等 3 项国家污染物排放标准以及《饮食业油烟净化设备技术要求及检测技术规范》及有关技术政策。完成了《广东省水污染物排放限值》和《广东省大气污染物排放限值》两项地方标准的修订工作，在报经省政府批准后，由省环保局与省质量技术监督局联合发布。

做好对 ISO14000 环境管理体系的宣贯工作。为推动 ISO14000 环境管理体系在我省的宣传贯彻，省环境科学研究所已批准设立了 ISO14000 咨询机构。目前全省有 18 家咨询机构、7 家认证机构获国家环保总局备案。省环保局会同省科技厅、省知识产权局召开环境管理体系座谈会，宣贯 ISO14000，并批准中山火炬高新技术开发区等 5 个开发区为我省知识产权管理制度与环境建设试点示范区，向国家推荐肇庆星湖风景名胜区为 ISO14000 国家示范区已获批准，指导广州市天河科技园软件园等开展 ISO14000 工作。全省已有约 200 家企业通过 ISO14000 认证。

环保产业工作有新的进展：针对电力、造纸、制糖等行业锅炉的烟气脱硫的情况，组织了“广东省烟气脱硫技术交流会”；召开广东省垃圾焚烧技术研讨会，就我省城市生活垃圾焚烧技术进行研讨；组织 37 家企业参加在北京举行的第五届全国环保产业第七届国际环保展览会，获得5个金奖、一个优秀奖；举办第四届广州国际环境保护技术及产品展览会，来自德国、日本、澳大利亚、韩国等国外20多家和国内130多家企业参加了展览会，约2万人次进场参观、洽谈；南海国家生态工业示范园区暨华南环保科技产业园建设正式启动。全省有环保产业单位1280个，环保产业年产值99.54亿元。

（九）做好核事故预防和应急以及辐射环境管理工作

加强辐射环境管理工作。5月，省政府颁布了《广东省放射性废物管理办法》，并从6月1日起施行。针对水泥行业废放射源管理存在的问题，省环保局及时发出通知，加强了回收与管理，避免废放射源污染事故的发生。召开了全省辐射环境管理工作会议，总结几年来辐射环境管理工作，布置了近期全省辐射环境管理工作的任务。经国家环保总局批准，我省"九五"期间建立的广东省城市放射性废物库已于6月28日投入试运行，12月，经国家环保总局检查验收，同意广东省城市放射性废物库正式运行。

开展核事故预防和应急工作。组织编写了《广东省广东核电站/岭澳核电站事故场外应急计划》。为配合岭澳核电站的首次装料，12月举行了场外应急演习，并获得成功。另外，还组织了6次预先不通知的通讯演习。

进行了辐射污染事件事故的调查处理、群众投诉处理及伴有辐射项目的环评审批工作。省环保局组织和参与了多起辐射事件事故的调查处理工作。加强对电磁辐射环境的监督管理，对中国移动通讯公司广东分公司、广东电信公司、中国联通公司广东分公司的电磁辐射进行监测。

积极开展辐射环境管理的对外与粤港的交流、合作。举行了核电站事故场外应急粤港合作年会；核电站事故场外应急事宜粤港联络组举行了会谈，就岭澳核电站事故场外应急合作事宜以及辐射测量比对、空中监测方面的合作安排等达成了共识。

（十）大力开展环境宣传教育工作，着力提高全民的环境意识

利用各种新闻媒体，宣传江泽民总书记和朱镕基总理在中央人口、资源、环境工作座谈会上的重要讲话和“十五”环保计划、“一控双达标”、“创建环保模范城”、“碧水工程”、“蓝天工程”等重点工作。会同广州市共同组织抵制捕食野生保护动物万人签名大会，李长春书记、卢瑞华省长等省领导带头签名。全年省级新闻单位开辟环保专栏、专版200多个，发表环保文章1500多篇。省人大常委会决定将“广东环保千里行”更名为“南粤环保世纪行”继续开展下去，并于5月正式启动。

联合省委宣传部等单位，以“推行清洁生产，倡导循环经济”为主题，在全省开展环境宣传月活动，活动内容7300多项，参加活动人数约950万人次，印发宣传资料230多万份，报纸、电台、电视台刊登文章、播出专题、公益广告28000多次（篇）。

环境教育有新的发展。全省共有5000多所学校、幼儿园积极参加创建活动，有力推动了全省中小学、幼儿园的环境教育工作。全省第二批命名共123间“绿色学校”、“绿色幼儿园”，并于5月召开会议，对获此殊荣的单位进行了表彰。省环保学校为培养环保人才发挥了积极的作用。

加强环保宣传阵地建设。1月，在第三届广东省优秀期刊评选活动中，《环境》荣获“第三届广东省优秀期刊奖”；4月，在广东省第三届优秀科技期刊评比中，《环境》荣获二等奖；6月，《环境》在第六届广东省优秀科普作品评奖活动中受到表彰，并有5篇作品获奖。《珠江环境报》紧紧围绕全省环保重大工作部署，及时地反映全省各地的贯彻落实情况，推动了工作的开展，起到了很好的舆论导向作用；7月，经国家新闻出版总署批准，《珠江环境报》获得公开发行。

做好对外交流与合作工作。加强了粤港澳环保工作的联系、沟通与合作，举办了粤港持续发展与环保合作小组第二次会议及东江水专题会议、空气专题会议、珠江三角洲流域水质综合管理研讨会和环保专题讲座；与加拿大驻广州总领事馆联合举办环保技术研讨会。粤港环保合作小组下设的8个合作研究专题工作进展顺利。与日本兵库县签订了《广东省、兵库县关于环境保护技术交流协议书》。

一年来，我省环境保护工作虽然取得了较大进展，但必须清醒地看到我省的环境保护仍然存在不少的问题，环境污染、生态破坏加剧的趋势在一些地区还未得到有效的遏制，环保工作仍面临很大的压力。主要表现在：一是城市生活污水处理率偏低，水质性缺水问题突出。2000年城市生活污水排放量为33.35亿吨，而处理量仅为7.83亿吨，处理率只有23.5%。污水的大量排放致使我省的水质状况日趋下降，流经城市河段的水质日益恶化，饮用水源水质受到严重威胁，地区间水污染纠纷增多。二是二氧化硫排放量削减幅度不大，酸雨和机动车尾气污染严重。珠江三角洲地区酸雨频率仍居高不下。部分城市中以氮氧化物为特征的机动车尾气污染型大气污染仍较为突出。三是固体废弃物、电磁辐射和噪声污染问题日渐突出。城市垃圾随意堆放，不仅占用大量土地，还污染着土壤和地下水。噪声污染问题仍然是群众投诉的热点，城市交通干线噪声普遍超标。四是生态环境的损害与破坏仍然严重。林地和城市绿地被侵食、挤占的情况仍然时有发生，自然保护区面积偏低，且类型单一、区域发展不平衡。水土流失特别是人为土壤侵蚀仍然严峻，养殖以及过量施用农药、化肥所造成的面源污染呈加重趋势。农村环境管理和生态保护问题已成为当前我省环保工作的一个薄弱环节。环境污染与生态破坏已成为影响我省可持续发展的重要因素之一。

二、2002年全省环境保护工作展望

2002年全省环境保护工作，以邓小平理论和党的十五大精神为指导，进一步贯彻落实“七一”重要讲话和党的十五届五中、六中全会和省委八届八次全会精神，以率先基本实现社会主义现代化为总目标、总任务统揽全局，按照“三个代表”要求，以改善环境质量、保障人民群

众身体健康和环境安全为目的，推进一个“转向”——从污染控制转向全面治理，贯彻两个“会议”——第五次全国环保大会和第八次全省环保会议，实施三项“计划”——《广东省环境保护“十五”计划》《广东省碧水工程计划》和《广东省蓝天工程计划》，做好四项工作——巩固“双达标”成果、城市环境综合整治与农村环境管理、环境法制建设、环保队伍建设。坚定信心，扎实工作，把全省环境保护事业继续推向前进。

（一）推进一个“转向”——从污染控制转向全面治理

“九五”期间，我省通过采取多种控制污染的措施，遏制了环境污染加剧的趋势，保持环境质量的稳定，局部地区还有所改善。“九五”期末，以实施《碧水工程计划》和《蓝天工程计划》为标志，全省拉开了环境治理的序幕。“十五”期间的工作重点是在坚持“防治并重”的前提下，积极推进污染控制向全面治理转变，通过积极主动的治理，包括点源治理、面源治理、区域治理、流域治理和生态建设来实现更有效的污染控制。在污染控制方式上要从末端治理转向生产全过程控制；在环境治理方式上要从点源治理转向区域环境的综合治理；治污工作机制要从政府包揽转向市场化和企业化。治理既是重头戏，全省各级环保部门在布置各项工作时，都要围绕和确保环境治理工作的如期开展，为治理工作提供服务，提供保障。治理工作的效果如何，具体要看环境保护目标是否实现、污染物排放量是否得到削减、环境质量是否改善。环境治理是新时期污染控制的新使命，环境监测、监理、统计、信息、科研、技术等等都要为之服务，各地各部门的工作重心都要朝此转变，为实现“十五”环保目标服务。

（二）贯彻两个“会议”——贯彻落实第五次全国环保大会和第八次全省环保会议精神

2002 年国务院将召开第五次全国环保大会，随后省政府也拟召开第八次全省环保会议，这是新世纪全省环保系统的大事。第八次全省环保会议的主要议题是贯彻落实第五次全国环保大会提出的各项工作任务；部署实施我省“十五”环保计划，分解国家下达的各项环保指标；省委、省政府将作出《关于加强环境保护工作的决定》。为开好第八次全省环保会议，省环保局将全力做好会议的各项筹备工作，全省各级环保部门都要积极协助和配合，努力使会议达到预期的目的。

（三）实施三个“计划”——《广东省环境保护“十五”计划》《广东省碧水工程计划》和《广东省蓝天工程计划》

全面实施“十五”环保计划、落实“十五”环保计划的各项任务。以人为本，改善环境质量，实现经济建设与环境保护的“双赢”是“十五”环保计划所追求的主要目标。省环保局按照国家下达的指标，抓好全省污染物排放总量控制计划的分解落实，各地要做好相应的工作；做好“十五”环保计划2002年度计划的实施与2003年度计划的编制工作。

加强水质保护，加大实施《碧水工程计划》的力度。2002年要继续推进《碧水工程计划》的实施，促进各流域水质保护规划、各重点区域水污染整治计划进一步落实。继续抓好珠江广州河段、淡水河、石马河、东莞运河、枫江、练江、汾江河、天沙河、小东江、岐江河、惠州西湖、肇庆星湖的水污染综合整治，加紧组织编制未完成的江河治理与保护规划。全力推动城市生活污水处理厂建设。继续加强近岸海域环境功能区管理，做好对全省海洋环境保护工作的指导、协调和监督工作；加强陆源污染源和海岸工程的海洋污染防治工作，削减入海污染物总量；启动“碧水行动计划”。

实施《广东省蓝天工程计划》，防治大气污染。结合能源结构调整，重点防治酸雨污染和城市机动车尾气污染，编制二氧化硫和酸雨污染防治计划。会同公安交警部门，加强对在用车排气污染的年检和上路抽检，大力推广使用先进的清洁能源汽车，提高全省城市机动车尾气的达标率。在全省范围内严禁新建单机容量小于12.5万千瓦（含12.5万千瓦）的燃煤和燃油机组，在珠江三角洲地区和酸雨控制区城区、近郊区不再规划、建设（含技术改造）新的燃煤、燃油电厂；新建和在建燃煤燃油电厂，必须配套脱硫设施；采取措施推动现有燃煤燃油发电厂配套脱硫设施。

（四）做好四项工作——巩固“一控双达标”成果、城市环境综合整治与农村环境管理、环境法制建设、环保队伍建设。

加强工业企业达标管理工作，巩固“一控双达标”成果。结合经济结构战略性调整，大力推行清洁生产，进一步控制主要污染物排放总量，努力解决结构性污染问题；在东深流域开展总量控制工作试点。在珠江三角洲一些条件好的城市和一些重点企业进行污染物排放全面达标的试点。全面实施《广东省排放污染物许可证管理办法》，结合主要污染物排放总量控制，在排污申报登记与变更登记基础上做好排放污染物许可证的核发和证后监督管理工作。继续完善建设项目环保管理规章制度和审批机制。加强固体废物处理处置、有毒化学品进口、危险废物经营与转移、进口废物的监督管理；组织编制全省固体废物污染防治规划，全面推进工业固体废物、危险废物、生活垃圾、医疗废物、废旧电子电器的综合利用和污染控制工作。

加大城市环境综合整治力度。全省环保系统要积极做好推进城市化进程中城镇的环境管理工作。认真落实省委组织部与省环保局联合下发的《关于实行市县党政领导环境保护实绩考核的意见》和省环保局编制的《广东省环境保护责任考核细则》。组织制定《广东省政府环保目标任期责任制管理办法》和《广东省环保责任考核工作手册》。结合我省已经开展的政府环保目标任期责任制考核和环保实绩考核以及创建卫生城市、文明城市、生态示范区、生态示范村（镇、场、园）等一系列活动，全面促进城市环境综合整治，提高城镇环境保护管理能力。继续开展创建国家环保模范城市活动。

加强生态保护工作，推进农村环境管理。要加强农村生态保护工作，防止城市污染向农村转移，及时查处人为破坏生态行为，落实资源开发中生态保护的目标，切实做到在保护中开发，在开发中保护。要加强对农业现代化、农村城镇化过程中产生的废弃物污染的监测与控制。大力推进生态农业和绿色、有机食品基地建设及秸秆综合利用，防治水土流失。加强禽畜养殖业污染防治监督管理。规范旅游业的环境管理，加快自然保护区建设，完善规范化管理，开展国家级和省级生态示范区创建工作。组织开展全省生态环境调查、生态功能区划、生态保护规划工作，实施《全国生态环境保护纲要》。

加强环境法制建设。报送《广东省环境保护条例》《广东省实施〈中华人民共和国固体废物污染环境防治法〉办法》《广东省跨市河流边界断面水质达标管理条例》《广东省建设项目环境保护管理条例》（修订）、《广东省城市环境规划管理办法》《广东省建设项目环境保护分级审批管理规定》（修订），做好修订《广东省环境保护任期责任制管理办法》的前期工作；协助省政府法制部门做好对已报环境法规送审稿的协调、审议工作。继续配合省人大、省政府组织开展环保执法检查，严厉打击各种环境违法行为；加强对市、县环保部门环保法律法规的培训，召开执法案例分析及现场调查取证研讨会、行政复议工作座谈会，继续开展东江流域环境保护协调补偿机制的专题研究。

加强环保机构和队伍建设。要积极主动地做好县级环保机构的改革工作，加强环境管理能力建设和环保队伍的思想作风建设、业务建设。要加强行风建设，完善政务公开制度，围绕整顿和规范市场经济秩序的重点任务，认真查找在履行管理、监督、服务职能中存在的薄弱环节和问题，并认真加以整改；要继续坚持、不断发展和完善近些年来通过标本兼治、纠建并举加强行风建设的有效做法。要深入贯彻落实《公民道德建设实施纲要》，大力倡导“爱国守法、明礼诚信、团结友善、勤俭自强、敬业奉献”的基本道德规范。开展“文明单位”、“文明科室”、“文明窗口”评比活动。努力把全省环保队伍建设成一支思想好、政治强、作风硬、技术精的高素质队伍。

切实做好行政审批制度改革的工作。对保留的审批事项，要改进审批方式，规范审批程序，公开办事制度，减少审批环节，简化审批手续，提高审批的透明度和效率；按照审批权力与责任相统一的要求，建立审批责任制和过错追究制。

（五）切实做好核电站事故应急和辐射环境管理工作

召开省民用核设施核事故预防和应急管理委员会第四次全体（扩大）会议。根据已批准的场外应急计划及演习中发现的问题，组织修改全省的实施程序，适时修改场外应急计划；按计划适时组织通讯演习和人员到位演习，单项或单项联合现场操作演习；继续开展核电站事故场外应急的粤港合作。做好电磁辐射环境管理工作，制定《广东省电磁辐射环境管理办法》，开展电离、电磁辐射源的全省申报登记工作；开展核事故应急、预防和辐射环境管理方面的公众宣传教育。

（六）做好环保科技工作，大力发展环保产业

全省环境科技工作，要紧紧围绕全省环境保护的中心工作，坚持环境科技工作面向环境监督管理，面向污染治理与改善生态环境，为改善环境质量提供技术支持。要切实做好环保科技创新和开发工作，加强各环境科研项目之间的总体协调，加强立项的评估分析、执行情况的跟踪监督检查，提高整体创新能力；组织好粤港澳可持续发展与环保合作的技术性工作；拓展环境科技对外合作交流工作；积极推广环境保护重点实用技术，促进科技成果转化。做好环保产业管理工作，加强全省环境工程设计资质管理，规范环境工程设计，实行设计资质证书复审工作；继续做好环境标志产品、环保设施运营资质的认证申报组织工作，加快污染治理、环境工程评估、技术咨询服务社会化、专业化、市场化进程，推进南海国家生态工业示范园区暨华南环保科技产业园建设。加强环境标准管理工作，大力推行ISO14000环境管理体系，推动大中型企业尤其是产品型企业积极认证；实行认证、咨询资格单位备案管理，建立和完善认证管理制度。

（七）深入开展环保宣传教育，增强全民环境意识

环境宣传以可持续发展思想为主旋律，围绕全省环保的中心工作，为改善全省环境质量服务。一是协同省委宣传部、省教育厅组织实施《2001 — 2005 年广东省环境保护宣传教育行动纲要》；二是围绕全省环保重点工作开展新闻宣传。继续开展“南粤环保世纪行”活动，组织策划“6•5”世界环境日等重要活动。开展有创意、有影响、有效应的“环境宣传月”、“环境宣传周”、“环境文化节”等大型活动。三是继续加大环境教育的力度。继续开展“绿色学校”、“绿色幼儿园”、“环境教育基地”的创建活动；在全省高等院校逐步开展“绿色大学”创建活动。四是大力开展环保培训。积极争取把普及环境科学知识和法律知识纳入县以上各级党校、行政院校、管理干部院校的重要课程。五是逐步完善公众参与机制。继续协调宣传、教育等有关部门以及社区物业管理、社会团体，鼓励支持社会各界以及非政府组织从事有益于环境保护事业发展的宣传教育活动。在全省范围内逐步开展“绿色社区”创建活动。

（八）把握入世机遇，及早采取对策措施

加入世界贸易组织，既是机遇，又面临着挑战，对环境管理提出新的要求。全省各级环保部门要把握机遇，应对挑战，以入世为契机，乘势推动全省环境保护事业的发展。要转变观念，统一思想，牢固树立不能以牺牲环境为代价来谋取一时一地经济发展的理念。在投资和贸易自由化的经济活动中，充分利用“绿色壁垒”的合法条款，防止污染转嫁。同时要积极准备在 WTO 框架内加强环境的对外交流，借鉴国外成功的经验，发展自己。要依法行政，不仅要依国内法，还要依我国认可的国际法。要适应入世需要，转变管理方式，提高行政效能。要建立与市场经济相适应的环境保护机制。要积极争取外商投资企业前来投资设厂，提供先进的环保产品和技术，参与环境污染治理，从而推进全省整体环境质量的改善。要学习、熟悉世贸组织规则，转变工作职能、工作方式和工作作风，提高工作质量和工作效率。

此文发表在《广东省国民经济和社会发展报告（2001—2002）》，主编朱耀忠，广东经济出版社2002年版

珠江——需要呵护的南粤母亲河

珠江，美丽的南粤母亲河，千百年来孕育着南粤大地。然而，曾几何时由于种种原因母亲河在某些地方已变得面目全非。还母亲河整体的美丽形象在南粤大地已形成共识，成为我省当前的一项紧迫工作。

珠江在我国七大江河中水资源量仅次于长江。然而，珠江三角洲已成为水污染的“重灾区”，大部分内河涌水环境严重恶化，水体发黑发臭

珠江是西江、北江、东江、珠江三角洲诸河4个水系的总称，在我国七大江河（长江、黄河、珠江、淮河、海河、辽河、松花江）中，虽然珠江流域面积居第四位，但是其多年的平均径流量达3360亿立方米，占了全国水资源量的12%，仅次于长江，居第二位。珠江支流众多，流入西江、北江、东江干流和入注珠江三角洲的流域面积在100平方公里以上的一级支流有260条，其中在我省境内的就有64条；入注珠江三角洲的河流，流域面积在100平方公里以上的有12条（潭江、高明河、沙坪水、流溪河、增江、沙河、西福河、雅瑶水、南岗河、寒溪水、茅洲河和深圳河）。珠江三角洲网河纵横交错，网河分别从虎门、蕉门、洪奇门、横门、磨刀门、鸡啼门、虎跳门、涯门等八口门注入南海。

我省有11.2万平方公里的国土面积地处珠江流域，占了全省国土面积的63%。珠江是我省最重要的水源，是广州、深圳、珠海、韶关、

河源、惠州、东莞、中山、江门、佛山、肇庆、清远、云浮等市工农业生产和数千万居民生活用水水源，并担负向香港、澳门特区供水任务。众多的河流，丰富的水资源，为我省社会经济的发展提供了有利条件。

多年来，我省珠江流域各市为保护珠江水源水质虽然作了巨大的努力，也取得了一定的成效。但是，随着经济的发展、城市化进程的加快和人口的增长，水资源供需的矛盾日益尖锐，特别是水污染造成的水质性缺水和水环境恶化还没有从根本上得到解决，珠江水污染问题仍然十分突出，水资源保护特别是饮用水源水质保护任务越来越繁重。目前以城市为中心的水环境污染仍在加剧，并且在向农村蔓延；水体环境质量急剧下降，开始威胁到饮用水源和生活水源。我省水资源耗量高，水重复利用率低，污水产生量大，新建污水处理设施严重滞后于新增加的污染物量；废水处理设施落后，污水处理率及达标率低，生活污染问题日益突出。据有关资料，2001 年全省废水排放量 51.14 亿吨，其中工业废水 11.28 亿吨，城镇生活污水 39.86 亿吨，工业废水排放达标率 84.1%, 城镇生活污水处理率只有 16.55%。而珠江流域废水排放量达 41.84 亿吨，占了全省的 81.8%；城市生活污水排放量 32.47 亿吨，占了全省城镇生活污水排放总量的 81.5%；全省污水排放量 3/5 集中在珠江三角洲，1/4 集中在广州。由于占全省废水 78% 的城镇生活污水大部分未经处理和 2/3 的工业废水集中在城市排放，致使 80% 流经城市、城镇的河段以及内河涌遭受严重的有机污染，不少地方水体发黑发臭，成了“排污渠”，严重影响广大居民的生活与生产；污染严重影响和威胁饮用水源水质，水质性缺水问题尖锐，造成不少城镇供水紧张，许多水厂吸水口水质受污染，不得不一再搬迁，或加大其处理强度；跨区污染问题突出，水污染纠纷日趋增多。近岸海域赤潮时有发生，水生生态平衡受到威胁。有些地方老百姓守着河边没有水喝。1981 年以前西南涌河水清澈见底，1985 年以后随着西南涌上游工业的发展和人口的增加，大量的工业废水和生活污水直接排放到河里，西南涌往日的鱼虾绝迹了，剩下了一河变黑发臭的污水。汾江属潮感河流，河水往返于佛山和广州之间，容易造成污染物的不断积累。汾江自80年代以来，随着沿江两岸经济的高速发展，江水开始由清变浊，1980年环保部门在一次检测中发现，水中的溶解氧含量已下降到零，鱼虾基本绝迹。虽然在2000年前已经进行了3次整治，并且从1996年至2000年佛山市区和南海市共投入了10.4亿元进行整治，但汾江水质仍未得到根本改善，仍是臭水沟。为此，2000年底佛山、南海两级党委、政府决定进行第四次整治，并庄严承诺：再投入40多亿元整治汾江，彻底解决汾江污染问题，到2006年实现“河水清、交通畅、无洪涝、两岸美”的目标，水质恢复到地表水Ⅳ类。目前，珠江广州河段及河涌、深圳河、观澜河、江门河、江门天沙河、佛山汾江河、中山岐江河、淡水河、东莞运河等是我省珠江水系水污染严重、问题较突出的区域。从实际情况看，水污染确实已成为制约我省社会经济持续发展的重要因素，全省因水污染造成的经济损失每年高达262亿元，并且由于跨区域水污染纠纷的日益增多，跨区域水污染纠纷已成为社会的一个不安定因素。

经济的快速发展，人口的急剧增加，城市化进程的不断加快，给珠江水环境综合整治提出了新的课题，需要尽快解决危及珠江流域可持续发展的问题

多年来，我省珠江流域经济快速发展，人口急剧增加，城市化进程不断加快，出现不少危及珠江流域可持续发展的问题，需要尽快解决。主要问题：

一是高投入、高污染、低效率的粗放型经济增长方式，短浅冲动式的决策行为与资源可持续发展原则相悖；产业和产品结构以及工业和城市布局不合理，导致严重的结构性污染；人口急剧增加和经济快速增长对环境资源产生巨大压力。工业技术装备和生产工艺落后，现代化管理水平不高。资源耗量高，重复利用率低，“三废”产生量大，新建污染处理设施严重滞后于新增加的污染物产生量，“三废”处理率和达标率低。乡镇、民营企业比重逐渐加大，污染迅速蔓延，这些企业中的小造纸、小电镀、小制革、小冶炼、小化工等，很多是土法上马，工艺装

备落后，管理水平差，资源利用率低，污染严重。区域水环境负荷沉重；产业和产品结构以及工业和城市布局不合理，导致严重的结构性污染。污水排放过于集中，主要排放在城市周围附近水体，使流经城市的河段污染严重；禽畜养殖业污染以及农业面源污染加剧水体恶化。据有关资料，全省牲猪养殖量2000万头，其中珠江三角洲占了70%。珠江三角洲单位面积化肥使用量高于全国平均水平，远远超出发达国家设定的安全上限。

二是环境意识及环境管理能力亟待提高与加强。公民的环保意识、节约用水意识仍较淡薄；环境保护基本国策还没有真正摆到其应有的位置，“说起来重要，做起来不要”还不同程度地存在着。一些地方和部门忽视环境保护，以牺牲环境和资源为代价换取经济的快速增长，有的地方和部门有法不依、执法不严、违法不究，少数干部甚至以权代法、以言代法，使水环境管理失控。环境执法监督管理能力不足，加之部分企业受利益驱动，超标排放废水或偷排废水的情况仍较突出，跨越行政区河流上下游之间、地区之间、部门之间的矛盾日益突出，流域水环境管理宏观协调能力有待加强。

三是环境投入不足，污染控制设施建设滞后。全省环保投入占国民生产总值的比重近年虽有所提高，但离逐步改善环境需要占GDP的2.5 ~ 3.0%的投入比重还有较大差距，治理污染所需的资金缺口较大。环境投入不足与资金渠道不畅仍是做好珠江水污染防治工作的制约因素；工业污染尚得不到切实有效的控制；城市生活污染负荷日益加重，污水处理设施建设严重滞后。2001年我省珠江流域工业污水排放达标率约83.8%，生活污水处理率约18.7%。部分地方领导对城市污水处理设施建设的必要性与重要性认识不足，目前珠江流域尚有不少城市甚至是珠江三角洲的个别城市的生活污水处理设施建设仍为空白，大量的生活污水未经处理就直接排入环境，使珠江流域的城市水环境日益恶化。

此文发表在《环境》杂志（2002年第9期）

秣马厉兵整治珠江

珠江是我省最大的河流和数千万居民生活、生产的重要水源，是我省经济发展和社会进步的生命线，是广东人民的母亲河。实现珠江水环境有效保护与水资源持续利用，对于我省实现可持续发展战略目标、率先基本实现社会主义现代化具有重要的现实意义和深远的历史意义。

多年来，随着珠江流域经济的快速发展，工业化、城市化进程的不断加快和人口的大量增加，区域生态环境的压力越来越大，珠江水环境遭受到严重污染，特别是流经城镇的河段，水质变差，不少河涌甚至发黑发臭。珠江广州河段、深圳河、东莞运河、岐江河、江门河、汾江河的水污染问题尤为突出，而且直接威胁饮用水源的安全，影响我省可持续发展战略的实施以及社会、经济持续、健康发展，影响人民群众的正常生活和身体健康。近年来，虽然我省各级政府及有关部门为保护珠江水环境作出了很大的努力，特别在沿河两岸环境美化、河涌整治、工业污染源治理、生活污水处理等方面上了一些项目，并取得了一定成效。但目前珠江水污染形势仍然十分严峻，治理任务非常艰巨。综合整治珠江水环境，已成为我省率先基本实现社会主义现代化，增创环境新优势，开创生产发展、生活富裕、生态良好的良性循环发展道路的一项紧迫任务。

据悉，中共中央政治局委员、广东省委书记李长春十分关心珠江水环境，对整治珠江作了一系列指示。为贯彻落实李长春书记整治珠江的一系列重要指示精神，省环保局拟定了珠江水环境综合整治方案并已报送省政府，待有关部门批复后将召开珠江流经我省14个地级以上市的党政一把手参加的珠江整治动员大会。笔者认为，省委、省政府开展珠江水环境综合整治，这是实践江泽民总书记“三个代表”重要思想，维护广大人民群众根本利益的具体体现，必将极大地调动我省境内珠江流域各级党委、政府和广大人民群众保护珠江水环境的积极性，形成党政齐抓共管、社会各界广泛参与的大好局面。同时，通过有效控制珠江水污染，切实保护水资源，改善珠江水环境质量，从而实现再造南粤秀美河川的战略目标。

党委政府的重视，经济实力的增强，污染控制技术的掌握，全民环境意识的提高，为珠江综合整治目标的实现创造了条件

党委、政府的重视。省委、省政府高度重视珠江综合整治工作，要求珠江沿岸有关市县切实负起责任，按照“谁污染、谁治理”原则，明确责任，党政齐抓共管，在若干年内切实抓出成效。按“统一认识、统一规划、统一行动”原则，要求环保部门拟定珠江水环境综合整治方案，这是对珠江实施科学有效整治的重要基础。省委、省政府对珠江整治的高度重视，这为如期实现珠江整治目标创造了前提条件。

经济实力的增强。改革开放20多年来，我省珠江流域充满着生机与活力，社会生产力空前发展，创造了辉煌的成就。2001年我省珠江流域国内生产总值（GDP）9159亿元，占全省的86.8%。珠江三角洲以占全省23.4%的国土面积创造了80%的GDP总量，并肩负率先基本实现社会主义现代化的宏伟任务。区域社会经济的快速发展，经济综合实力的显著增强，政府可以加大对污染控制设施建设的投资力度。同时，我省有优越的自然环境条件和良好的投资环境，并有一定的还贷能力，

有利于吸引国际资金的投入。居民生活水平以及环境意识提高，对缴纳污染控制设施使用费如生活污水处理费有良好的心里承受能力和一定的经济承担能力。政府财政实力以及居民经济能力的提升，为整治珠江任务的全面完成提供了强有力的保障。据有关部门估算，整治重点项目建设投资每年约需 50 亿元 ~ 60 亿元，约占区域 GDP 总量的 0.5–0.6%, 这与区域环保投入占 GDP 比例在 2.5–3.0% 的要求是相适应的。此外，倘若相应投入用于珠江水环境的综合整治，将极大地推动环保产业的发展，有利于拉动内需，并形成新的经济增长点，有利于促进区域社会经济的发展。

污染控制技术的掌握。经过多年的深入研究和推广使用，污染控制技术如城市生活污水处理技术等已较成熟、先进，运用这些先进的治理技术，可有效降低污染治理设施的建设与运行成本，并提高这些设施运行的可靠性和有效性。这无疑为珠江整治将要上的有关重大项目建设提供良好的技术支持。

全民环境意识显著提高。据悉，自 1997 年以来，围绕经济建设与环境资源协调发展的重点问题，省委、省政府每年举办一期可持续发展书记（市长）研究班；省有关部门也举办了中心镇镇委书记（镇长）城建培训班。通过培训学习交流，增强了地方领导的可持续发展观念和环境意识。组织开展广东环保千里行（2001 年省人大常委会将其改为“南粤环保世纪行”）和全省环保宣传月活动，提高了广大人民群众的环保意识。我省 20 多年的发展历程的事实告诉我们，要保障和提高人类生活质量，必须走可持续发展道路，实现人与自然的协调和谐。省委、省政府把可持续发展作为我省新世纪社会发展的重要战略，强调人口、资源、环境与经济社会协调发展，摒弃那种“重经济轻环境”、“先污染后治理”的发展模式。可持续发展理念日益得到广大干部群众的认同，并逐步自觉为之努力。近年来，全省上下对可持续发展战略的认识不断深化，公众参与愈加广泛，全民环境意识普遍提高。这都有利于推进珠江水环境综合整治工作。

制定切实可行措施，确保珠江整治达到预期目标，再造珠江母亲河秀美形象

在看到当前整治珠江有利条件的同时，必须制定切实可行的措施，以确保珠江整治达到预期的目标，还珠江母亲河秀美形象。

明确整治目标，落实整治责任。整治珠江水环境必须要有整治的目标，目标必须是阶段性的，不可能一步到位。珠江有很多的支流、河段，不同的支流、河段要有不同的整治目标和要求。要落实沿江各市党委、政府对本市珠江流域水环境质量的责任，要求沿江各市加大珠江水环境综合整治的领导和监督力度，真正做到责任到位、投入到位、措施到位，采取有效措施确保本市珠江水环境综合整治目标的实现。

加大工业污染防治力度，实施主要污染物总量控制。珠江流域尤其是珠江三角洲的水污染负荷沉重，跨区污染问题突出。虽然珠江流域在控制工业污染方面做了一定工作，比较好地控制工业废物排放量的增长，但流域的工业废物排放总量仍较大，2001 年工业废水排放量 9.37 亿吨，工业污水排放达标率 83.8%，低于全省水平。同时，由于监管能力不足，“偷排”、“直排”工业废水情况还比较普遍，工业污染问题仍相当突出。实施主要水污染物排放总量控制与排污许证制度是控制珠江流域水污染的重要举措，也是《广东省珠江三角洲水质保护条例》《广东省东江水系水质保护条例》的要求。沿江各市在审批新建项目、技术改造项目、资源开发和区域开发建设项目时，必须严格执行环境影响评价和“三同时”制度，并充分考虑当地水资源承载能力，以及企业实行清洁生产、污水回用、节水工程等措施。要根据辖区污染现状及总量目标制定具体实施方案，并对各重点污染源实施总量核定。对那些布局不合理，威胁饮用水源的污染企业实行关、停、并、转、迁。已超出总量控制指标的地区，要制定分年度达标计划，切实做到“增产不增污”或

"增产减污"。

加快城镇生活污水处理设施建设。污水处理设施建设是珠江治理中十分重要的措施。随着经济发展与城市化水平的提高，城市生活污水排放量与日俱增，2001年珠江流域城镇生活污水排放量32.47亿吨，占废水排放总量41.84亿吨的77.6%。但流域城市生活污水处理率仅达到18.7%，大量未经处理的生活污水直接排放，这是造成珠江流经城市河段水环境恶化的主要原因。加快城市生活污水处理设施建设，已成为控制城市水环境污染，改善水环境质量的关键措施。珠江流域各城镇必须规划建设污水处理设施。

积极防治面源污染。点多面广的禽畜养殖、以及农业生产过程过量施用农药、化肥，已成为加剧珠江流域水环境恶化的重要原因。据有关资料，2000年我省珠江流域内的生猪存栏量为1116万头，按污染量1头猪相当于6人计，生猪污染负荷产生量已相当于居民的生活排放量，而且大部分禽畜养殖场（点）的污染控制设施简陋，甚至没有任何治理污染设施，对周围环境造成极大的危害。为此，要实行农业结构调整与控制农业污染源相结合，大力发展生态农业，积极发展有机食品、绿色食品和无公害食品；要规范禽畜养殖业的环境管理，搬迁、关闭位于饮用水源保护区、城市城镇以及居民密集区的禽畜养殖场（点）。

大力整治内河涌。珠江流域特别是珠江三角洲网河区的内河涌众多。由于特定的自然与社会经济因素影响，目前，大部分内河涌水环境质量已严重恶化。造成内河涌污染严重的主要原因是受自然与人为因素制约，大部分内河涌水文情势复杂，水流往往排泄不通顺，环境自净能力极其有限；经处理或未经处理的工业与生活污水往内河涌排放，使不少内河涌已变成了"排污沟"；同时由于缺少规范的垃圾处置场（厂），不少河涌成为附近居民的天然"垃圾处置场"。在这种情况下，不少内河涌水体发黑发臭，水生生态系统遭受严重破坏，从而对珠江主干支流水环境质量构成影响与威胁。珠江流域特别是珠江三角洲网河区的各市，必须采取措施，综合整治内河涌。

加强生态保护和建设。要再造珠江母亲河秀美形象，就必须加强珠江流域的生态保护和建设。珠江流域各市政府应当将生态保护和建设项目纳入本市国民经济和社会发展长远规划和年度计划，并认真加以实施。要严格控制珠江两岸的开发建设强度，保护其自然资源、生态和文化特征，维护其整体生态系统良性循环。对可能影响流域生态环境的项目，必须做到生态保护与资源开发、项目建设同步进行，并严格按照全省水土流失重点防治区划分的管理要求，加强水土流失敏感区域的生态保护。对大面积土地开发、河口整治、滩涂围垦，交通运输、港口码头，海岸开发等生态环境影响较大的建设项目，必须进行生态环境影响论证并严格实行环境保护“三同时”制度，对生态环境造成人为破坏的必须落实生态补偿和生态恢复措施。要加大地质环境保护力度，对珠江沿岸崩塌、滑坡要及时进行治理。珠江两岸不能新建采石场，现有采石场应予以限期关闭和复绿。

此文发表在《环境》杂志（2002 年第 10 期）

转变工业发展模式 走新型工业化道路

党的十六大提出，在新世纪头20年经济建设的主要任务之一是基本实现工业化，走出一条科技含量高、经济效益好、资源消耗低、环境污染少、人力资源优势得到充分发挥的新型工业化道路。这是党中央在我国进入全面建设小康社会、加快推进现代化的新的发展阶段作出的重大战略决策，是在总结我国和世界其他国家推进工业化经验和教训的基础上，从我国现阶段实际出发提出的一个重大命题。实现工业化是走向现代化不可逾越的阶段。为此，广东正在大力推进工业化进程，在今年1月，广东省人民政府明确提出2003年要重点抓好十件大事，而十件大事之首就是走新型工业化道路，着力调整产业结构。什么是新型工业化道路，如何走新型工业化道路，这是需要全省各级各有关部门认真研究和探索的一个重要课题，特别是需要全省各工业企业的管理者引起高度重视和切实解决的问题。

本文拟结合广东环境保护的实际情况对走新型工业化道路作一探索。

一

新型工业化道路是符合可持续发展的工业化道路。笔者认为，新型工业化是对传统的粗放型的“先污染后治理”的工业发展模式的根本性变革，新型工业化必须实行清洁生产，新型工业化的标志是“科技含量高、经济效益好、资源消耗低、环境污染少、人力资源优势得到充分发挥”，既要发展经济，又要保护生态环境，实现生产发展、生活富裕、生态良好的发展目标。

环境保护是实现国民经济和社会可持续发展的基础，因此坚持实施可持续发展战略、推进新型工业化发展道路是环境保护工作要长期为之而奋斗的重要目标和中心任务。在 20 世纪的最后二十年里，广东凭借改革开放之先机和毗邻港澳、华侨众多的地理优势、人文优势，实现了经济社会发展的历史性跨越，从一个经济落后的省份转变成为一个经济大省。据《广东省统计局关于 2002 年国民经济和社会发展的统计公报》：2002 年，广东省全年国内生产总值达到 11674.40 亿元，比上年增长 10.8%，其中，第一产业增加值 1023.87 亿元，增长 3.2%；第二产业增加值 5856.89 亿元，增长 12.1%；第三产业增加值 4793.64 亿元，增长 11.1%；三次产业增加值构成由上年的 9.4：50.2：40.4 转化为 8.8：50.2：41.0；第一产业比重持续下降，第二产业仍居主导地位，第三产业比重加快上升。全年外贸进出口总额达 2211.05 亿美元，比上年增长 25.3%；其中出口 1184.65 亿美元，增长 24.2%。全年批准利用外资项目的合同外金额 191.01 亿美元，比上年增长 45.1%；实际引资 165.89 亿美元，增长 26.2%；全年批准的外商投资企业合同外资金额 161.71 亿美元，增长 51.7%。显然，广东的产业结构在不断调整优化，全省已从物质积累进入了资金积累的新阶段。近几年来，广东省城市化进程不断加快，按第五次全国人口普查统计，2001 年全省城市化水平达到 55%，比 1990 年第四次人口普查统计提高了 40 个百分点。

与此同时，广东省快速的经济增长对资源与环境也造成了巨大的压力。多年来，虽然广东省十分注意克服经济高速发展所带来的负面影响，采取了相应的措施，并取得了一定的成效，但由于种种原因，目前广东省人口资源环境与经济社会发展的矛盾仍然比较突出，人口增长、资源消耗和环境污染的压力还没有从根本上得到缓解。当前，广东省的基本省情仍然是人口众多、资源相对不足，自然承载力和环境容量十分有限，生态环境继续弱化，可持续发展能力呈下降的趋势。在城镇化进程中，大中城市外延扩张、摊大饼式的增长方式导致城市环境质量的下降，而不少小城镇则以路为街，道路修到哪里楼房就延伸到那里，弄得城市不象城市，乡村不象乡村。尤其是珠江三角洲承接了港澳等周边地区产业结构调整中制造业的大规模转移，工业污染物的排放量剧增，环境容量不堪重负。至20世纪90年代，水环境、大气环境、珠江口海域环境已局部呈现恶化的趋势，生态问题不断暴露。加之不少地方仍保留着“高投入、高消耗、低效益”和“消耗资源、污染环境”的粗放型增长模式，使广东自觉不自觉地走上了“先污染、后治理”和“牺牲环境、滥耗资源求经济发展”的老路，可持续发展能力指数显著下降，环境问题已成为广东经济社会发展的一个制约因素。据2002年环境监测材料，全省水环境污染仍较严重，广州、深圳等主要城市水源达标率仍较低，部分城市江段和小流量跨市河流有机污染较为突出；珠江河口水质较差，部分近海海域受到无机氮和活性磷酸盐污染，水质仍未达标；珠江三角洲区域性光化学污染及细粒子污染严重并存在恶化趋势；酸雨的发生仍较普遍，全省酸雨频率还较高（酸雨频率为40.5%），降水酸度在增加（降水 pH 均值为4.64），逐步形成了以广州、佛山为中心的珠江三角洲酸雨高发地带。

中共广东省九届二次全会明确提出，到2010年，全省人均国内生产总值比2000年翻一番，珠江三角洲率先基本实现社会主义现代化；到2020年，全省人均国内生产总值比2010年再翻一番，全面建成小康社会，率先基本实现社会主义现代化。在实现这样一个鼓舞人心、催人奋进的目标过程中，如何使之与人口、资源、环境相协调，做到生产发展、生活富裕、生态良好，这既是全面建设小康社会、率先基本实现社会主义现代化的重要目标，也是全面贯彻“三个代表”重要思想的必然要求。因为在这一发展态势之下，势必导致对资源的需求和开发强度的加大，环境将承受更大的压力。环境保护工作不仅要解决历史欠账的问题，还要解决在新的经济快速发展态势下可能出现的环境问题，实现十六大提出的“生态良好”的目标，环境保护的任务就显得非常艰巨。为此，在新的经济快速发展态势下，转变经济发展方式，调整发展思路，把工业的发展引向可持续方向，走科技含量高、经济效益好、资源消耗低、环境污染少、人力资源优势得到充分发挥的新型工业化道路已成为全省实施可持续发展战略、全面建设小康社会的必然。

转变工业发展模式，走新型工业化道路，既是顺应经济发展的大趋势，也是充分考虑我国的基本国情所作出的选择。在一个人均资源相对不足的国家和地区，以资源的过量消耗和环境生态破坏为代价来推进工业化，不仅资源难以支撑，而且破坏生态、污染环境，影响人民的生活质量，也必然使工业化和经济发展难以为继。这对奋战在现代化建设道路上的广东来说应对此予以高度重视。当然，转变经济发展模式，走新型工业化道路，这是一个相当艰难的过程，绝非一蹴而就。

二

党的十六大提出了全面建设小康社会的宏伟目标，并明确指出，全面建设小康社会的一个重要标志是可持续发展能力不断增强，生态环境得到改善，资源利用效率显著提高，促进人与自然的和谐，推动整个社会走上生产发展、生活富裕、生态良好的文明发展道路。因此，面对新的发展机遇和新的历史使命，全省各级各部门必须进一步探索可持续发展道路，积极探索十六大提出的新型工业化道路；各工业企业必须采取切实有效措施解决污染难题，进行技术创新，改善市场经营，使企业真正做到专业化、规模化、国际化，不断提升企业的档次和水平。

实施《清洁生产促进法》。2002 年 6 月，全国人大审议通过了《清洁生产促进法》，并于 2003 年 1 月 1 日起正式实施。这部法律是我国在协调工业发展与环境保护矛盾对立统一中逐步形成的新法，是我国长期进行工业污染防治实践的经验总结，是当代社会追求可持续发展与环境生态平衡的最佳结合点。可以说，大力推行清洁生产是走新型工业化道路、实施可持续发展战略的根本性措施。这部法律虽然是针对一切生产领域的，但其更主要的是工业生产领域。《清洁生产促进法》要求从事生产的企业必须采取改进设计、使用清洁的能源和原料，采用先进的工艺技术与设备、改善管理、综合利用等措施，从源头上削减污染，提高资源利用效率，减少或避免生产、服务和产品使用过程中污染物的产生和排放，以减轻或消除对人类健康和环境的危害。《清洁生产促进法》对实施清洁生产提出了五个原则，即：环境影响最小化原则、资源消耗减量化原则、优先使用再生资源原则、循环利用原则、原料和产品无害化原则。这些原则与新型工业化道路所提出的主要标志是完全一致的。从广东的实际情况出发，当前必须首先解决好两个迫切需要解决的现实问题：一是通过对资源的综合利用和短缺资源的代用、节能、降耗等措施，以减缓资源不足和耗竭等问题；二是通过工业生产和消费过程中减少废物和污染物的产生和排放，以降低工业活动对自然环境和生态的破坏和影响，实现现代工业文明。建立清洁生产运行机制是最终实现污染控制从源头抓起、以防为主的全过程控制的最为有效的途径。实施清洁生产，对于企业来说，可以节省资源，最大限度地节省各种环保设施的运行费用和企业排污费，改善工作环境，保护职工健康，创造良好的企业形象，进而达到降低能源原材料和生产成本、提高经济效益和增强竞争力的目的；对于政府来说，由于清洁生产和企业追求效益最大化的目标一致性，实施清洁生产成为企业的自觉行动，因而政府在最大限度节省监督、行政以及环境治理的开支的同时，也可达到保护环境和保障人民健康的目的，能够实现经济发展与环境保护“双赢”。全省各工业企业应自觉遵守《清洁生产促进法》，积极参与到清洁生产的行列中。省经贸委、省科技厅和省环保局目前正在全省组织开展清洁生产联合行动，按照三个部门共同制定的《广东省清洁生产联合行动实施意见》，“十五”时期清洁生产的总体目标是：到2005年全省工业企业主要污染物排放要控制在国家下达的总量指标内，并削减10%，其中二氧化硫削减 20%；工业废水排放达标率达 80% 以上，废水回用率达 45% 以上，工业废气治理率达 97% 以上，工业固体废弃物综合利用率达 85% 以上，逐步实现工业企业排污的全面达标；同时在全省实现“三个 100”，即：100 家高标准、规范化的清洁生产示范企业，100 家污染治理效果明显的企业，100 项成熟有效的清洁生产技术、产品；并在全省建立一批生态工业、循环经济示范区。实现这些目标无疑对全省走新型工业化道路将起到积极的推动作用。

实施《环境影响评价法》。2002 年 10 月全国人大审议通过了《环境影响评价法》，该法将于 2003 年 9 月 1 日起实施。所谓环境影响评价，是指对规划和建设项目实施后可能造成的环境影响进行分析、预测和评估，提出预防或者减轻不良影响的对策和措施，进行跟踪监测的方法和制度。这些年来，随着经济活动范围和规模的不断扩大，因区域开发、产业发展和自然资源开发利用所造成的不良影响越来越突出。事实说明，如果有关部门在提出有关规划时能够慎重考虑相关的环境影响，并采取相应的对策措施，不仅可以防止其可能带来的环境污染和生态破坏，也可以大大减少事后治理所造成的经济损失和社会矛盾。如果不从政府的经济发展规划和开发建设活动的源头预防环境问题的产生，我们将会继续陷于防不胜防、治不胜治的严峻局面，我省在推进率先基本实现社会主义现代化进程中还将付出更大的环境代价和经济代价。因此，实施《环境影响评价法》，包括对政府的经济发展规划进行环境影响评价在内的环境影响评价，是防止因经济发展带来的环境污染和生态破坏的一项非常重要的措施，是走新型工业化道路的必不可少的环节。《环境影响评价法》力求从决策的源头上防止环境污染和生态破坏，更好地体现了预防为主的环境政策，真正避免走先污染、后治理的老路，从而使实施可持续发展战略、走新型工业化道路有了可靠的保障。

切实做好工业污染防治工作。如上所述，在未来二十年，广东仍将保持高速增长的态势，工业化进程将进一步加快，加之人口的增加，这种态势必将给环境造成巨大的压力。因此，广东要走新型工业化道路，这就不仅需要认真重视和解决目前工业生产中已存在的环境和生态的问题，还要防止高速发展中可能伴随发生的新污染问题。为此，中共广东省委、广东省人民政府先后发出了《关于加强珠江水环境综合整治的决定》和广东省人民政府《关于进一步加强环境保护工作的决定》。两个《决定》都明确提出，必须进一步加强污染控制和生态保护，实施区域、流域的综合整治，实现全省环境质量的根本好转。为达到这一目标，首先必须加大对环境保护的投入，加大治理污染的力度。《决定》对当前环保工作提出了四项任务：一是通过污染治理，落实减污指标，使全省环境污染状况有所减轻；二是进一步遏制生态恶化的趋势，尤其是人为破坏生态的行为；三是通过重点项目、重点流域、重点区域的环境综合治理，使全省水环境质量得到改善；四是通过城市环境的综合治理，使城乡环境质量特别是大中城市的环境质量明显改善。为了实现全省环境质量好转这一工作目标，广东省近年来通过全面贯彻落实《国务院关于环境保护若干问题的决定》和各项污染防治政策，对工业企业实行了污染物排放登记许可制度，并以限量指标控制其排放量；对污染严重的企业实行限期治理和分级监控。据有关材料，1998 年以来，全省共对 2829 家污染企业实施限期治理，关停并转污染严重企业近 3000 家；通过优化和调整产业、产品结构，淘汰落后工艺、设备，关闭污染严重企业，强化限期治理，积极推行清洁生产，严格控制新污染源等措施，全省如期完成国务院布置的环保“一控双达标”工作任务，即工业企业的排污达到国家规定的控制指标，城市综合环境按功能区达到国家规定的考核标准；全省各地环保部门组织了对停产治理和延期达标企业的跟踪监督检查，全省共有 200 多家停产治理企业经治理达标验收后恢复了生产；至 2001 年，全省工业二氧化硫达标率达 66.1%，工业粉尘排放达标率 60.7%，工业固体废弃物综合利用率 68.95%，工业废水排放达标率 84.1%。各种污染物排放总量均有较大幅度的削减，12 种主要污染物（烟尘、工业粉尘、二氧化硫、化学需氧量、石油类、氰化物、砷、汞、铅、镉、六价铬、工业固体废物）控制在国家规定的指标内。削减工业污染物排放总量，是减轻全省污染状况最有效、最直接的措施，根据“十五”计划，到2005年前全省主要污染物排放量要削减10%。为落实这一目标，省环保局决定2003年要完成以下各项工作：一是进一步强化排污许可制度，做好变更登记的汇总工作，确定重点监控的点源名单和数量；二是扩大全面达标试点，继续做好深圳、中山两市的工业企业排污全面达标试点工作，到6月底前要完成占污染负荷80%以上的工业企业全面达标试点工作，并选择一些条件较成熟的城市和企业，进一步扩大试点的范围；三是完成对电镀、化学制浆行业的布局调整调研工作，按“统一定点、统一规划、集中治污”要求完成编制布局调整计划，制定重点工业污染源主要污染物在线监测、监控实施方案，逐步实现重点工业污染源排放污染物联网监控。四是做好《环评法》实施前的准备工作，通过对各类开发区的区域环评工作的全面检查，进一步落实规划环评制度和完善“三同时”制度；五是认真实施《清洁生产促进法》，全面启动清洁生产联合行动。

加强建设项目环保管理。1998年11月国务院《建设项目环境保护管理条例》发布实施后，广东省人民政府于1999年2月发出了《关于加强建设项目环境保护管理的通知》。据有关材料，1997年以来全省受理申请的建设项目共147407个，其中编制环境影响报告书（表）的62107个，环境影响评价执行率97.47%；建成项目应执行“三同时”的共28831个，实际执行“三同时”项目28099个，“三同时”执行率97.46%。通过加强建设项目环境管理，有效地从源头上控制新污染源的产生，有力地促进了工业企业采用技术起点高、节能、降耗、减污的清洁生产工艺。在2003年，省环保局将继续完善建设项目环保审批制度，提高审批效率；加强对项目“三同时”的监督检查和区域开发建设项目的环境保护管理工作；做好建设项目竣工环保验收监测工作的管理。

积极防治大气污染。1998年以来，广东省加大了对电力、水泥等重点行业的污染治理力度，削减二氧化硫、氮氧化物和烟尘的排放量。2000年2月广东省人民政府颁布实施《广东省蓝天工程计划》。截止

2002年底，“蓝天工程”160个项目中已完成106项，占66.25%，完成投资21.4亿元。深圳西部电厂、连州电厂上了烟气脱硫设施，燃煤火力发电厂烟气脱硫实现了零的突破。据悉，在2003年，省环保局将继续督促全省各地认真实施《广东省蓝天工程计划》各项目，以确保“蓝天计划”的按期完成；同时，积极推进酸雨和二氧化硫两控区污染防治规划的落实。

大力发展环保产业。走新型工业化道路，必须切实解决污染难题，进行技术创新。广东省人民政府把环保工程列入2003年重点抓好的十大工程之一。需要省政府督办的工程计划投资30亿元，其中19亿元用于污水处理及配套工程，6亿元用于生活垃圾及危险废物处理工程建设，5亿元用于电厂脱硫工程建设；加之各级地方政府在江河治理和城市环境综合整治中的投入，全年环保总需求将接近250亿元。这一庞大的市场需求，为环保企业带来了巨大的商机，也为环保产业的发展带来了前所未有的大好机遇。全省各地在治污设施建设、城市环保基础设施建设、环保新技术开发和应用、环保产品的研制等方面呈现出良好的发展势头，规模空前。环保企事业单位要抓住机遇，积极参与环境保护和污染治理的各项活动。有关部门要利用市场需求来培育新兴的环保产业，要筛选先进实用的治污技术，形成自己的、有独立知识产权的产业，以成套设备、成套技术提供为服务方式，尽快形成一批适应污染控制和生态保护需求、具有竞争力的骨干企业和环保名牌产品，依靠科技进步、推动环保产业结构优化和总体技术水平的提高。环保产业的发展必须依靠科技进步和科技创新。创新是一个民族进步的灵魂，是国家兴旺发达的不竭动力。在环境保护领域，离开科学技术的进步，不仅难以实现改善环境质量的目标，就是要做到污染控制也不容易。当前我省大规模环境整治工作，迫切需要获得科学技术的支撑。但在当前的现实中恰恰存在这样的问题，一些优秀的、成功的科研成果得不到及时的推广应用，而一些环保工程的建设者又苦于找不到成熟的实用技术，甚至把一些过时的、淘汰的技术当作新技术来推广。这是科研与产业之间缺乏信息沟通所致，也是对最新环保科研动态缺乏了解所致。必须改变这种状况。一个部门一个单位的新技术、新工艺、新产品的研究开发，必须根据知识产权信息来制定正确的开发、生产和经营的战略，确定恰当的研究方向和技术战线，提高研究开发的起点、水平和效率。要加强科技咨询服务，及时评价和筛选环保实用技术，包括投资少、效益高的污染治理技术，高效、低耗的生产技术，资源综合利用和生态保护技术，还要注意引导企业利用最新科技成果、高新技术，改造传统工艺和设备，提高环境保护和清洁生产的技术水平。同时要广泛地组织区域合作和交流，组织国际合作与交流，把自主研究开发和引进、消化吸收国外先进技术相结合，防止低水平的重复劳动，通过这种区域合作、国际合作，进一步提高自主创新能力。还要注意技术的集成，因为环境科学涉及多个学科、多个行业，必须促进多学科的交叉、融合和渗透，联合攻关，突破关键技术，实现较高水平上的技术跨越，形成更多的自主知识产权，提高解决实际问题的能力。要认真总结和评价在用的环保技术，加以改善和提高，加以标准化、系列化，大力发展适合广东省实际的污染治理和环境保护的装备工业，以成套设备和成套技术提供服务，以形成新的产业，如电厂的海水脱硫装备技术、生活垃圾焚烧发电装备技术、生活污水处理装备技术，以及各类工业废弃物处理装备技术等等。全省各地在污染治理的实践中，已形成了许多十分成熟的实用技术，有关部门必须加以提高，使之标准化、系列化，形成新的产业，形成新的装备工业。

各部门齐抓共管。走新型工业化道路是一项系统性的工作，全省各级各有关部门都要把探索新型工业化道路作为一项重要工作，按照各自的职能不断总结出符合广东省情的新型工业化路子。省有关部门要引导企业积极主动地采用先进的清洁生产工艺、设备和技术，提高资源利用效率，减少污染物排放，并实行综合利用，扩充环境容量，实现经济效益、环境效益和社会效益的统一；同时要加强清洁生产的宣传和培训，帮助地方和企业做好结构调整的规划，加快对纸浆、电镀、化工、酿造、电力、水泥、制革等行业的产业结构调整，用高新技术和先进适用技术改造提升产业水平。尤其在当前民营经济加速发展的形势下，更要从本地环境条件出发，选择无污染和轻污染的生产工艺和产品结构，避免低水平重复建设带来的环境问题，并将其纳入清洁生产的轨道。笔者认为，只要全省各级各有关部门都真正重视这项工作，大力实施可持续发展战略，广东就一定能够走出一条科技含量高、经济效益好、资源消耗低、环境污染少、人力资源优势得到充分发挥的新型工业化路子。

此文发表在《广东公交商贸经济分析与对策》（主编罗坚生，广东经济出版社 2003 年版）

落实科学发展观
推进广东社会经济环境协调发展

一

近年来，广东省委、省政府始终把环境保护和生态建设作为全局性、战略性的大事来抓，制定了一系列实施可持续发展的重大决策，把改善环境质量作为建设经济强省的重要组成部分，努力在发展中解决环境问题。特别是2003年以来，省委、省政府树立和落实科学发展观，通过编制环境保护规划来提升全省环保工作水平，全面实施珠江综合整治、治污保洁和环境基础设施建设等“三大工程”，进一步加大全省环境综合整治力度，环境保护上了一个新台阶。

与此同时，我们必须清醒认识到，目前广东环境污染的总体态势还没有从根本上得到有效遏制。特别是新一轮经济的快速发展带来的环境压力更大，全省环境形势仍然严峻。广东要加快发展、率先发展、协调发展，更好地发挥排头兵作用，就必须清醒地认识到我省当前的资源环境形势，牢固树立和落实科学发展观，统筹城乡发展、统筹区域发展、统筹经济生活发展、统筹人与自然和谐发展，统筹国内发展和对外开放，着力提高经济增长的质量和效益，实现速度与结构、质量、效益相统一，经济发展与人口、资源、环境相协调，彻底转变传统的生成生活方式和发展模式。通过经济结构的战略性调整，大力发展循环经济，全面推行清洁生产，大幅降低能耗物耗及排污强度，做到“增产不增污”甚至是“增产减污”，使环境保护与经济社会做到协调发展。

当前我省环境保护十分突出的困难和问题主要体现在：

一是资源利用效率低，能耗物耗高，单位 GDP 排污强度高，排放总量上升。污染负荷高、污染物排放总量上升。2003 年我省国内生产总值比上年增长 13.6%，工业总产值增长 19.8%，增速均创近八年新高。但与此同时，广东省的二氧化硫排放 107.5 万吨，比上年增加 10.2%；废水排放 54.1 亿吨，比上年增加 10.3%，污水中主要污染物化学需氧量排放达 98.2 万吨，比上年增加 3.2%，污染物排放与经济增长呈明显的正相关关系。从资源利用效率看，2003 年全省能源综合消费量增长 15% 左右，电力消费量增长 17.8%，均高于国内生产总值增长速度。从资源利用效率看，2003 年全省能源综合消费量增长 15%，电力消费量增长 17.8%，均高于国内生产总值的增长速度。特别要引起我们注意的是，近年来广东省与江苏、浙江等沿海兄弟省市相比，污染物排放水平明显偏高。例如，2003 年广东省万元 GDP 的废水排放量为 40.2 吨，而江苏为 33.5 吨、浙江为 28.8 吨、山东为 19.8 吨；广东省万元 GDP 的化学需氧量排放负荷为 7.3 吨，而江苏为 6.1 吨、浙江为 7.1 吨、山东为 6.7 吨。这种情况表明，虽然近年广东省加快产业结构调整，污染防治力度加大，但由于经济增长方式没有实现根本性的转变，相当部分经济增长仍是靠高投入来支撑，由此带来了高消耗、高排放和高污染。

二是部分城市空气污染有加重的趋势。2003 年，广东省城市空气质量略有下降，二氧化硫、二氧化氮、颗粒物等空气主要污染物浓度分别比上年增加 13.6%、14.8% 和 17.2%，韶关、佛山两市空气质量超过国家二级标准。城市酸雨污染仍较严重，全省降水酸度较强，pH 均值为 4.92，比上年上升 0.28 个 pH 单位，酸雨频率达 42.2%，比上年上升 1.7 个百分点。酸雨区域主要分布在珠江三角洲、粤北和粤西地区，广州、韶关、深圳、佛山、湛江、茂名、清远和东莞市酸雨污染较严重。空气质量下降的原因，主要是 2003 年我省电力需求急剧增长，新增火电装机容量135万千瓦，一些已停产的小火电厂也重新运行发电，去年全省发电量达1886.86亿千瓦时，增长17.2%，虽然采取了积极推进脱硫工程和严格控制燃料含硫率等措施，但二氧化硫、氮氧化物等排放量仍不减反增；同时，家庭汽车拥有量快速增加，至2003年末，每百户居民家庭拥有汽车4.37辆，同比增长31.2%。由于油品质量标准偏低，部分机动车燃料质量达不到环保要求，加上对尾气污染排放监管乏力，致使城市机动车尾气污染已成为一些城市大气污染的主要因素。

三是城市河段水质污染依然严重。尽管2003年广东省全面启动珠江综合整治、治污保洁等一系列重大环保工程，城市污水处理厂建设进程也在加快，全年新增污水处理能力110.3万吨/日，城市污水处理率已达到35%左右，但由于历史欠账太多，目前全省仍有65%的城市生活污水未经处理直接排放。城市江段有机污染较重和部分城市饮用水源地受到污染，19个城市江段中有6个江段（珠江广州江段、深圳河、佛山水道、茂名小东江、东莞运河、南山河）水质劣于V类，属严重污染。广州饮用水源地水质达标率下降幅度较大，达标率偏低。西湖、飞来峡水库和广州入海河口水质也略有下降。

四是环保法律意识不强，一些地方为追求一时的经济增长，不惜牺牲环境，个别基层领导干扰环保执法。据调查，目前全省有75%的工业园区没有按照有关规定进行环境影响评价，一些园区存在着取消环保审批、乱设排污口的现象。

这些情况表明，虽然近年来广东省加快了产业结构调整，加大了污染防治力度，但由于经济增长方式还没有实现根本性的转变，相当部分经济增长仍是靠高投入来支撑，由此带来了资源能源的高消耗、污染物的高排放和生态环境的严重破坏。广东省环境保护与经济社会发展的矛盾仍然比较突出，如果不从经济社会发展的源头和各个环节控制环境污染，继续沿袭高能耗、高物耗、高污染的传统发展模式，单纯的污染治理、生态环境的建设成效将十分有限，必将严重制约广东省经济社会今后的发展。随着广东省经济的持续快速增长，环境保护的任务将更为艰巨，如果仍按目前的经济增长方式，势必出现“经济与污染同步增长”。也就是说，广东省各类污染物排放总量仍将高速增长，环境质量将继续恶化，资源短缺将进一步加剧，广东省资源的承载能力和环境容量将无法支撑进一步的发展，可持续发展将成为一句空话，并且会危害群众健康，影响社会稳定。

二

“十五”期间，广东 GDP 年均增长 9%，预计到 2005 年全省国内生产总值将达 16300 亿元，2010 年广东总体上实现宽裕小康，接近世界中等发达国家的经济水平。在这一发展态势之下，势必导致对资源的需求和开发强度的加大，环境将承受更大的压力。环境保护工作不仅要解决历史欠账的问题，还要解决在新的经济快速发展态势下可能出现的环境问题，实现省第九次党代会提出的“生态良好”的目标，环境保护任务非常艰巨。因此，必须认真贯彻省委、省政府关于加强环境保护的一系列重大部署，牢固树立和落实科学发展观，以改善环境质量、保护群众健康、保障环境安全为根本出发点，以服务于经济社会环境全面、协调、可持续发展为主线，以治污保洁、珠江整治、环保规划、推进循环经济和清洁生产为重点，实现环保工作的新突破。

全面实施环保规划，优化生态环境功能。全面实施《珠江三角洲环境保护规划》，建立规划实施机制，将规划目标、任务分解落实到各市和各有关部门，并用法制化手段保证规划的实施。今后在经济和社会发展决策过程中，尤其在制定区域开发、行业发展、资源配置、生产力布局等重大行动计划或规划时，要坚持把环境和资源的承载力作为重要因素加以考虑，并按规定进行环境影响评价论证。要认真执行规划确定的生态环境功能区划，严格保护和系统恢复重要敏感生态功能区，控制性保护和利用重要生态功能控制区，合理开发利用引导性开发建设区。要建立健全环境与发展综合决策机制，严格实施环境影响评价制度和污染物排放总量控制制度，严格环保市场准入，确保经济建设不超越环境资源的承载能力。特别要加强惠州大亚湾、珠海西区、广州南沙和江门银洲湖等重大产业开发区域的环境保护，使之建成环境与经济协调发展的示范区。与此同时，做好《广东省环境保护规划》的编制工作。

全力推动治污保洁、珠江综合整治等重点工程，加大环境综合整治力度。抓紧制定《2004 - 2005 年广东省实施治污保洁工程主要工作目标和任务》，督促全省各市全面制定完成治污保洁工程实施方案和年度实施计划，将治污保洁工程各项任务分解到各有关部门，确保任务到位、责任到位，加强部门配合和上下联动。积极推动全省各地城镇生活污水处理厂，切实推进重点烟气治理和脱硫工程，加快危险废物、医疗废物等固体废物处理工程建设。严格控制新建项目对饮用水源地的污染，坚决搬迁或关闭威胁饮用水源的重点污染源。

促进电力建设和环境协调发展，加快燃油燃煤电厂脱硫步伐。全省环境质量监测数据表明，2003 年我省大气环境污染呈逐步加重趋势，其中火电厂二氧化硫排放是主要因素。因此，在当前经济加快发展的形势下，要把实施电力建设长远规划与解决当前电力紧缺的问题结合起来，把促进电力建设与加强环境保护结合起来。要制定电力区域协调发展规划，从大气环境容量合理利用的角度优化电力布局，支持在有环境容量的地区尤其是经济欠发达地区建设大、中型电力项目。珠江三角洲地区、酸雨控制区的城区和近郊区不再规划和建设新的燃煤、燃油电厂，以缓解珠江三角洲大气环境污染的压力。大力推进电力行业清洁生产，减少污染物产生量。

以保护饮用水源为重点，加大山区开发环境保护力度。目前，广东省山区开发建设力度不断加大，经济发展呈现良好的发展势头。但由于山区多位于本省江河水库源头，属水源涵养地，生态环境脆弱，而且环境保护管理能力薄弱。因此，山区在经济发展中，更要注重环境保护和生态建设，更要注重统筹规划，合理布局。要优化产业结构，严格控制重污染项目建设，规范工业园区的环境保护管理，对批准向山区转移重污染项目的有关部门和人员要追究责任。

加强“泛珠三角”环保区域合作，促进区域协调发展。广东地处珠江下游，与珠江流域所及的省区和相邻的香港、澳门特别行政区，共饮一江水，在经济发展和自然环境资源方面相互联系，相互依存。随着区域经济的发展，建立泛珠三角区域环境保护协调机制显得十分重要。特别是水环境污染和大气环境污染是区域性问题，应当建立一个区域性、流域性协调机制。要通过加强区域环保协调和合作，共同研究解决面临的环境与发展问题，联手加强区域污染防治和生态保护，推动区域的环境与经济社会全面、协调和可持续发展，以促进区域经济互补和资源的优化配置，提高区域竞争力。要尽快研究区域环境保护长期战略目标和框架规划，制定区域经济开发和环境保护指引，研究中近期区域环境保护重点措施，开展环保重大技术交流和合作，为建立长期有效的合作机制打下基础。

加强环保执法，严厉打击环境违法行为。2004年是广东省的“环保执法年”，省环保局下发了《2004年广东省“环保执法年”活动工作方案》和《关于进口废五金定点加工企业整顿工作的方案》。除按国家部署，联合有关部门认真开展国务院部署的“整治违法排污企业保障群众健康”和“清查放射源，让群众放心”等环保专项行动外，还将重点整顿进口废五金企业和固体废物回收企业。通过开展“环保执法年”活动，解决一批反映强烈的环保问题，查处一批典型的环境违法案件，清查一批违规开工的建设项目，清理一批违反环保法的“土政策”，处分一批违反党纪政纪的责任者。

深化干部环保考核制度，建立和完善环境经济政策。确立科学的政绩观，建立更为全面和科学的干部评价体系，对领导干部逐步开展环境保护实绩考核，建立各有关职能部门环境保护目标责任制和行政责任追究制。对违反环境保护法律法规行为，除实施行政处罚和作出行政处理外，还应给予有关责任人相应的党纪政纪处分。建立和完善环境经济政策，有关部门要按照各自的职责，在征地、用电、运输、税收方面对环保设施建设给予政策优惠；充分利用市场机制，加强政策的导向作用，鼓励发展占地少、用水少、耗能少、污染少，效益高的产业；要通过提高水、电资源费，限制水生态失调区发展高耗水、高耗能产业；要将流域生态补偿纳入财政转移支付体系，逐步建立行之有效的生态补偿机制；要制定火电厂脱硫用地优惠等政策，提高火电厂上脱硫设施的积极性；要进一步深化环境污染治理市场化政策，积极吸引私营资本投资环境保护；在解决城市污水和垃圾问题时，根据国家和省有关城市污水、垃圾处理市场化、产业化政策要求，按照污染者付费和“治理费高于成本费”的原则，全面实行污水处理和垃圾处理收费制度，并按保本微利的原则逐年提高收费标准；要建立有利于环保产业发展的市场机制，打破行业壁垒，推动环保产业健康发展。

推行清洁生产，发展循环经济，从源头控制污染。针对本省资源能源消耗高、污染物排放强度大的突出问题，要重点推进重点城市、重点区域、重点行业的清洁生产工作，以及循环经济试点工作。结合创建生态城市的工作，将分期分批选择一些重点城市、重点区域、重点工业园区作为循环经济示范试点，大力开展废物循环利用工作，积极探索循环经济的实现模式。

此文发表在《环境》杂志（2004 年第 9.10 期）

创新广东环境保护工作
努力实现文明发展和可持续发展

加强环境保护、营造良好生态环境，是促进经济社会全面、协调、可持续发展，实现生产发展、生态富裕、生态良好的文明发展，提升经济社会发展和人的生活质量水平的重要基础与条件，也是全面建设小康社会的重要标准。省委、省政府在“三个代表”重要思想和科学发展观的指导下，把搞好环境保护和生态建设作为关系全局和未来的大事，摆在极其重要的战略位置，率领全省人民和各级党委、政府为之殚精竭虑不懈努力，使其工作思路、举措、成效和局面不断优化创新。

一、广东环境保护和生态建设工作进入全新发展时期

近年来，在实现全省经济快速发展的同时，省委、省政府始终把环境保护和生态建设作为全局性、战略性的大事来抓，制定了一系列实施可持续发展的重大决策，把改善环境质量作为建设经济强省的重要组成部分，努力在发展中解决环境问题。特别是2003年以来，省委、省政府树立和落实科学发展观，通过编制环境保护规划来提升全省环保工作水平，全面实施珠江综合整治、治污保洁和环保基础设施建设等“三大工程”，进一步加大全省环境综合整治力度。同时，加大环保投入，仅2003年全省环保投入就达到359.3亿元，比上年增加70.85亿元，环保投入占GDP的2.67%。

环境就是凝聚力，环境就是生产力，环境就是竞争力，环境就是可持续发展的基础，这些新观念在广东开始深入人心，全省环境保护和生态建设得到进一步加强而且成效突出，环境污染恶化的趋势明显得到控制，环境质量基本保持稳定，在走生产发展、生活富裕、生态良好的文明发展道路上起好步、开好局。

（一）编制环保规划，促进经济发展与环境保护协调并举共进

2003年初，省政府与国家环保总局率先在全国合作开展规划编制工作，共同编制《珠江三角洲环境保护规划》《广东省环境保护规划》和《粤港澳区域环境保护规划》三大规划。规划编制工作得到省委、省政府的高度重视，张德江书记亲自担任规划顾问组总顾问，国内近10位环保专家、院士担任顾问组成员，黄华华省长和国家环保总局解振华局长任领导小组组长。一年多来，通过实地考察和充分调研、论证，规划编制工作顺利进展。2004年3月29日，《珠江三角洲环境保护规划》在北京通过了专家论证。

《珠江三角洲环境保护规划》是我国第一个针对区域性城市群的环保规划，提出了把珠江三角洲建成全面、协调、可持续发展的国家示范区的总目标，要求2010年前所有城市达到国家环保模范城市水平，2020年前所有城市建成生态市。为实现该目标，规划提出了三大战略任务，即：红线调控——优化区域空间形态，绿线提升——引导经济持续发展，蓝线建设——强化环境安全调控，这对于经济发达地区和城市群环境保护规划研究具有借鉴与推动作用，对今后全面提升我省环保工作水平，有效促进经济环境协调发展具有重要意义。

认真编制和实施《治污保洁工程实施方案》，治污保洁工程全面启动。“治污保洁”被列为省委、省政府决定实施的全省十大民心工程之一，涉及千家万户，事关广大人民群众最现实最直接的切身利益，事关改革、发展、稳定的大局，是省委、省政府维护环境安全、优化发展环境、保障人民群众环境利益的重要举措。为使全省上下统一步调，贯

彻落实好省委、省政府这一重要举措，省环保局积极组织力量及时编制工程实施方案。

2004年3月31日，经省委、省政府同意，省委办公厅、省政府办公厅印发了《治污保洁工程实施方案》，正式在全省开始实施。“治污保洁”有重点工程项目120项，总投资355亿元，基本要求在本届政府任期内（2007年前）完成。目前，“治污保洁”工程各项任务进展顺利。120项重点项目现已动工的有63项，占52.5%。列入《治污保洁工程实施方案》的24项流域综合整治中2项基本完成，其余各流域整治工程全面启动；39座污水处理厂项目有18座在建，占46%；燃煤、燃油电厂脱硫步伐加快，全省已有6家电厂14台机组完成烟气脱硫，装机容量约241万千瓦，年削减二氧化硫排放量约6万吨；废物处理工程建设加快，12项重点垃圾处理工程和6项危险废物处理处置项目，分别有7项和3项已经开工建设，分别占58%和50%。

积极推进环保重点工程建设，环保“十五”计划执行情况良好。环保工程是省政府重点抓好的十项工程之一，包含了污水处理、江河污染整治、固体废物处理和脱硫工程等37项重点项目，总投资额为249亿元。截至2003年年底，累计完成总投资52.4亿元；除电厂脱硫工程进展比较缓慢外，其余的工程项目进展都较好。省环保“十五”计划50项主要环境保护控制指标中，有21项在2002年已达到2005年目标值，49项重大建设项目大部分已开工建设。

（二）水污染联防联治力度加大，珠江综合整治初见成效

水环境保护是现阶段我省环境保护工作的重中之重。全省各地按照省委、省政府的要求，不断加大水环境综合整治工作力度，特别是加强了饮用水源的水质保护，采取有效措施消除威胁饮用水源水质安全的现象，努力实现饮用水源水质达标，千方百计解决好水质性缺水地区的“饮水难”问题。认真落实国家和省制定的城市污水处理产业化政策，拓宽污水处理厂建设的资金渠道，加快城市污水处理厂建设进程。

2002年10月，省委、省政府召开全省珠江综合整治工作会议，颁布了《关于加强珠江综合整治工作的决定》和《关于进一步加强环境保护工作的决定》。围绕珠江综合整治“一年初见成效”的目标，2003年省政府先后两次召开珠江综合整治工作联席会议，制定了《2003年度珠江综合整治的目标、主要任务、考核内容与指标》；12月，组织对流域内13个市的珠江综合整治情况进行了检查，结果表明：珠江沿线各地通过加强工业污染防治、开展生活污染控制设施建设、强化禽畜养殖污染管理、开展污染严重区域综合整治、整治内河涌等行动，使辖区部分水体污染负荷有所减轻，流经城市河段有机污染的恶化趋势有所缓解，发黑、发臭的水体减少，珠江综合整治“一年初见成效”目标初步实现。

积极推进污水处理设施的建设，《广东省碧水工程计划》实施进展顺利。《广东省碧水工程计划》共有118个项目，其中已有116个在开展工作，完成了70多项，累计投入70多亿元。到2003年12月，全省已建污水处理厂43座，日处理能力383.1万吨；在建项目45项，日处理能力280万吨。

（三）加强固体废物污染防治工作，开展加强剧毒化学品管理、防范投毒事件的专项整治

2003年，根据省委、省政府防治“非典”工作的紧急部署，省环保局及时制定了防治“非典”、维护环境安全的各项措施，加强对大中城市医疗机构的医疗废水和医疗废物处理情况及治理设施的运转情况的检查；采取措施防止“非典”向农村蔓延；加大对饮用水源的监测与保护工作力度，制定了“非典”污染废弃物处置预案和医疗废物集中处理实施方案。全省没有发生因医疗废水废物二次污染造成的“非典”病例。

加强危险废物的监督管理，制定了《2003年危险化学品专项整治方案》，对所有产生危险废物的企事业单位建立健全危险废物申报登记制度。会同省有关部门，开展加强剧毒化学品管理、防范投毒事件的专项整治工作，收缴了毒鼠强等剧毒鼠药和砒霜、磷化物等废弃、过期剧毒化学品共 62222 公斤；查处违法经营危险废物企业 4 家。会同有关部门制定了《关于处理涉嫌走私进口固体废物的联系配合办法》，重点开展对佛山市南海区大沥、汕头市潮阳区贵屿、清远市清城区龙塘等地区的进口废物加工企业的监督管理，审查处理了一批涉嫌走私进口固体废物的单位。

（四）整顿不法排污企业行动迅速，工业污染防治取得实效

在省政府的统一部署下，2003 年 6 月至 9 月省环保局会同省计委、省经贸委、省监察厅、省工商局、省司法厅、省安监局开展了清理整顿不法排污企业保障群众健康环保行动，重点督查废五金、电器、电线电缆、废旧蓄电池加工企业、“十五小”、“新五小”企业等群众反映比较强烈、社会危害大的环境污染问题，依法严肃查处了一批违法建设、违法排污企业，严厉打击了环境违法行为，产生了良好的社会效应和警示作用。据不完全统计，在清理整顿行动中，全省共出动 27042 人次，检查企业 9924 家，立案查处企业 1188 家，取缔、关闭、淘汰企业 189 家，停产、限产、限期治理 29 家，罚款及追缴排污费 44 家；处罚违法责任人 5 名。为加大环境违法行为打击力度，中共广东省纪委、省监察厅下发了《关于对违反环境保护法律法规行为党纪政纪处分的暂行规定》，使惩处工作有章可循，强化了警戒与威慑效应。

（五）加大和深化建设项目环境保护管理工作力度，深化建设项目环保审批管理制度改革

建设项目环境管理肩负着控制新污染和“以新带老”治理老污染的双重任务，如果建设项目环境影响审批发生失误，不但会造成新污染的环境问题，而且会给国家、企业和人民带来损失。加强建设项目环境保护管理显得十分重要，既要还清污染的旧账，又要控制新污染的产生，关键要把好建设项目审批关。全省各级环保部门认真用好环境管理“第一审批权”，严格执行《环境影响评价法》和“三同时”制度，严把建设项目的审批关，从源头上控制新污染的产生。

近年来，我省积极推进建设项目环保审批制度改革，简化审批手续，将技术评估与行政审批、审批与验收相分离，取消了环评大纲审批和项目环保方案审核程序，完善了建设项目环境管理备案制度、公众参与制度、环境影响报告技术评估制度，建立了全省环境影响评价技术评审专家库。建设项目的审批的公众参与也逐步得到加强，省环保局审批的部分重大项目通过召开听证会和实行审批前公示，广泛征求社会意见。全省各地环保部门大力推行政务公开，通过多种途径，向社会公布建设项目审批依据、内容、条件、程序、职责、时限和审批权限，公开操作规程，明确报审范围、审批原则，定期公布审批结果。深圳、珠海、江门等市设立对外服务窗口，不少市、县设置了触摸屏查询系统，方便群众办理报批手续和查询有关信息。通过政务公开工作，增加了审批工作的透明度，确保审批工作的质量。

为适应经济市场化不断发展的趋势，进一步服务经济、服务企业，省环保局采取措施，进一步深化建设项目环保审批管理制度改革，规范审批程序，简化审批环节，提高审批效率。在2003年9月省环保局印发了《关于深化建设项目环境保护审批管理制度改革的意见》，提出了十项改革意见，推进了全省建设项目环保审批管理制度改革的进程，进一步简化了审批手续，提高了审批效率。

据不完全统计，2003年，全省环保部门共审批建设项目77674个，其中审批环境影响报告书788个，报告表14116个；环境影响评价执行率99.8%，“三同时”执行合格率96.9%。深圳市、中山市成为全国率先实现工业污染源污染物排放全面达标的城市。省环保局组织编制了全省电镀、制浆行业“统一规划、统一定点”实施方案和《广东省2003年-2005年污染防治实施方案》，会同省有关部门制定了《广东省两控区酸雨和二氧化硫污染防治“十五”计划》，大力推进燃煤燃油电厂的烟气脱硫工作。深圳西部电厂5#、6#机组、瑞明电厂2×12.5万千瓦机组、广州恒运企业集团 21# 机组等如期完成了脱硫工程，沙角 A 电厂脱硫工程建设正在进行中。深圳西部电厂 5#、6# 机组、瑞明电厂 2×12.5 万千瓦机组、广州恒运企业集团 21# 机组等如期完成了脱硫工程，沙角 A 电厂脱硫工程也已于 2004 年 3 月完成。

大力推行清洁生产。为从源头上有效防治环境污染，实现经济与环境的协调发展，省环保局联合省经贸委、省科技厅在全省开展了清洁生产工作。2001 年 10 月，三部门联合下发了《广东省清洁生产联合行动实施意见》，提出了要在“十五”期间实现“三个 100”的目标，即培植 100 家高标准、规范化的清洁生产示范企业，推出 100 个原污染严重、经治理效果明显的清洁生产典型，研发、推广 100 项以上成熟有效的清洁生产技术、产品。通过宣传、培训等各项工作，2003 年从 55 家企业中评选出 22 家首批“广东省清洁生产示范企业”。

（六）努力探索生态保护的新路，生态保护基础工作取得较大进展，生态功能保护区建设稳步推进

省环保局组织开展生态环境现状调查，完成了《全省生态环境现状调查报告》和《粤北山区生物多样性集中丰富区生态调查》《外来物种入侵生态调查》《粤西生态环境现状调查报告》《龙岗河流域生态调查》《海岸带生态环境调查》《珠江三角洲城市区快速发展典型区生态调查》等 7 个典型案例调查报告；组织开展生态环境监察试点和《碧海行动计划》的编制工作。珠海等 13 个市被列入国家生态示范建设的试点，始兴、连平、揭西等县生态示范区建设规划正在编制之中，中山市、南澳县已于 2004 年 5 月顺利通过了国家环保总局组织的初审验收。深圳市的葵涌、龙岗、横岗 3 镇被评为“全国环境优美乡镇”。目前，全省已命名广东省生态示范村、镇（园、区）共 152 个。

全省自然保护区建设与管理也取得新进展，南澎列岛海洋生态、潮安海蚀地貌、徐闻珊瑚礁等自然保护区被省政府批准为省级自然保护区，珠江口中华白海豚自然保护区被国务院批准为国家级自然保护区。

目前，全省有国家级自然保护区 9 个，省级自然保护区 38 个，全国生态示范区 3 个。

（七）建立具有广东特色的环保考核制度，环境监管制度不断创新

省环保局认真贯彻落实省委、省政府《广东省环境保护责任考核试行办法》，及时制订《广东省环境保护责任考核指标体系》和实施细则，将“城考”、“责任制”、“实绩考核”和珠江整治考核结合起来，对省内各市、县（市、区）党政领导班子及其负责人进行环保责任考核，并取得了明显的成效。

1991 年结合城市环境综合整治定量考核，建立了广东省环境保护目标任期责任制；1997 年国家环境保护局发出《关于开展创建国家环境保护模范城市活动的通知》，我省乘势将“城考”从地级以上市分两批扩大至县级市，制订了《广东省政府环境保护目标任期责任制和县级市城市环境综合整治定量考核指标体系》，并先后先后创建了深圳、珠海、中山、汕头和惠州 5 个国家环境保护模范城市；省委组织部和省环保局联合推出党政领导环境保护实绩考核制度，并于 2001 年 8 月联合印发了《关于实行市县党政领导环境保护实绩考核的意见》，把党中央、国务院一直强调的环境保护工作要“党政一把手亲自抓、负总责”和“要将辖区环境质量作为考核政府主要领导人工作的重要内容”的精神具体化、制度化，使我省的环保考核范围从城市延伸到县、镇（乡）；考核对象从城市政府扩大到县（市）和大部分乡镇的党政班子及其首长、分管环保工作的领导干部。

2003 年，继续深化“城考”改革，将“城考”、责任制考核、党政环保实绩考核统一起来，并将珠江水环境综合整治定量考核纳入，推出环境保护责任考核，制定了《广东省环境保护责任考核试行办法》和《广东省环境保护责任考核指标体系》。环境保护责任考核对象改为城市党政负责人和领导班子；考核的指标体系主要有环境质量、污染控制、环境建设、环境管理等四个方面26项评价指标和珠江整治责任书考核7项评价指标，其中环境质量指标的权重最大，占总分的35%以上，充分体现了《环保法》所确立的“地方各级人民政府，应当对本辖区的环境质量负责”的法律要求，也体现了环保工作的核心，就是要保护和改善环境，为人们提供清洁优美舒适的环境。

通过环境保护责任考核的实施，强化了地方领导的环保责任，增强了责任感和使命感，提高了环境意识和环境与发展的综合决策能力，加大了环境综合整治和环境能力建设的力度，促进了党委领导、政府负责、环保部门统一监管、各职能部门分工协作、全民参与的环保工作机制的逐步形成和环境质量的改善。

环境保护责任考核办法的实施，由于考核对象的具体化，党政一把手的责任感明显增强。很多城市纷纷提出创建国家环境保护模范城市的计划，珠江三角洲的城市更是积极行动，推动创建国家环境保护模范城市的进程。一些经济欠发达地区也逐步开始重视环境保护工作，如雷州市为了沿海红树林生态保护，市委、市政府经多次研究，权衡利弊，决定撤销和停止引进额为1200美元、年产值有4亿元的法国高科技养虾基地的项目建设。

二、正确看待广东环境保护和生态建设的突出困难与问题，统筹协调眼前与长远利益、经济与生态效益关系

虽然我省环境保护和生态建设取得明显成效，但全省环境污染的总体态势还没有从根本上得到有效遏制。特别是新一轮经济的快速发展带来的环境压力更大，全省环境形势相当严峻，水环境污染不堪重负，大气环境质量有所下降，固体废物、危险废物污染严重，噪声污染日益加重，生态环境令人担忧。

当前我省环境保护的突出困难和问题主要表现在：资源利用效率

低，能耗物耗高，单位 GDP 排污强度高，排放总量上升。从污染物排放总量上看，污染物排放与经济增长呈明显的正相关关系。2003 年我省国内生产总值比上年增长 13.6%，工业总产值增长 19.8%，增速均创近八年新高。但与此同时，我省的二氧化硫排放量为 107.5 万吨，比上年增加 10.2%；废水排放量 54.1 亿吨，比上年增加 10.3%，污水中主要污染物化学需氧量排放量达 98.2 万吨，比上年增加 3.2%。从资源利用效率看，2003 年全省能源综合消费量增长 15%，电力消费量增长 17.8%，均高于国内生产总值的增长速度。

特别要引起我们注意的是，近年来广东省与江苏、浙江、山东等沿海省市相比，污染物排放水平明显偏高。例如，2003 年我省万元 GDP 的废水排放量为 40.2 吨，而江苏为 33.5 吨、浙江为 28.8 吨、山东为 19.8 吨；我省万元 GDP 的化学需氧量排放负荷为 7.3 吨，而江苏为 6.1 吨、浙江为 7.1 吨、山东为 6.7 吨。这表明，虽然近年我省加快了产业结构调整，污染防治力度不断加大，但由于经济增长方式没有实现根本性的转变，相当部分经济增长仍是靠高投入来支撑，由此带来了高消耗、高排放和高污染。

同时，部分城市空气污染有加重的趋势。2003 年，全省城市空气质量略有下降，二氧化硫、二氧化氮、颗粒物等空气主要污染物浓度分别比上年增加 13.6%、14.8% 和 17.2%，韶关、佛山两地空气质量超过国家二级标准。城市酸雨污染仍较严重，全省降水酸度较强，pH 均值为 4.92，比上年上升 0.28 个 pH 单位，酸雨频率达 42.2%，比上年上升 1.7 个百分点。酸雨区域主要分布在珠江三角洲、粤北和粤西地区，广州、韶关、东莞、佛山、湛江、茂名、清远和梅州市酸雨污染较严重。

空气质量下降的原因，主要是 2003 年我省电力需求急剧增长，新增火电装机容量 135 万千瓦，一些已停产的小火电厂也重新运行发电，2003 年全省发电量达 1886.86 亿千瓦时，增长 17.2%，虽然采取了积极推进脱硫工程和严格控制燃料含硫率等措施，但二氧化硫、氮氧化物等排放量仍不减反增；另外，家庭汽车拥有量快速增加，至 2003 年末，每百户居民家庭拥有汽车 4.37 辆，同比增长 31.2%。由于油品质量标准偏低，部分机动车燃料质量达不到环保要求，加上对尾气污染排放监管乏力，致使城市机动车尾气污染已成为一些城市大气污染的主要因素。

另外，城市河段水质污染依然严重。尽管 2003 年我省全面启动珠江综合整治、治污保洁等一系列重大环保工程，城市污水处理厂建设进程也在加快，全年新增污水处理能力 101.3 万吨 / 日，城市污水处理率已达到 35% 左右；但由于历史欠账太多，目前全省仍有 65% 的城市生活污水未经处理直接排放。城市江段有机污染较重和部分城市饮用水源地受到污染，19 个城市江段中有 6 个江段（珠江广州江段、深圳河、佛山水道、茂名小东江、东莞运河、南山河）水质劣于Ⅴ类，属严重污染。广州饮用水源地水质达标率下降幅度较大，达标率仅 25.4%，比上年下降 43.9 个百分点。惠州西湖、飞来峡水库和广州入海河口水质也略有下降。

最后，环保法律意识不强也是一个重要问题。一些地方为追求一时的经济增长，不惜牺牲环境，个别基层领导干扰环保执法。据调查，目前全省有 75% 的工业园区没有按照有关规定进行环境影响评价，一些园区存在着逃避环保审批、乱设排污口的现象。

以上情况表明，我省环境保护与经济社会发展的矛盾仍然比较突出，相当部分经济增长仍带来了资源能源的高消耗、污染物的高排放和生态环境的严重破坏。如果不从源头和各个环节控制污染，继续沿袭高能耗、高物耗、高污染的传统发展模式，进行单纯的污染治理，环境保护和生态建设成效将十分有限；今后随着我省经济的持续快速发展，将会出现“经济与污染同步增长”，使环境保护任务更为艰巨，仍然对我省经济社会发展造成严重制约。也就是说，我省环境质量将继续恶化，资源短缺将进一步加剧，资源的承载能力和环境容量将无法支撑进一步的发展，并会危害群众健康和影响社会稳定，成为可持续发展的障碍和阻力。

存在这些困难和问题，尽管有广东自然条件优势不多，资源紧缺，历史欠账较多，环境保护和生态建设先天不足，要加强环境保护和提升生态建设付出的努力与代价更大等原因；但更为重要而带有作用的原因，还是思想观念、方法策略和发展模式、生产生活方式上的偏差与失误。至今仍然有部分生产经营单位。地方领导和职能部门，思想狭窄，观念滞后，缺乏环保和法制意识，在发展模式和生活方式上因循守旧，特别是只顾眼前利益与经济效益而罔顾长远利益与生态效益，把环保治理建设的责任与义务推给别人或留给后人。

消除由此造成的认识性和机制性障碍也就成了当务之急，因而首先必须牢固树立和认真落实科学发展观，从根本上转变观念与策略，以高度的使命感自觉地正确处理好眼前利益与长远利益、经济效益与生态效益关系，按照“五个统筹”的思想原则指导推动我省环境保护和生态建设不断开拓创新。

三、坚持用科学发展观指导创新环保工作，营造经济社会可持续发展、人与自然和谐进步的良好生态环境

树立和落实科学发展观，就是要走生产发展、生活富裕、生态良好相协调的文明发展道路。生态良好，对生产发展、生活富裕而言，既是必要的基础又是必然的特征。可以这么说，没有良好生态，就没有经济社会全面、协调、可持续发展，就没有人与自然的和谐进步。

按照省第九次党代会提出的率先基本实现社会主义现代化的目标，到2010年广东总体上要实现宽裕小康，接近世界中等发达国家的经济水平。在这一期间，我省依然必须保持强劲的经济增长势头，势必加大资源需求和开发强度，环境保护工作不仅要解决历史的欠账，还要解决随着新的经济快速发展可能出现的问题，环境保护所承受的压力更大而且需完成的任务将更为艰巨。

因此，必须认真贯彻省委、省政府关于加强环境保护的一系列重大部署，坚持以人为本，以改善环境质量、保护群众健康、保障环境安

全为根本出发点，以服务于我省经济社会环境的全面、协调、可持续发展为主线，以治污保洁、珠江整治、环保规划、推进清洁生产和循环经济为重点，实现环保工作的“五个新突破”，即服务于经济发展，在发展中推进环保工作，实现参与综合决策的新突破；全力推进治污保洁、珠江综合整治等重点工程实施，实现全面治污工作的新突破；创新监督管理机制，加强工业污染源达标管理，实现污染源长效管理的新突破；强化环保执法，增强执法有效性，实现加大环保执法力度的新突破；加强队伍建设，提高人员素质，实现环境管理能力建设的新突破。做到在大力提高经济增长质量和效益过程中，“增产不增污”甚至是“增产减污”，实现经济发展与人口、资源、环境相协调，营造经济社会可持续发展、人与自然和谐进步的良好生态环境，为广东全面建设小康社会和率先基本实现现代化提供有利的条件与扎实的基础。

（一）全面实施环保规划，优化生态环境功能

全面实施《珠江三角洲环境保护规划》，建立规划实施机制，将规划目标、任务分解落实到各市和各有关部门，并用法制化手段保证规划的实施。今后，要在经济和社会发展决策过程中，尤其在制定区域开发、行业发展、资源配置、生产力布局等重大行动计划或规划时，坚持把环境和资源的承载力作为重要因素加以考虑，并按规定进行环境影响评价论证；要认真执行规划确定的生态环境功能区划，严格保护和系统恢复重要敏感生态功能区，控制性保护和利用重要生态功能控制区，合理开发利用引导性开发建设区；要建立健全环境与发展综合决策机制，严格实施环境影响评价制度和污染物排放总量控制制度，严格环保市场准入，确保经济建设不超越环境资源的承载能力；特别要加强惠州市大亚湾、珠海市西区、广州市南沙和江门市银洲湖等重大产业开发区域的环境保护，充分论证经济开发对环境的影响，强化环境管理，使之建成环境与经济协调发展的示范区。

同时，还要抓紧做好《广东省环境保护规划》的编制工作。这项工作已在2004年4月全面启动，计划于9月完成初稿，12月完成规划总报告和纲要；力争尽快印发实施，对全省未来环保工作通过科学规划予以统筹安排和有效指导。

（二）全力推动治污保洁、珠江综合整治等重点工程，加大环境综合整治力度

按照《2004–2005年珠江综合整治考核细则》《治污保洁实施方案》和“十项工程”确定的目标和任务，突出重点，狠抓落实。一是抓紧制定《2004 – 2005年广东省实施治污保洁工程主要工作目标和任务》，督促全省各市全面制定完成治污保洁工程实施方案和年度实施计划，提出辖区治污保洁工程重点项目名单和建设计划，并将治污保洁工程各项任务分解到各有关部门，确保任务到位、责任到位，加强部门配合和上下联动。二是加快列入治污保洁、珠江综合整治的重大建设项目的进程，确保各项工程按期保质完成；特别是要积极推动全省各地城镇生活污水处理厂，切实推进重点烟气治理和脱硫工程，加快危险废物、医疗废物等固体废物处理工程建设。三是加大监管力度，严格保护饮用水源，严格控制新建项目对饮用水源地的污染，坚决搬迁或关闭威胁饮用水源的重点污染源，强化优化饮水安全。

（三）促进电力建设和环境协调发展，加快燃油燃煤电厂脱硫步伐

全省环境质量监测数据表明，2003年我省大气环境污染呈逐步加重趋势，其中火电厂二氧化硫排放是主要因素。因此，在当前经济加快发展的形势下，要把实施电力建设长远规划与解决当前电力紧缺的问题结合起来，把促进电力建设与加强环境保护结合起来。一是要制定电力区域协调发展规划，从大气环境容量合理利用的角度优化电力布局，支持在有环境容量的地区尤其是经济欠发达地区建设大、中型电力项目。珠江三角洲地区、酸雨控制区的城区和近郊区不能再规划和建设新的燃煤、燃油电厂，以缓解珠江三角洲大气环境污染的压力。二是促进电源结构的调整和产业结构的调整。当前在电力供求紧张情况下，要对污染严重、能耗高、不符合产业政策的企业、行业采取限电等措施，加速高能耗、高污染行业的淘汰；要大力推进电力行业清洁生产，减少污染物产生量。三是要加快现有火电机组脱硫工程的实施，努力实现二氧化硫总量控制目标，为我省新的电源建设腾出环境容量。

（四）以保护饮用水源为重点，加大山区开发环境保护力度

目前，我省山区开发建设力度不断加大，经济发展呈现良好的发展势头。但由于山区多位于本省江河水库源头，属水源涵养地，生态环境脆弱，环境保护管理能力薄弱。因此，山区在经济发展中，更要注重环境保护和生态建设，更要注重统筹规划，合理布局，严格执行《水污染防治法》和《饮用水水源保护区污染防治管理规定》等法律、法规，禁止在饮用水源一级保护区内新建、扩建与供水设施和保护水源无关的建设项目，禁止在饮用水源二级保护区内新建、扩建向水体排放污染物的建设项目。同时要优化产业结构，严格控制重污染项目建设，规范工业园区的环境保护管理，对批准向山区转移重污染项目的有关部门和人员要追究责任。

（五）加强“泛珠三角”环保区域合作，促进区域协调发展

按照省委、省政府开展“泛珠三角”区域合作的统一部署，省环保局将牵头开展“泛珠三角”环保区域合作。广东地处珠江下游，与珠江流域所及的省区和相邻的香港、澳门特别行政区，共饮一江水，在经济发展和自然环境资源方面相互联系，相互依存；随着区域经济的发展，建立泛珠三角区域环境保护协调机制显得十分重要。特别是水环境污染和大气环境污染是区域性问题，应当建立一个区域性、流域性协调机制。通过建立“联席会议制度”等方法途径，加强区域环保协调和合作，共同研究解决面临的环境与发展问题，联手加强区域污染防治和生态保护，推动区域的环境与经济社会全面、协调和可持续发展，以促进区域经济互补和资源的优化配置，提高区域竞争力。近期要重点制订区域环境保护长期战略目标和框架规划，制订区域经济开发和环境保护指引，研究中近期区域环境保护重点措施，开展环保重大技术交流和合作，为建立长期有效的合作机制打下基础。为启动“泛珠三角”区域环境保护合作，拟于2004年8月在在广州召开由“泛珠三角”区域环境保护部门负责人参加的联席会议第一次会议，签署《“泛珠三角”区域环境保护合作协议》。

（六）加强环保执法，严厉打击环境违法行为

针对环保执法工作中存在的问题，省环保局将2004年定为“环保执法年”，下发了《2004年广东省“环保执法年”活动工作方案》和《关于进口废五金定点加工企业整顿工作的方案》。除联合有关部门认真开展国务院部署的“整治违法排污企业保障群众健康”和“清查放射源，让群众放心”等环保专项行动外，还将重点整顿进口废五金企业和固体废物回收企业，清理违反环保法律法规的“土政策”，加强环境监管。同时，完善环保执法机制，实施素质工程，加强环保执法队伍建设。希望通过“环保执法年”工作的开展，解决一批反映强烈的环保问题，查处一批典型的环境违法案件，清查一批违规开工的建设项目，清理一批违反环保法的“土政策”，处分一批违反党纪政纪的责任者。

（七）深化干部环保考核制度，建立和完善环境经济政策

按照正确的政绩观，建立更为全面和科学的干部评价体系，深化干部环保考核制度，把保护环境作为一项重要政绩来考核，将绿色GDP作为政府和干部业绩的主要衡量标准，将计入环保等方面损失的“绿色国内生产总值”纳入经济统计体系，完善有利于生态环境保护的考核指标和办法，完善有利于生态环境保护的考核指标和办法，促使各地领导更好地把经济增长以更好地把促进经济增长与推进社会进步以、资源环

境保护协调统一起来。同时，对部门领导干部逐步开展环保实绩考核，建立健全各有关职能部门环境保护目标责任制和行政责任追究制。认真贯彻执行《关于对违反环境保护法律法规行为党纪政纪处分的暂行规定》，对违反环境保护法律法规行为，除实施行政处罚和作出行政处理外，还应给予有关责任人相应的党纪政纪处分。

还要在省和各地党委、政府的统筹部署下，充分调动和利用各方面积极因素，建立和完善环境经济政策，有关部门要按照各自职责，在征地、用电、运输、税收方面对环保设施建设给予政策优惠；加强政策导向作用，正确运用市场机制，加强政策的导向作用，鼓励发展占地少、用水少、耗能少、污染少，效益高的产业；通过提高水、电资源费，限制水生态失调区发展高耗水、高耗能产业；要将流域生态补偿纳入财政转移支付体系，逐步建立行之有效的生态补偿机制；及时制定火电厂脱硫用地优惠等政策，提高火电厂上脱硫设施的积极性；进一步深化环境污染治理市场化政策，特别是价格和税收政策，积极吸引私营资本投资环境保护；在解决城市污水和垃圾问题时，根据国家和省有关城市污水、垃圾处理市场化、产业化政策要求，按照污染者付费和"治理费高于成本费"的原则，全面实行污水处理和垃圾处理收费制度，并按保本微利的原则，逐年提高收费标准。要建立有利于环保产业发展的市场机制，打破行业壁垒，鼓励引入多方面形式的资本、技术等参与环保建设，推动环保产业健康发展。

（八）推行清洁生产，发展循环经济，从源头控制污染

针对本省资源能源消耗高、污染物排放强度大的突出问题，重点推进重点城市、重点区域、重点行业的清洁生产工作，主要从以下以下几个关键环节入手：一是抓典型示范，全面推动清洁生产工作向纵深发展。在召开化工行业清洁生产工作现场会的基础上，由省环保局、省经贸委和省科技厅联合在陶瓷、电镀、电力等重点行业召开现场会，创新典型示范效应，以点带面，形成分行业全面推进清洁生产的局面。二是

加强对重点污染源的监控。对已筛选出的占全省污染物排放负荷50%的125家重点排污企业的排污情况进行核查，分两批在媒体公布其排污情况，并要求其安装在线监控装备，实施清洁生产审计。三是推进循环经济试点工作。结合创建生态城市的工作，将分期分批选择一些重点城市（如深圳市）作为循环经济示范市试点；选择一些重点区域（如广州、珠海、佛山、中山、揭阳等市）作为畜牧养殖、中水回用、垃圾分类回收利用等方面的循环经济的示范试点；选择一些重点工业园区（如南海生态工业园区、佛山和中山等地的部分工业园等）作为园区与行业的循环经济示范试点，大力开展废物循环利用工作，积极探索循环经济的实现模式。循环经济作为一种新的技术模式和生产力发展方式，体现了新型工业化的内涵。发展循环经济，就是要用新的思路去调整产业结构，用新的机制去激励企业和社会追求可持续发展的新模式，为我省实施新型工业化开辟新的路子。

此文发表在《科学发展观与广东全面建设小康社会》（主编朱小丹，南方日报出版社2004年版）

树立和落实科学发展观 建设绿色广东

改革开放20多年来，广东省经济持续快速健康发展。2004年全省GDP达1.6万亿元，比上年增长14.2%，占全国1/9，税收占全国1/7。广东省在大力发展经济的过程中，十分重视树立和落实科学发展观，努力转变经济增长方式，走生产发展、生活富裕、生态良好的可持续发展之路，以环保规划为龙头，实施珠江综合整治、治污保洁工程，开展重点区域、重点流域的综合整治等一系列重大举措，环境保护各项工作取得明显成效。全省环境质量基本保持稳定，大江大河水质和城市饮用水源水质总体良好，城市空气质量大都保持在二类水平，城市声环境质量和辐射环境质量基本稳定在较好水平。继深圳、珠海、中山、汕头、惠州等城市之后，2004年江门市又获得了“国家环境保护模范城市”称号。

一、树立和落实科学发展观，推动经济社会环境协调发展

省委九届四次全会提出要全面落实科学发展观，坚持以人为本，在加快经济发展的同时，更加注重环境保护和生态建设；张德江书记在全省学习贯彻胡锦涛总书记视察广东重要讲话精神大会上提出要加强环境保护、改善生态环境、建设“绿色广东”。省委九届六次全会进一步确立了建设经济强省、文化大省、法制社会、和谐广东、绿色广东的战

略目标，把环境保护和生态建设作为2005年工作的“四个加强”之一，并且作为新时期我省创新发展思路、增强发展动力、提高发展水平的大事来抓。这是省委省政府树立和落实科学发展观的具体行动，是实施可持续发展战略决策的归纳和提升。

建设“绿色广东”主要应包括以下三个方面的内容：一是发展循环再生、经济高效的绿色经济。绿色经济的核心是遵循减量化、再利用、再循环的经济准则，以循环经济的发展理念指导经济发展、城乡建设、产品生产和消费。绿色经济是建设“绿色广东”的基础。二是培育以人为本、自然和谐的绿色文化。绿色文化是一种倡导人与自然和谐相处的理念，以崇尚自然、保护环境、资源的永续利用为基本特征，它是建设文化大省的重要组成部分。三是建设环境优美、生态安全的绿色环境。

绿色环境是指符合科学发展观的可持续发展的良性生态系统和人居环境。建设绿色环境就是大力实施治污保洁工程，建立完善高效安全的水环境体系，确保人民群众饮用水的安全，实现水资源的可持续利用；加强大气污染防治，改善大气环境质量；加强农村和农业污染防治，推进可持续利用的自然资源保障体系和山川秀美的生态环境体系建设。总体就是：让全省人民喝上干净的水、呼吸上清新的空气、吃上放心的食物，在良好的环境中工作和生活，使整个经济社会走上生产发展、生活富裕、生态良好的文明发展道路。

建设“绿色广东”具有战略性、全局性和前瞻性的重大现实意义和深远的历史意义，表明了我省树立和落实科学发展观向着更高层次迈进。

（一）调整产业结构，推动经济增长方式转变

调整产业布局，促进经济增长方式的转变，有利于整合配置我省有限的环境资源，加强生态环境的保护，实现自然资源系统和社会经济系统的良性循环。

2004年，我省在调整产业结构、推动经济增长方式转变上采取了

一系列重大举措：一是走新型工业化道路，积极发展科技含量高、资源消耗低、环境污染少的新型产业，重点发展高新技术产业和支柱产业，制订了全省工业九大产业发展规划，坚持运用高新技术和先进适用技术改造、提升传统产业，基本形成了珠江三角洲高新技术产业带。2004年高新技术产品增加值2220亿元，增长30.1%，工业九大产业增加值占全省工业比重达71.2%。二是着力调整能源结构，发展风能、核电、天然气等清洁能源，加快建设LNG项目和阳江核电项目。三是认真贯彻落实中央宏观调控政策，发挥环保的政策取向作用，严格控制不符合产业政策、污染严重、可能造成重大环境影响和生态破坏的项目，2004年对全省9755个在建、拟建固定资产投资项目执行环境影响评价法和“三同时”制度情况进行了清理，依法处理40个不符合环保要求项目，全省没有出现钢铁、电解铝、水泥等行业投资过热现象。四是淘汰落后生产工艺和设备，取缔、关闭和淘汰705家环境污染严重企业。五是积极探索广东特色的循环经济发展路子，以南海国家生态工业示范园区建设为重点，推进一批生态工业园区的建设。六是大力推行清洁生产，培育清洁生产企业52家。

（二）编制环境保护规划，开展区域环境综合整治

省委、省政府进一步加强环境保护工作，先后启动了一系列环保重大项目，包括编制环保规划、实施珠江综合整治和治污保洁工程，加大环保投入，加强环保管理能力建设等，有力地推动了全省环保工作上新台阶。

1. 以环保规划为龙头，提升了环保工作的整体水平。为促进环境与经济社会协调发展，我省与国家环保总局联合制定《珠江三角洲环境保护规划》和《广东省环境保护规划》，规划工作由张德江书记任总顾问，国家环保总局解振华局长和黄华华省长任领导小组组长。

《珠江三角洲环境保护规划》明确提出了要以珠江三角洲2010年初步建成可持续发展示范区，所有城市建成国家环境保护模范城市，

2020 年建成全国可持续发展示范区，所有城市建成国家生态城市为目标；实施“红线调控、绿线提升、蓝线建设”三大战略；采取生态分级控制、发展循环经济、加大环境污染整治力度、创新环境管理体制机制等一系列措施保证目标的实现，为推动新一轮环境保护和生态建设，促进我省全面协调可持续发展打下了良好基础。

2004 年完成了《珠江三角洲环境保护规划》编制工作，经省人大审议通过并形成决议，成为我国第一个区域性环境保护规划立法；组织了市长、主管副市长和环保局长等多层次的环保规划培训班，以提高各级领导对《珠江三角洲环境保护规划》的认识。省政府还召开环保规划实施工作会议，制定环保规划实施方案，将环保目标任务分解落实到各地政府和有关部门，全面启动了环保规划的实施工作并纳入党政干部环保责任考核，确保各项实施工作全面启动。

《广东省环境保护规划》编制工作进展顺利，已完成了规划六大专题研究报告并通过专家论证，完成了规划专题报告、规划总报告、规划纲要的编制工作，并将建设绿色广东作为未来广东环境保护的总体目标。同时，“十一五”环境保护规划开始启动，成立了“十一五”规划编制领导小组和技术小组，编制了“十一五”规划基本框架。

通过环保规划的编制和实施，从经济与环境协调发展的高度谋划环保工作，推动了全省各级党委、政府对环保工作的重视，提升了环保工作的整体水平。同时，为促进区域环境与资源的有效利用和合理共享，广东省将环保合作作为泛珠三角区域合作的重要内容，编制《珠江流域水污染防治规划》，联手加强区域污染防治和生态保护。

2. 全力推进两大工程，开展区域环境综合整治。近年来，我省先后实施以水环境污染整治为重点的珠江综合整治工程和以“让全省人民喝上干净水、呼吸上清新空气、吃上放心食物，在良好的环境中工作和生活”为目标的治污保洁工程，重点推进重点流域、重点区域环境整治工作。珠江综合整治工程计划到 2010 年投入 440 亿元，开展 374 项环境整治项目，实现“一年初见成效、三年不黑不臭、八年江水变清”

的目标。治污保洁工程作为省委、省政府十项民心工程之一，计划到2007年投入355亿元、完成120项环境污染整治工程。

以珠江综合整治为重点的水污染防治工作全面推进。污水处理设施建设成效显著，截至2004年12月底，全省城镇生活污水处理厂增加到61座，日处理污水能力达519万吨，比2003年新增日污水处理能力120.2万吨；其中珠江流域已建成城市污水处理厂55座，日处理能力达473.8万吨。重点区域、流域整治工程进展顺利；珠江流域内114项河涌及环境综合整治项目累计已完成投资23.6亿元。珠江流域53家临江采石场已全部关闭，其中完成复绿14个，面积达63万平方米。

治污保洁工程开局良好。2004年，全省列入《治污保洁工程实施方案》的120项重点项目中，已基本完成14项，已动工87项，占总项目数的84.2%。累计完成投资107.3亿元，占计划投资总额的29.1%。治污保洁工程中24项重点流域整治项目有两项基本完成；燃煤、燃油火电厂脱硫进程加快，已有9家电厂的17台机组完成烟气脱硫，完成火电厂烟气脱硫330多万千瓦装机容量，在建480万千瓦装机容量，年削减二氧化硫排放量约7.5万吨。固体废物处理处置设施建设加快，全省已建成16座生活垃圾无害化处理场，日处理量达15000吨；医疗废物集中处理能力达118吨/日。省政府十项工程中的环保工程稳步推进，到2004年12月底，环保项目累计完成投资70亿元，占环保项目投资总额的28%。

通过环境综合整治，全省重点流域、区域的环境质量得到有效改善。茂名小东江、中山岐江河生态功能恢复明显，惠州西湖、肇庆星湖水质得到改善，特别是东江干流水质长期维持国家地面水Ⅰ至Ⅱ类水质，确保香港多年来的供水安全。2004年，全省环保投入超过400亿元，占GDP的比例连续三年在2.5%以上。

（三）环境法制建设得到加强，环保监管力度不断加大

环保立法有了新的突破。省人大颁布了《广东省环境保护条例》

和《广东省固体废物污染环境防治条例》两项地方性法规，省纪委和省监察厅发布了《关于对违反环境保护法律法规行为党纪政纪处罚的暂行规定》。“环保执法年活动”取得成效。在全省开展了“整治违法排污企业保障群众健康”、“清查放射源，让百姓放心”及固定资产投资项目环境影响评价和“三同时”制度执行情况清理整顿等环保专项行动。据不完全统计，2004年，全省共出动检查人员86501人次，检查企业44369家，立案查处企业12633家，结案企业1695家，取缔、关闭、淘汰企业705家；停产、限产、限期治理企业388家；对9755个固定资产投资项目环境影响评价和“三同时”制度执行情况进行了清理，对其中40个不符合环保要求项目，依法分别作出“停止建设”、“暂停建设、限期整改”和“取消立项”处理。公布了一批排污不达标的企业，对30个环保老大难问题进行挂牌督办，依法严肃查处了一批违法建设、违法排污企业，严厉打击了环境违法行为，产生了良好的社会效应和警示作用，有力地促进了工业污染防治工作。

加大对污染源的监管力度，继续推进重点污染源全面达标工作。在深圳、中山试点基础上，制定了全省120家重点污染源全面达标实施方案。加大企业环境信息公开力度，向社会公布了95家省控重点污染源排污情况。制定了电镀、制浆行业统一规划、统一定点实施方案，加强建设项目环境管理工作，严把环保准入关。认真贯彻实施《广东省固体废物污染防治条例》和国务院《危险废物经营许可证管理办法》，加强固体废物管理，制定颁布《广东省严控废物名录》，制定危险废物收费管理办法，对原100多家持危险废物经营许可证单位重新审核发证，严肃查处非法危险废物经营企业，规范危险废物和严控废物经营活动。开展进口废五金等进口废物处理处置的清理整顿工作，对全省108家进口五金类废物定点加工企业进行整改和完善，加大对经营进口废物处理加工重点地区的查处力度。

大力推进清洁生产。省环保局、经贸委、科技厅联合在东莞中成化工有限公司联合召开化工行业清洁生产企业示范现场会，举办了省行业协会清洁生产培训班，提出了广东省第一批清洁生产审核企业名单，对 33 家污染严重企业开展清洁生产强制审核。

（四）生态保护和建设力度不断加大

江门市被命名为国家环境保护模范城市，成为继深圳、珠海、中山、汕头、惠州市之后我省第 6 个国家环境保护模范城市。生态示范点建设加快。2004 年新增 24 个省级生态示范镇（村、园），全省省级生态示范镇（村、园）达到 176 个；深圳市、珠海市和中山市创建国家生态市工作正式启动；中山市和南澳县被命名为国家级生态示范区，使我省国家级生态示范区增加到 3 个；深圳市大鹏镇、坪山镇、坑梓镇、石岩镇、龙华镇被授予全国环境优美乡镇，使我省全国环境优美乡镇总数达到 8 个。

（五）泛珠三角区域环境保护合作初见成效

根据省委、省政府关于推进泛珠三角区域合作的战略部署和《泛珠三角区域合作框架协议》的精神，省环保局积极协调“9 + 2”省区环保部门开展泛珠三角区域环境保护合作。2004 年 7 月，在广州召开了泛珠三角区域环保合作联系会议第一次会议，审定通过了《泛珠三角区域环境保护合作协议》，确定了环保合作的重点领域和内容，建立了环保合作工作机制，成立了联席会议秘书处。目前，以水环境保护为重点的各项合作工作如期推进，召集珠江流域有关省区召开了珠江流域水污染防治规划协调会，会同省发改委等有关部门完成了《珠江流域水污染防治规划工作方案（草案）》并报请省政府，在报请国家有关部门同意后开始规划编制工作。环境监测、环保产业和环境宣教合作工作按计划如期推进。

二、采取有效措施，推进绿色广东建设

我省在经济快速发展和环境保护方面虽然取得了可喜成绩，但是目前仍然存在一些亟待解决的问题。一是有些领导对科学发展观的认识不足，片面追求经济增长，粗放型的经济增长尚未得到根本转变。二是治污工程建设滞后，污染物削减能力增长赶不上污染物排放的增加速度，而治污工程设施建设受到污染历史欠账、资金不足、管网滞后、用地紧张等问题的影响，仍较为缓慢，短期内难以满足治污的需要。三是环境监管能力不足，对工业污染源的监管难以到位，部分企业非法排污严重等。

按照我省确定的经济工作总体目标，全省经济仍将以10%以上的速度增长，新一轮经济的快速发展将给环境带来很大的压力，环境保护将面临新的困难和问题。对此，全省各级各有关部门要树立和落实科学发展观，转变经济增长方式，以建设“绿色广东”为目标，培育以人为本的绿色文明，建设舒适优美的绿色环境，发展循环再生的绿色经济，构筑人与自然和谐的绿色生态，实现自然资源系统和经济社会系统的良性循环，努力在全面建设小康社会、加快推进社会主义现代化进程中更好地发挥排头兵作用。

（一）认真抓好环境保护规划的编制和组织实施工作

按照省人大《珠江三角洲环境保护规划纲要》决议要求，认真组织实施《珠江三角洲环境保护规划》。完成全省环境保护规划的编制和立法工作，做好“十一五”环保规划的编制工作。要严格落实规划提出的分区控制要求，今后的发展必须以环境承载力为基础，将生态功能分区作为项目建设的重要依据，严格实行生态分级控制，坚决避免再出现遍地开花、无序发展的局面，促进生产发展，生态安全。

（二）大力推进治污保洁和珠江综合整治工程，建设舒适优美的绿色环境

继续推进珠江综合整治和治污保洁工程两大工程，全面加强区域环境综合整治，以保护饮用水源为重点，以削减污染负荷为主线，继续抓好重点流域、区域、近海海域及河涌的综合整治，切实确保人民群众饮用水的安全。进一步加快火电厂脱硫工程建设的步伐和机动车尾气污染治理，改善大气环境质量。逐步建立有效的投融资体制和运行机制，强化监管，协调解决用地难题等困难，推进城镇污水处理厂、生活垃圾无害化处理和危险废物集中处理设施等环保基础设施建设和正常运行，建立固体废物综合利用开发系统。

（三）积极推行清洁生产，促进循环经济发展

推行清洁生产，继续推进重点行业、重点企业清洁生产示范，鼓励和支持企业全过程控制污染，抓好重点污染企业清洁生产强制审计；要切实转变高投入、高能耗、高排放、低效益的经济增长方式，调整优化产业结构和布局，优化能源结构，最大限度提高资源和能源利用率；坚决淘汰落后生产能力和工艺，推动增长方式从高投入、高消耗、高污染型向资源节约和生态环保型转变，构建循环经济型产业体系。

同时，大力推进能源、资源的节约和综合利用，倡导绿色消费，逐步构建节约型产业结构和消费结构。加快生态工业示范园区建设，会同有关部门研究制定促进循环经济发展的相关政策措施，促进循环经济发展。发展科技含量高、资源消耗低、环境污染少的新型产业；推行绿色制造，加快产业的生态转型，不断提升我省产业竞争力，积极应对“绿色贸易壁垒”。

（四）强化环境执法，加大环境监管力度

加强环境法制建设，积极配合省人大做好环保执法检查，认真贯

彻执行《广东省环境保护条例》，继续开展打击环境违法行为专项行动，严肃查处破坏生态环境、危害人民身体健康的环境违法行为。严格环境准入，强化建设项目环境保护审批，严格控制工艺技术落后、能耗物耗高、环境污染严重的项目建设，严格控制环境污染向水源地、环境敏感区和山区转移。强化开发区和各类工业园区的环境管理。全面实施重点污染行业统一规划、统一定点工作，积极推进重点污染源全面达标，按期完成重点污染源在线监控系统建设，建立健全污染源管理长效机制，防止工业和养殖业污染反弹。同时，下大力气解决部分地区环保机构不健全、人员和经费不足、监管设备缺乏等现象，提高环境监管和执法能力。建立健全区域协调机制，理顺环境管理体系，强化环境管理能力。

（五）加强生态和农村环境保护

做好全省生态保护规划编制工作，组织开展全省生物物种资源调查和保护利用规划，强化林地、林材、野生动植物和湿地资源保护，保护生物多样性。加强对水土流失区和生态敏感区的保护，采取积极措施，有效地控制近岸海域的污染，保护海洋生物资源，防止海洋生态灾害。加强自然保护区和生态保护区域管理。积极开展国家级生态示范区、省级生态示范村（镇）、全国环境优美乡镇、绿色学校、绿色社区、绿色家庭等创建活动。抓好农村饮用水源保护，防治禽畜养殖业污染和化肥、农药等农业面源污染，防治乡镇工业污染，改善农村环境质量。

（六）深入开展泛珠三角环保合作

按照《泛珠三角环保合作协议》的要求，积极开展环保合作各项工作。会同有关部门联合珠江流域有关省区共同编制《珠江流域水环境整治规划》；逐步建立泛珠三角区域水环境监测网络；举办泛珠三角环保合作展览会；联合开展“同饮一江水，共护母亲河”的新闻采访活动。

（七）做好绿色 GDP 核算试点工作

我省被国家列为绿色 GDP 核算试点，要按照国家试点要求，会同有关部门做好绿色 GDP 核算试点工作。要将执行环保法律法规、环境质量变化、污染排放强度和公众满意度等环保指标纳入干部政绩考核，把经济增长指标同人文、资源、环境和社会发展指标有机结合，建立全面和科学的干部评价体系，促进各级领导进一步树立正确的政绩观和科学的发展观。

（八）加强环境宣传教育，弘扬绿色文化

要充分发挥各种新闻媒体的作用，采取各种宣传手段，大力宣传建设绿色广东，使之家喻户晓，深入人心。在大中小学开设环境教育课程，普及生态科学知识和生态理念，培养绿色意识。要把建设绿色广东的内容列入各级党校、行政学院的课程，提高各级领导对建设绿色广东的认识。广泛开展科学的资源观、消费观和发展观的宣传教育，倡导绿色生活方式和消费方式，培育和弘扬环境文化，形成可持续发展的社会观念和氛围，培育绿色文化，建设生态文明。

此文发表在《广东经济蓝皮书（2005）》（主编谢鹏飞，广东人民出版社 2005 年版）

印度的环保 NGO

最近，随中国环境报社环境考察交流采访团赴印度考察采访。在印度前后停留了 7 天，先后去了德里、果阿、孟买、普纳、阿哥拉等 5 城市，印度环保民间组织的孜孜以求给我们留下了久久不能忘怀的印象，在我们开展相关工作中可以借鉴。

城市掩映在绿树中

印度位于南亚次大陆，大部分处于热带和亚热带，北部是以喜马拉雅山为主的高山地区，同尼泊尔、中国相邻；西北与巴基斯坦交界，主要是以拉贾斯坦为中心的沙漠地带；南部为德干高原，与斯里兰卡、马尔代夫隔海相对；东北与孟加拉和缅甸相接。东临孟加拉湾，西临阿拉伯海，南接印度洋，北接喜马拉雅山。复杂多变的地理环境，使印度成为一个资源丰富的大国。虽然印度的面积只有我国的 1/3，但印度的耕地面积比我国多 1/3，是亚洲最大的耕地国。考察交流采访团从首都新德里驱车 200 多公里到另一城市阿哥拉，路上所见的都是一览无际的大平原，大都是肥沃的耕地。

从上世纪 60 年代开始，印度就建立了数十个鸟类保护区，保护区内严禁耕牧，旅游者到保护区要么步行，要么乘坐木船，也可租用人力三轮车，保护区内禁止汽车通行。为了让鸟类有一个生存繁衍的环境，印度各地政府还在保护区内建起水坝，随气候和季节的变化不断调节水位，严禁砍伐森林。

得天独厚的地理环境和富有特色的传统文化，使得印度的生态环境得到很好的保护。无论是在首都新德里，还是在海滨城市果阿、古文化名城阿哥拉、小城市普纳，我们看到的都是城市在森林中，在树林下经常可以听见各种小鸟的叫声。从远处看，每一座城市都被树木覆盖着，只看见树木，难得见到高楼。即使是在人口超过1000万的世界有名的大城市孟买，其城区也大都被树木覆盖着。孟买濒临阿拉伯海，在城市的发展中，孟买对生态环境保护得相当好，考察交流采访团在孟买的海边看到大片大片的处于原始状态的红树林。正是由于印度人注重环境保护和爱护动物、爱护林木，使印度全国的森林覆盖率达到约23%。

2700家民间环保组织

印度是以农业为主业的国家。第一产业中，除软件业颇为发达外，其他较为薄弱，这对环境保护而言好像是件幸事。但是印度的人口却给社会也给环境保护带来沉重的压力。据有关资料，在上世纪的最后十年，印度人口净增1.8亿，目前已达10.7亿。有关专家预测，如果按现在的人口增长速度，在2030年前后印度人口将超过中国。由于人口太多，道路、交通等基础设施早已不能满足需求，人满为患的状况随处可见，在大城市孟买，我们走出飞机场不到10分钟就看见一大片的简易的贫民屋，街上脏兮兮的。这种情况在其他城市也随时可看见。即使是在首都新德里，我们也常常看见拥挤的人群和衣衫褴褛的乞丐、简易的贫民屋以及男人在街上旁若无人地随处小便。在几天的考察中，我们看到了相当多的环境问题。

环境问题的严重性引起了印度政府和民众的高度关注。近几年，民间环保组织如雨后春笋，发展迅速，据介绍，仅在册登记的农业环保组织就达2700多家。这些民间组织积极引导广大群众开展绿化造林、保护水源等活动。

为了提高全民环境意识，印度政府提出了“从娃娃抓起”，在全国5.5万所中小学中设立了生态俱乐部，从小培养孩子热爱环境、保护环境的意识。这些生态俱乐部分布在全国各邦、区，每一个生态俱乐部由30名～50名对环境感兴趣的孩子组成，主要活动内容包括：在学校举行有关环保内容的演讲会、研讨会、知识竞赛，到环境受到污染的地区进行实地调查考察，参观国家野生动植物公园，上街向公众宣传爱护公共环境，号召孩子在校内外积极参加植树活动，美化环境，等等。

穆罕·达里亚与万纳莱环保组织

考察交流采访团在印度期间，与万纳莱环保组织进行了业务交流。这是一个民间环境保护的社团组织，是印度众多民间环保组织中规模和影响较大的一个。该环保组织在全国的12个邦有2700多个分支机构，30000多名志愿者参与这项有意义的工作。今年80岁高龄的主席穆罕·达里亚先生（Dr.Mohan Dharia）是一位富有传奇色彩的人物，年轻时就投入印度争取自由的运动，印度独立后，历任国大党全印委员会委员、印度议会议员、印度商务部部长、印度政府内阁成员、国家计委副主任、高层政策委员会主席。穆罕·达里亚先生退休后，为了协助政府推动环境保护工作，不顾年老体弱，创办了这个民间环保组织。该组织在上世纪90年代初从农村开始，矢志不移地开展以环境保护为重点内容的各种活动。二十多年来，该组织矢志不渝地倡导推行的“为了农村发展和绿化的人民运动”项目，该项目内容主要包括保护水源、植树造林、利用土地、科技培训，同时还包括计划生育、技术致富等方面。在穆罕·达里亚先生的带领下，万纳莱环保组织通过向农民免费发放资料、举办培训班及其他形式，在农村中开展环境保护的宣传教育，并且在一些水土流失严重的地区和受污染而废弃的小河做治理示范工程，引导当地农民保护环境，不少水土流失和受污染的小河得到了治理，原有的环境功能得到了恢复，取得了令人瞩目的成绩。万纳莱民间环保组织的工作得到政府的肯定和大力支持，在印度农民中产生了广泛而深远的影响。

植树造林是“为了农村发展和绿化的人民运动”项目的重要内容。经过十多年的不解努力，万纳莱环保组织仅在马哈拉施特拉邦就植树2亿多棵，惜日不少的荒山现在已披上了绿装，1.1亿公顷的森林得到了有效的保护。在保护水源方面，每个雨季到来之前，该组织通过引导人们用传统的方式，用水泥或化肥袋装满沙石在小河中筑坝，来降低河水的流失，提高河水的利用率，最大限度地保存和利用雨水资源。这种河坝被群众亲切地称为“万纳莱堤岸”。万纳莱环保组织在全国各地建了大约12万个“万纳莱堤岸”，其贮存的水成了许多村庄的“免费水箱”。该组织还利用自身的优势开发了两款高科技实用软件“省水省土的全过程”和“全面供水”，其中“省水省土的全过程”软件已被政府认可，联邦政府要求全国各邦推广使用。

为了提高广大农民的文化素质和环境意识，万纳莱环保组织编印资料、出版刊物并免费发放给农民，组织对农民的培训；同时通过志愿者将环境保护的意识融入农民的日常生活中，引导农民有效利用废弃的土地，使用人蓄粪便等自然肥料；他们还亲力亲为教农民科学种养，教农民做甜品、香料，用各种方式帮助农民保护环境，发展经济，改善生活。他们的工作得到联邦政府的肯定。据穆罕·达里亚先生介绍，按照印度联邦政府的目标，全国的绿化率在十年内要从目前的23%提高到25%。万纳莱正在协助政府为实现这一目标而努力。

此文发表在《环境》杂志（2006年第2期）

努力构建资源节约型和环境友好型社会

我省的环境保护工作，紧紧围绕党的十六届五中全会和省委九届七次全会精神，以建设绿色广东、和谐广东为主线，以实施《珠江三角洲环境保护规划》和《广东省环境保护规划》为龙头，以治污保洁和珠江综合整治工程为推动力，以环境执法为保障，强化环境法治，全面实施可持续发展战略，坚持预防为主、综合治理，坚持在发展中解决环境问题，大力发展循环经济，推进经济结构调整和经济增长方式转变，加强分类指导，严格分区控制，创新环境管理方式，不断改善环境质量，保障人民群众身体健康，努力构建资源节约型和环境友好型社会，全面推进我省环境保护工作上新水平。

一、“十五”环境保护工作回顾及面临的环境形势分析

（一）“十五”环境保护工作成效分析

“十五”期间，我省环境保护取得有效进展。在经济社会快速发展的同时，我省环境污染与生态破坏加剧的趋势初步得到遏制，环境质量基本保持稳定，局部有所改善。据有关资料，“十五”期间，全省21个地级以上市中有19个市的城市空气质量达到国家二级标准，主要江河和重要水库水质良好，在109个省控断面中54.1%水质优良，18个市集中饮用水源水质达标率为100%。

1. 环境与发展综合决策水平得到提高

我省环保工作紧紧围绕经济建设这一中心，积极探索经济与环境协调发展的路子，环境与发展综合决策水平得到提高。为强化流域区域环境协调管理，我省积极牵头开展泛珠三角区域环保合作，签署了《泛珠三角区域环境保护合作协议》，建立了合作工作机制，联合开展《珠江流域水污染防治规划》编制工作，探索跨省联防联治的环境保护模式。

2. 环境综合整治成效显著

水环境综合整治效果良好。截至 2005 年 9 月底，全省已建成城镇污水处理厂 73 座，比“九五”期末增加 53 座，污水处理能力为 588 万吨 / 日，比“九五”期末增加 405 万吨 / 日，提前完成十五计划目标（500 万吨 / 日）。固体废物集中处理处置设施建设速度加快。已建成 16 座符合标准的生活垃圾无害化处理场，日处理量为 15000 吨，医疗废物集中处置能力为 5 万吨 / 年，占总产生量的 90% 以上。省危险废物综合处理示范中心建设和茂名粤西危险废物处理中心建设工作进展顺利。

3. 生态环境保护得到加强

生态建设和保护力度不断加大。截至 2004 年底，全省林业用地面积 10808.1 千公顷，其中有林地达到 9321.8 千公顷，森林覆盖率达到 57.4%，省级生态公益林为 3449.8 千公顷，占国土面积的 19.6%。建成沿海防护林带 2797 公里，营造生物防火林带 7597 公里，林木蓄积量达 3.66 亿立方米，森林资源实现了生长量大于消耗量的良性循环。采石场整治复绿取得初步成效，共关闭采石场 909 个，复绿 844 个 1960 万平方米。建成各类自然保护区 278 个，总面积 362.2 万公顷，自然保护区覆盖率达到 7.3%，比“九五”期末增加了 2.5%，实现了“十五”目标；已建森林公园 361 处，总面积 1386 万亩，占全省国土面积的 5.1%。

4. 环境监管力度不断加大

严把环境准入关，强化建设项目环保管理；加大重点污染源的监管力度；推进重点污染源在线监测系统建设，加强对污染源排污情况的监督；积极推行循环经济和清洁生产。

5. 环境法制进一步强化

省人大常委会颁布和修订了《广东省韩江流域水质保护条例》《广东省城市垃圾管理条例》《广东省东江水系水质保护条例》《广东省环境保护条例》《广东省固体废物污染防治条例》等地方性法规。省纪委和省监察厅发布了《关于对违反环境保护法律法规行为党纪处罚的暂行规定》，有力地促进依法管理环境事务，为加强环境保护提供了法律依据。我省先后开展了“整治违法排污企业保障群众健康”、“清查放射源，让百姓放心”及固定资产投资项目环境影响评价和“三同时”制度执行情况清理整顿等环保专项行动，严肃查处了一批违法建设、违法排污企业，严厉打击了环境违法行为，较好地解决了一些长期难以解决的污染问题。

6. 环境管理技术能力有所增强

21 个地级以上市建成了 123 个空气质量自动监测站点，全部实现了空气质量日报，与香港合作建成了包括 16 个子站的珠江三角洲区域空气质量监控网络；建成水质自动监测站 28 个，实现了饮用水源和大江大河水质月报。

（二）“十五”环境保护存在的主要问题分析

1. 水环境污染仍较突出

据有关资料，2004 年我省废水排放总量 54.2 亿吨，比“九五”期末的 44.7 亿吨，增长 21.1%，化学需氧量（COD）排放总量 92.7 万吨，比“九五”期末的 28.17 万吨大幅增加；仍有 64.3% 的生活污水得不到有效处理；部分水体水环境质量有下降趋势；饮用水源水质达标率低。

2. 空气环境质量有所下降

据有关资料，2004 年全省二氧化硫排放量达 114.8 万吨，比 2000 年增加 26.8%。与“九五”期末相比，空气中主要污染物浓度上升，部分城市轻微污染天数增加，局部地区空气质量明显下降，在珠江三角洲地区多次出现区域性光化学烟雾现象。酸雨 pH 均值、酸雨频率明显高于“九五”期末，重酸雨区的面积也明显扩大。

3. 固体废物污染加重

据有关资料，2004 年全省工业固体废弃物产生量 2609.2 万吨，比“九五”期末增长 54%，工业固体废物综合利用率仅为 80.3%。生活垃圾产生量逐年增加，2004 年生活垃圾产生量为 1561.5 万吨，比“九五”期末增加 77.6%，生活垃圾无害化处理率仅为 48.8%。

4. 生态破坏与农村环境问题凸现

局部地区水土流失等问题依然严重，部分地区水土流失强度大；森林资源总量不足，质量不高，结构简单，红树林等湿地面积减少，功能不断退化；生物多样性保护形势严峻，外来入侵物种对生态环境影响明显；城市森林生态系统建设滞后。农村水环境不容乐观。

5. 辐射环境安全形势严峻

随着我省核电的快速发展，核安全管理任务越加繁重。多年积累的废源和闲置源难以及时收贮，铀矿及放射性伴生矿冶炼所产生的废石和废渣并没有得到完全彻底的处理。同时，随着越来越多的广播电视、无线通信、电力输送、电气化铁道等伴有电磁辐射和感应的设备的配置，电磁辐射污染纠纷急剧上升。

6. 环境保护能力建设薄弱

据有关资料，1989 年，我省每亿元 GDP 有环境管理人员 2.4 名，每亿元工业产值有 1.9 名，2003 年却分别下降至 0.69 名和 0.34 名；县级环境管理能力薄弱，全省还有 15 个县未独立设置环保机构。环境监测、监察等机构的技术能力离国家标准化建设的要求有较大差距，缺乏必需的应急监测监控设备，环境应急监测监控能力差。全省有 10 万多个工业污染源，而环境监察人员仅 1700 多人，难以有效监管。

（三）未来发展面临的环境压力预测分析

1. 工业化进程对环境的压力

按照规划，未来 5 年，我省将规划建设 5 个石化基地，新建或扩建5个炼油项目、5个乙烯项目以及一大批下游化工，到2010年全省炼油能力达6500万吨/年，乙烯生产能力达到440万吨/年；造纸、电力、食品、印染、建材等污染行业都将继续快速发展，届时污染防治任务将更加艰巨。随着产业结构的调整优化，沿海地区依托港口将形成以重化工业为主的资本密集型产业群，珠三角部分产业将逐步向东、西两翼和山区转移，工业不断向农村转移，环境污染有向山区和农村等饮用水源地转移的趋势，由此带来的生态破坏和环境污染问题不容忽视。

2. 城镇化进程对环境的压力

“十一五”期间，我省城镇化进程将不断加快，预计到2010年城镇化水平将达到65%，逐步形成以广州、深圳为核心的珠三角大都市圈和粤东、粤西沿海城镇聚集区。在城镇化过程中，资源能源供需矛盾将日益突出，污染物集中排放，环境压力增大，并有可能引发区域性环境问题。

3. 社会消费转型加大环境压力

在社会消费转型中，电子电器废物、机动车尾气、有害建筑装饰材料等各类新污染呈迅速上升趋势。“十一五”期间是我省机电产品报废的高峰期，电子电器废物将以每年5%至8%的速度增加，而回收处理体系尚未完善，大量电子电器废物流向处理技术落后、规模小的企业，有可能因处理不当而造成有毒有害物质进入环境。

二、制定和实施环境保护和生态建设“十一五”规划，促进经济社会和环境的全面协调可持续发展

（一）基本原则

以人为本，协调发展。必须切实解决人民群众关注的环境问题，努力改善人居环境，努力实现人与自然的和谐发展；按照《中共广东省委关于制定全省国民经济和社会发展第十一个五年规划的建议》中提出的六个“必须加快”的要求，科学规划，合理布局，促进经济社会环境

和区域的协调发展。

预防为主，综合治理。积极发展循环经济，按照减量化、再利用、资源化的原则，加强资源综合利用，大力推进清洁生产，从源头上防治环境污染和生态破坏；加强协调，联防联治，运用法律、经济、技术、行政等多种手段综合治理和解决环境问题。

不欠新账，多还旧账。坚持环境与发展综合决策，严格环保准入，实行污染物排放总量控制，努力做到以新带老，增产不增污、增产减污；加大环境综合整治力度，积极解决历史遗留的环境问题。

分类指导，分区控制。依法实施环保规划，严格实行生态功能区分级控制。珠江三角洲地区坚持环境优先，山区坚持保护与发展并重，粤东、粤西地区坚持在发展中保护。

创新机制，强化监管。建立健全政府主导、市场推进、公众参与的环境保护工作机制；推动环境管理体制创新，强化环保责任制；严格环境执法和监管，建立健全环境监管长效机制。

（二）“十一五”环境保护主要任务分析

1. 以饮用水源保护和污染严重区域治理为重点，加强水污染防治

按照优先保护饮用水源的原则，统筹兼顾上、下游地区的社会经济发展，应重新修订全省地表水环境功能区划方案，严格划定饮用水源保护区；要抓紧制定和实施城镇河涌综合整治规划和计划，加强对受污染河道的综合整治和生态恢复，重点抓好珠江广州河段、深圳河、淡水河、石马河、佛山水道、前山河、江门河、南江河、枫江、练江、小东江等的综合整治工程；大力推行清洁生产，引导企业采用先进的生产工艺和技术手段，降低单位工业产值废水和水污染物排放量，提高工业用水重复利用率；继续加快城镇生活污水处理设施建设，加快推进县城、中心镇生活污水处理厂建设步伐，配套建设污水管网；加强畜禽养殖污染控制，提高畜禽养殖业清洁生产水平及废弃物资源化利用水平。

2. 以电厂脱硫和机动车排气污染防治为重点，推进大气污染防治

大力发展技术先进的环保型新燃料发电机组以及水电、核电、气电、风能、太阳能、潮汐能等新能源、清洁能源和可再生能源；加快实施现有燃煤燃油火电厂脱硫工程，限制未进行烟气脱硫火电厂的生产；全面推行低氮燃烧技术，新建火电厂要预留烟气脱硝场地；加强机动车排气污染防治；控制粉尘污染。

3. 以危险废物安全处理处置为重点，强化固体废物管理。

抓好危险废物安全处理处置，加强电子电器废物资源化利用，提高生活垃圾综合处理水平。

4. 以辐射环境污染防治为重点，确保核与辐射环境安全

强化电磁辐射环境管理，加强放射性污染防治，完善核安全及应急管理。

5. 以农村生态环境保护和土壤污染防治为重点，加强生态建设

推进农村和农业环境保护，加强土壤污染防治，加大水土流失防治力度，强化近海及海岸湿地生态保护，加强自然保护区及森林公园的建设和管理。

6. 以改善珠三角环境质量为重点，严格控制污染转移

全面实施环境保护规划。分区制定产业准入制度。

（三）完成“十一五”环境保护目标应采取的对策措施分析

1. 积极推进循环经济，建设资源节约型社会

调整优化产业结构，积极发展科技含量高、资源消耗低、环境污染少的新型产业，严格限制高物耗、能耗型项目，加快淘汰能耗高、效率低、污染重的技术和工艺设备。加快电力、石油化工、钢铁、非金属矿物制品、造纸及纸制品和纺织印染等重污染行业的生态化转型。大力推进资源的节约和综合利用，按“减量化、再使用、可循环”的原则，支持企业开展节能、节水、节材和资源综合利用等方面的技术改造，发展节能、节水、节材型产业，积极推广节能、节水、节材技术，强化中水回用，提高水重复利用率。加强资源综合利用，积极鼓励和推进资源

循环利用产业的发展。广泛开展以建设资源节约型社会和环境友好型社会为主题的宣传活动，倡导绿色生活方式和消费方式，形成全社会建设资源节约型社会的良好氛围。积极推行政府绿色采购，创建节约型政府，发挥政府在发展循环经济和建设节约型社会中的表率作用。

积极推进循环经济示范。从企业、园区和城市与社会多层面推进循环经济试点。加强生态工业示范园区建设；积极推进工业园区生态化改造，鼓励工业园区发展能源梯级利用技术，发挥产业聚焦和工业生态效应，形成资源高效循环利用的产业链，推广热电联产和集中供热、供电、供能和集中治污，珠三角地区每个市至少应建一个以上生态工业示范园区。大力推行环境管理体系认证，扩大企业清洁生产试点工作，开展造纸、化工、电力、钢铁等重污染行业的清洁生产试点及示范工作，依法对产生和使用有毒有害物质企业和污染严重企业的实施强制清洁生产审核。

2. 加强法制建设和机制创新，强化环境监管

加强环境保护法制建设。针对我省实际情况，完善地方环境保护和生态建设法律法规。制定促进循环经济、加强生态保护、加强土壤污染防治、鼓励公众参与等地方性法规，修订完善现有法律法规。加大生态环境保护执法力度，严肃查处各种环境违法和破坏生态行为。

完善综合决策机制。各级政府应建立环境与发展综合决策机制，组织制定重大环境与发展政策，协调解决重大环境问题，审议重大经济、社会发展政策及规划的环境影响评价；建立由多学科专家组成的环境与发展咨询机制，对经济与社会发展的重大决策、规划实施以及重大开发建设活动可能带来的环境影响进行充分的研讨和咨询，为决策提供科学依据。

强化环保责任考核机制。建立绿色经济核算体系。将执行环保法律法规、环境质量变化、污染排放强度和公众满意度等指标纳入环保实绩考核指标体系，并将工作责任和考核结果作为干部任免奖惩的重要依据。建立环境保护和生态建设责任追究制度，对因决策失误、未正确履

行职责、监管工作不到位等问题，造成环境质量明显恶化、生态破坏严重、人民群众利益受到侵害等严重后果的，要依法追究有关领导和部门及有关人员的责任。

创新环境监管制度。严格实施污染物排放总量控制和排污许可证制度，禁止超总量排污和无证排污，逐步建立以排污申报为基础、总量控制为主线、排污许可证为重点、在线监控和现场监督检查为手段的污染源监督管理长效机制。建立环境信息公开制度、企业环保信用管理制度。完善环保监督员制度、公众参与环境监督制度、公众参与综合决策制度和环境污染有奖举报制度。完善环保区域协调制度，研究推广流域联防联治的管理模式，健全跨行政区河流交界断面水质达标管理、建设项目环境影响评价联合审批、跨行政区污染事故应急协调处理等制度，鼓励环保基础设施共建共享，协调解决跨地区、跨流域重大环境问题；积极推进泛珠三角区域环保合作，建立珠江流域协调机制。

3. 推进污染治理市场化，加强环境科技创新

创新环境经济政策。建立有利于节水、节能的价格机制，合理确定各类用户的计划量和定额，对超计划、超定额用水用电实行累进加价制度；制定鼓励中水回用的政策；按国家税收政策，对资源综合利用企业给予支持；落实火电厂脱硫补助政策，在电厂脱硫征地、关键设备进口等方面给予支持，促进脱硫工程的全面实施；健全二氧化硫总量配额管理制度，积极探索二氧化硫排污交易机制。各级政府在加大资金投入的同时，应通过政策引导推进环境保护和生态建设投资多元化；制定分区域污水、垃圾处理费下限标准，提高排污费征收标准，实行危险废物安全处理收费制度，对污水和固体废物处理设施建设及运行给予用地和用电上的优惠；完善环境基础设施的服务、价格、质量、成本监管体系和特许经营等相关配套政策，营造良好的投融资环境。完善生态补偿制度和水资源有偿使用制度，强化资源有价和生态补偿意识；探索建立环境保护和生态建设财政转移支付、流域水权交易、流域异地开发、区域产业联合开发等区域生态补偿机制。

大力发展环保产业。各级政府应将环保产业发展纳入国民经济和社会发展宏观计划，大力推行环保基础设施建设运营的产业化、市场化运作模式。推进产学研联合攻关和开发，培育若干拥有著名品牌和自主知识产权、管理现代化的环保产业龙头企业和骨干企业，研究开发一批掌握核心技术、拥有自主知识产权的环保技术和产品，提升全省环境污染治理能力和环保产业科技水平。

开展环境科学技术研究。加快国家和省级环境保护重点实验室及工程技术中心建设，培养和引进一批在国内外具有一定影响力的环保科技专家及各专业领域的学术或技术带头人，优化环保科技队伍结构。研究河道生态修复技术、土壤重金属及有机污染生态修复技术；研究开发垃圾资源化利用技术、乡镇污水生态处理技术和太阳能综合利用技术；研究开发节能降耗、无废少废新技术、新工艺；开展区域二氧化碳排放总量、区域生态系统二氧化碳吸收能力以及温室效应增强对气候和生态环境影响等问题的研究；开展重点城市饮用水源地有机污染调查；调查研究光化学污染、有毒化学品、持久性有机污染物、环境激素、电子垃圾、外来物种入侵、放射性生态环境影响等新型环境问题。

4. 加强能力建设，提升环境管理水平

健全环境管理体制。强化环保部门统一监管和多部门分工负责的环境管理机制，根据经济总量和人口合理配置环境管理部门人员编制，加强各级环保机构建设，制定和实施各级环保机构编制规范化建设方案，充实环保管理队伍力量；积极稳妥推进环境保护综合行政执法改革，建立环境监察稽查机制。加强园区环境管理，各地级以上市环境保护行政主管部门对开发区、保税区、工业园区的环境保护实施统一监督管理。

环境监测能力建设。建设面向珠江流域及泛珠三角地区的广东省环境监控中心，加强区域监测中心站建设；提高环境监测标准化水平。加强农业、近岸海域环境监测，形成完善的环境监测网络。全面提高环境监测能力和技术水平，努力实现监测自动化、质控系统化、数据网络化。完善地表水交界断面水质自动监测站建设。建设省、市环境空气自动监测子站联网系统。提高微量有毒有害污染物监测水平。开展土壤和生态环境监测。建设全省重点污染源在线监测系统。

加强环境监察能力建设。以加强基层环境监察工作为重点，推动环境监察队伍标准化建设。建立省、市、县环境保护综合行政执法机构，保证执法经费，充实完善执法装备；完善环保热线投诉电话的建设，完成污染源在线监控和污染事故应急能力建设；建立全省环境监察信息网络。

核安全与辐射环境监测能力。按照国家标准和要求建设国家认可实验室，提高省环境辐射研究监测中心的技术及装备水平。以省辐射环境研究监测中心为中心站，有核电站等大型核设施的地级以上市为子站，逐步建设并形成全省的辐射环境监测系统，建立主要辐射污染源辐射环境监测网。逐步完善核安全与辐射环境保护监督管理体系与应急指挥系统。

加强环境信息能力建设，构建环境管理电子政务综合信息平台。建设市、县级环境信息网站和电子政务应用系统；构建环境保护业务应用平台，在统一规划、设计的基础上，规范、有序地建设污染源一体化动态管理系统、环境监测管理系统、环境监察管理系统、环境辐射管理系统、废物管理系统等业务应用系统，逐步建成省市县一体、功能完善、互联互通、覆盖全省的环境信息网络和业务系统，实现“数字环保”的目标。

加强环境预警应急体系建设，提高污染事故应急监测能力。建立环境预警应急监测系统。建设覆盖全省的生态环境管理信息系统和监控网络，构建水、大气、生态、土壤等环境预警和应急体系。建立健全饮用水源安全预警制度，定期发布饮用水源地水质监测信息。

加强环境宣教能力建设。重视和加强环境宣传教育工作，建成比较完善的环境宣传教育网络。通过绿色创建，营造环境宣传载体。

5. 加大环保投入，落实六大重点工程

为实现“十一五”规划目标和任务，省环保局提出要落实区域污水处理及河道整治工程、电厂脱硫工程、固体废物处理工程、生态环境保护与建设工程、放射性尾矿有放射性废物（源）处理工程、环境预警应急工程等六大重点工程，总投资约1356亿元，其中：区域污水处理及河道整治工程投资约380亿元；电厂脱硫工程投资约150亿，全省范围内燃煤、燃油机组全部配套建设脱硫装置，计划削减二氧化硫排放量约60万吨/年；固体废物处理工程投资约232亿元；生态环境保护与建设工程投资570亿元；放射性尾矿及放射性废物（源）处理工程投资约8500万；环境预警应急工程投资约23亿元。

（四）2006年全省环境保护预测分析

2006年我省环保工作要以“三个代表”重要思想和科学发展观为指导，认真贯彻落实党的十六届五中全会和省委九届七次会议精神，按照全面建设小康社会、率先基本实现社会主义现代化和构建和谐广东的基本要求，以实施绿色广东战略为主线，以保障环境安全，维护人民群众环境权益为中心；坚持在发展中解决环境问题，坚持预防为主、综合治理，坚持分类指导、分区控制，坚持不欠新账、多还旧账；更加注重环境保护为经济建设服务，更加注重解决人民群众关注的环境热点、难点问题，更加注重农村环境保护工作，更加注重加大环保执法力度，更加注重创新环境管理机制；努力建设资源节约型和环境友好型社会，为全面完成“十一五”环境保护各项目标和任务奠定良好的基础。

1. 筹备召开第八次全省环保大会

认真贯彻落实第六次全国环境保护会议和国务院《关于落实科学发展观，加强环境保护的决定》精神，组织草拟《加快建设绿色广东的若干意见》，筹备召开第八次全省环境保护会议。

2. 认真实施环保规划，强化分区控制

认真组织实施《珠江三角洲环保规划》《广东省环保规划》，落实规划确定的严格控制区、有限开发区和集约利用区；将生态功能分区作为开发建设的重要依据，对重污染行业实施统一定点、统一规划、集中治污，调整优化产业空间布局，防止污染向山区转移。按照“珠三角地区环境优先，东西两翼在发展中保护，山区发展与保护并重”的原则，强化分类指导，出台《加强环境管理分类指导工作意见》，对不同地区提出不同的环境保护目标，明确责任和任务，采取相应的措施，科学引导不同区域经济社会环境的协调发展。积极推进泛珠三角区域环保合作，抓紧编制和实施《珠江流域水污染防治规划》，建立珠江流域协调机制。

3. 大力推进治污保洁和珠江整治工程，努力改善环境质量

严格保护饮用水源，保障群众饮水安全，争取年内出台《广东省饮用水源水质保护条例》。积极推进重点区域流域及河涌综合整治工程，推进珠江广州河段、佛山汾江河、东莞石马河等整治工作取得明显成效，减轻城市河段黑臭现象。加快推进环境基础设施建设，尽快出台《广东省城镇污水处理厂监督管理办法》和《加强城市污水处理费征收和使用管理的意见》，推进污水处理设施的建设和正常运行。加快推进电厂脱硫工程和危险废物处理处置设施的建设。抓紧修订《广东省机动车尾气污染环境防治条例》，加强机动车尾气污染防治。

4. 积极开展示范创建活动，推进循环经济发展

积极推进国家生态市和环保模范城市创建工作。加强生态工业示范园区建设和工业园区生态化改造，重点抓好汕头废旧电器综合利用产业化国家示范园区和佛山南海国家级生态工业示范园区建设。积极开展环境友好企业创建活动，扩大企业清洁生产试点工作，抓好重点污染企业清洁生产强制审计。积极开展绿色学校、绿色社区等创建活动。配合有关部门研究制定促进循环经济发展的相关政策措施。

5. 加强农村和生态环境保护，强化土壤污染防治

将农村环境保护作为建设社会主义新农村的重要内容，全面实施农村环保小康行动计划。广泛开展环境优美乡镇和生态文明村创建活动。抓好农村饮用水源保护。防治禽畜养殖业污染和化肥、农药等面

源污染，改善农村环境质量。组织开展全省土壤污染现状调查，加强农产品基地的环境污染监管，确保人民群众吃上放心的食物。

6. 严格环保准入，建立污染源管理长效机制

严格建设项目环保准入，做好开发区、工业园区和定点基地区域环境影响评价。进一步简化审批程序，提高审批效率，出台《加强山区及东西两翼与珠江三角洲联手推进产业转移中环境保护工作的意见》，做到既依法严格履行职责，又服务于经济发展。

加强污染源监管，实施污染物总量控制和排污许可证制度，力争在年底完成120家省控重点污染源在线监控系统建设，逐步建立污染源信息管理系统和重点企业环保信用档案，实行重点企业环保信息公开。加强危险废物和进口废物环境监管；严格电磁辐射环境管理，加强放射性污染防治。继续开展打击违法排污专项行动，下大力气整顿群众反映强烈、影响社会稳定、关系人民群众切身利益的环境污染和生态破坏行为。

7. 防范环境污染事故，确保环境安全

认真汲取松花江水环境污染事件的教训，采取有效措施，做好污染事故防范和应急处理工作，确保环境安全。一是进一步完善《广东省环境污染事件应急预案》，加强环境应急监测监控能力建设，建立健全环境污染事件应急体系。二是开展排查，清除隐患。组织对存在环境安全隐患的企业进行一次全面清查，特别是加强对位于饮用水源地、自然保护区等生态敏感区以及人口密集地区的企业的检查，重点排查排放有毒有害污染物、经营危险化学物品的企业以及放射源使用单位，强化核安全及应急管理。三是建立健全突发环境事件信息报送制度和责任追究制度，保证信息及时报送以及应急处理措施落实到位。

8. 创新环境管理机制，提高环境管理能力

强化环境管理信息化建设，打造“数字环保”。加强环境监管能力建设，筹建省环境监控中心。做好绿色国民经济核算体系试点工作，进一步改革和完善环保责任考核，建立环境保护责任追究制度。创新

环境经济政策，推进污染治理市场化。与公检法等有关部门联合出台《加强环境法制工作的若干意见》，建立联合执法机制。推行政务公开，健全公众参与机制。加强环保队伍自身建设，提高人员素质。

此文原载《广东经济蓝皮书（2006）》（主编，谢鹏飞，南方日报出版社 2006 年版）

以环境保护优化经济增长促进社会和谐

党的十六届六中全会作出了《关于构建社会主义和谐社会若干重大问题的决定》，对当前和今后一个时期构建社会主义和谐社会作出了全面部署，表明构建社会主义和谐社会已经从认识和理论层面推进到实践层面，反映了建设富强民主文明和谐的社会主义现代化国家的内在要求，体现了全党全国各族人民的共同愿望。是对当前和今后一个时期构建社会主义和谐社会的具有重大指导意义的纲领性文件。省委九届九次全会全面总结广东和谐社会建设取得的成绩，分析当前和谐广东建设面临的形势，审议通过了《中共广东省委关于贯彻〈中共中央关于构建社会主义和谐社会若干重大问题的决定〉的实施意见》，并结合我省实际，对构建和谐广东作出了全面部署。贯彻十六届六中全会和省委九届九次全会精神，推动和谐广东建设，是全省各级各部门的一项重要任务。人与自然和谐是社会主义和谐社会不可或缺的重要组成部分。建设和谐广东，必须坚持环境保护与经济发展并重，以环境保护优化经济增长，实现人与自然和谐。

一

人与自然和谐是和谐社会的标志之一。人与自然和谐直接影响到人际关系、社会关系等方面的和谐，是和谐社会各种关系中非常重要的关系，和谐的环境可以促进和谐的人际关系。人与自然的关系不和谐，必然导致对群众健康的危害、对可持续发展的影响，人与人、人与社会就难以建立和谐的关系。环境污染是人对自然的一种行为，实际上是一部分人产生的污染要整个社会承受，这种行为必然导致追求利益的阶层与承受代价的阶层之间的利益冲突。人类如果一味追求经济增长规模和速度，片面追求 GDP 增长，不顾资源和环境压力，就一定会加剧人与自然、人与人的矛盾，从而导致社会不和谐，危及社会稳定。广东的环境保护工作，要以党的十六届六中全会和省委九届九次全会精神为指导，全面贯彻落实科学发展观，要把完成污染物总量控制目标作为主要任务，把解决危害群众健康和影响可持续发展的环境问题作为工作的着力点，把构筑环境监督执法和环境监测预警两大体系作为推动工作的重要保障，创新环境保护工作机制体制，充分发挥环境保护工作在优化经济增长和促进社会和谐中的重要作用，以环境保护优化经济增长，做到节约发展、安全发展、清洁发展，促进人与自然和谐，促进和谐广东、绿色广东建设，促进经济又好又快发展。

省委、省政府高度重视环境保护工作。省委九届九次全体会议再次强调要全面实施绿色广东战略，加强环境保护；《中共广东省委关于贯彻〈中共中央关于构建社会主义和谐社会若干重大问题的决定〉的实施意见》对“加强环境治理保护，促进人与自然相和谐”提出了明确任务和具体措施。张德江书记和黄华华省长多次就环保工作作出重要批示，提出环保工作“三个一律”（即：新建项目，凡达不到环保要求的一律不准上马；在建项目，凡环保设施未经验收合格的一律不准投产；已建项目，凡经过限期治理和停产整顿仍不达标的一律关闭）和“五个不准”（即：对不符合产业政策、不符合有关规划、不符合重要生态功能区要求、不符合清洁生产要求、达不到排放标准和总量控制目标的项目，一律不予批准建设）的要求。去年 9 月，广东学习论坛第三十三期报告会专门邀请国家环保总局周生贤局长作了题为“努力推进历史性转变，全面开创环保工作新局面”的主题讲座。全省环境保护各项工作取得了新的成绩。据有关资料，2006 年在全省 GDP 增长 14.1% 的同时，全省环境质量保持基本稳定，21 个地级以上市空气质量均达到国家二级标准（居住区标准），城市降水质量略有好转；主要江河干流和干流水道、重要水库水质总体良好，在 109 个省控断面中 58.5% 水质优良，全省饮用水源水质总达标率为 89.4%，比上年上升 1.3 个百分点；跨市河流交界断面水质达标状况有所好转，大部分湖泊、水库、入海河口、近岸海域水质保持稳定；城市声环境质量和辐射环境质量基本稳定在较好水平，大亚湾核电站、岭澳核电站运行状况良好。全省二氧化硫（SO2）和化学需氧量（COD）的排放总量双双下降，环境污染加剧的趋势初步得到遏制，环境质量总体保持稳定，局部得到改善。环境保护为全省经济社会发展转入科学发展轨道发挥了积极的作用。

（一）深入学习贯彻国务院《决定》和第六次全国环保大会精神，全面部署环境保护工作

学习贯彻国务院《决定》和第六次全国环保大会精神。2005 年底，国务院发布了《国务院关于落实科学发展观加强环境保护的决定》；2006 年 4 月，又召开了第六次全国环境保护大会。省委、省政府把学习贯彻国务院《决定》和第六次全国环保大会精神作为切实树立和落实科学发展观的一项战略任务，列入重要议事日程。省政府召开常务会议，就贯彻落实《决定》和会议精神进行了专题研究，作出了具体部署。省政府全文转发了国务院《决定》，提出具体贯彻意见。2006 年 6 月，省政府在广州召开了全省环境保护工作会议，黄华华省长、谢强华副省长出席会议并作了重要讲话，全省各市、县（区）政府和发改、财政、环保部门主要负责人等近 7000 人参加了会议；会议全面总结了广东省“十五”时期环境保护工作任务，部署了“十一五”时期环境保护工作任务。大会的召开充分彰显了我省全面树立和落实科学发展观的决心，进一步增强了各级党委、政府和各有关部门保护环境的紧迫感、责任感和使命感。全省各级政府认真贯彻国务院《决定》和第六次全国环保大会精神，深圳、韶关、佛山等15个地级市出台了贯彻落实国务院《决定》的文件，采取一系列加强环境保护的新举措，全省环保工作呈现出良好的发展态势，环境保护进入了新的历史发展时期。

污染减排初见成效。实行主要污染物排放总量控制是国家“十一五”环保工作的重要措施。为削减污染物排放总量，省环保局结合广东实际，创造性地开展工作，取得了初步成效。一是污染减排任务和责任得到落实。根据国家下达广东省的主要污染物排放总量控制目标，及时制定了广东省“十一五”主要污染物排放总量控制计划。2006年9月，省政府在东莞举行了有2000多人参加的签订全省“十一五”主要污染物排放总量控制目标责任书暨环保执法用车派发仪式，黄华华省长、谢强华副省长出席并讲话，省环保局局长李清代表省政府与各地级以上市政府签订二氧化硫和化学需氧量等主要污染物总量控制目标责任书，将主要污染物排放总量控制目标任务分解下达给21个地级以上市。会后各市政府按省的要求逐级签订责任书，将任务分解到县（市、区）、镇，落实到排污单位。二是环境基础设施建设取得新进展。在落实减排责任的同时，全省以珠江综合整治和治污保洁工程为重点，全面推进环境基础设施建设。省发改委积极推进火电厂脱硫工程建设，争取国家安排国债0.61亿元投资我省污水、垃圾处理；省财政厅继续加大环保投入，规范对专项资金的使用管理；省国土资源厅积极推进采石场关闭复绿，优先解决环保重点工程建设用地；省建设厅大力推动城镇污水及垃圾处理工程建设；省物价局研究制定和完善电厂脱硫电价、污水和垃圾处理费等价格政策，并拟定了《关于运用价格杠杆促进环境保护的意见》。经过各方的共同努力，环境基础设施建设取得良好成效。2006年全省环保总投入累计达600多亿元，环保投入占GDP的比例连续五年达到2.5%以上。截止2006年底，全省已建成城镇生活污水处理厂99座，日处理能力达到724.3万吨，化学需氧量（COD）年削减能力达到44万吨，居全国第一，其中2006年建成20座，新增日处理能力92.8万吨。城镇生活污水处理率预计达47%，较2005年上升6.8个百分点。建成烟气脱硫的火电机组装机容量达 1586 万千瓦，二氧化硫年削减能力达 40 万吨，居全国第一，其中 2006 年新建成脱硫设施的火电机组为 1165.5 万千瓦，新增脱硫能力 29.2 万吨。建成符合标准的生活垃圾无害化处理设施 29 座，日处理能力 2.8 万吨，其中 2006 年建成 2 座。18 个市建成城镇医疗废物集中焚烧处置设施，年处理能力达 5.1 万吨，处理率达到 90.3%。省危险废物处理示范中心一期工程建成投入使用，粤北危险废物处理中心也开工建设。由于我省多年来加大环保治理力度，大力推进环保治理设施建设，2006 年我省主要污染物排放总量出现下降，二氧化硫和化学需氧量在全国同比上升的情况下分别较 2005 年下降 2.1% 和 0.9%；同时，全省环境质量总体保持稳定，21 个地级以上城市空气质量均达到国家二级标准，主要江河和重要水库水质良好，大部分城市饮用水源水质完全达标。

（二）全面实施环保规划，积极以环境保护优化经济增长

全省各地认真实施《广东省环境保护规划》和《珠江三角洲环境保护规划》，按照“珠江三角洲实行环境优先、粤东粤西地区坚持在发展中保护、山区坚持保护与发展并重”的原则，将规划提出的“分区控制”的发展思路，即根据资源的禀赋、环境的容量以及各地的经济功能，将广东省划分为“严格控制区、有限开发区、集约利用区”三类控制区域，在不同的区域内实行不同的发展模式，分区控制，分类指导，并宏观引导重大产业合理布局，从构筑区域生态安全体系、调整优化产业结构、加大污染治理力度、实施主要污染物排放总量控制等方面着手，加强生态保护和污染防治，严格建设项目环保准入，加强产业转移园区建设的环境保护，从区域整体的角度解决环境问题，实现区域的协调发展，以环境保护优化经济增长，努力促进全省经济社会环境协调发展。全省各地正在按照《珠江三角洲环境保护规划纲要（2004–2020 年）》和《实施方案》的要求，制定本市的环境保护规划，细化规划确定的生态功能分区控制要求，作为开发建设的重要依据。《〈广东省环境保护规划纲

要（2006–2020 年）〉实施方案》已由省政府正式印发并组织实施。《广东省环境保护和生态建设“十一五”规划》已报省政府待批准实施。与此同时，大力推进泛珠三角环境保护区域合作。建立了泛珠三角环境保护合作机制，制定了《泛珠三角区域环保合作专项规划》，完成了《珠江流域水污染防治规划》和《泛珠三角区域水环境监测网络建设规划》。

（三）大力实施珠江综合整治和治污保洁工程，环境综合整治成效显著

通过全面推进珠江综合整治和治污保洁等重大环保工程，加大政府环保投入和推动污染治理市场化，全省环境综合整治工作取得明显成效。一是水环境整治成效显著。饮用水源水质进一步好转，21 个地级以上城市饮用水源水质总达标率为 89.4%，其中 19 个地级以上市饮用水源水质完全达标。主要江河和重要水库水质良好。磨刀门水道、梅江、韩江梅州段、东莞运河、珠江广州河段、宁江、袂花江 7 个江段水质好转。二是烟气脱硫工作成效显著。建成烟气脱硫的火电机组装机容量达 1586 万千瓦，其中 2006 年新建成的烟气脱硫设施的火电机组为 1165.5 万千瓦，新增脱硫能力 29.2 万吨。三是固体废物集中处理处置设施建设速度加快。18 个地级以上市已建成城镇医疗废物集中焚烧处置设施，年处理能力达 5.1 万吨，处理率达到 90.3%。省危险废物处理示范中心一期工程已建成并投入使用，粤北危险废物处理中心已开工建设。四是机动车尾气污染防治工作得到加强。初步建立了机动车排气管理的统一监管体系，广州市自 2006 年 9 月 1 日起提前实施第三阶段国家机动车大气污染物排放标准。

（四）强化环境监督管理，促进环境优化经济增长

强化建设项目环保管理，严格建设项目环保准入。按照建设项目环保管理“三个一律”和“五个不准”的要求，强化环境监督管理，充分发挥环境保护在宏观调控中的积极作用，促进产业结构调整和经济增长方式转变，以环境保护优化经济发展。按照分区控制原则，划定严格控制区、有限开发区、集约利用区，以环境容量优化产业空间布局。在产业转移过程中，严格控制在饮用水源地等环境敏感地区建设污染项目，对重污染行业实行统一规划、统一定点，高起点规划和建设产业园区，严防污染向山区转移。逐步建立环保退出机制，加大落后工艺技术和生产能力淘汰力度，近年来，全省先后淘汰关闭污染重的小水泥厂和小火电机组等二十类小型工业企业2600多家，共关闭小火电机组共111.5万千瓦，为促进产业结构调整和经济增长方式的转变发挥了重要作用。强化建设项目环境管理，严格环保准入，印发实施了《关于进一步加强建设项目环境保护管理意见》《关于加强我省山区及东西两翼与珠江三角洲联手推进产业转移中环境保护工作的若干意见（试行）》，严格限制高物耗、高能耗、高水耗型项目，凡超总量或无总量地区一律不准新建、扩建增加污染物排放总量的项目。实行建设项目环境影响评价审批，提高电力、钢铁、石化等高耗能、高污染行业的准入门槛，严格限制无环境容量或超污染物控制总量地区的建设项目，对污染严重并造成跨界污染的清远市清城区部分污染行业实行区域限批。2006年，全省否定不符合环保要求的项目4332个；其中省环保局否定的项目约占受理项目总数的10%。同时逐步建立环保退出机制，2006年共淘汰关闭污染严重企业1008家，其中关闭了南海桂城、大沥两电厂和韶关电厂6.7号机组火电装机容量30.8万千瓦，有效促进了产业结构的调整。我省建设项目“阳光审批”受到国家环保总局的表扬，并在全国环境影响评价工作会议上作了经验交流。积极推进规划环评，广州南沙区被国家定为“规划环评试点区”。通过加强建设项目环境影响评价审批，鼓励发展科技含量高、能耗低、排污少的高新产业，推动经济增长方式转变。建立了重大项目环境管理跟踪服务制度，对湛江钢铁、厦深铁路、广深港铁路、武广客运专线等重大建设项目提前介入、跟踪服务。以分区控制优化产业布局。认真实施环保规划，划定严格控制区、有限开发区、集约利用区，以环境容量优化产业空间布局。在产业转移过程中，严格控制在饮用水源地等环境敏感地区建设污染项目，对重污染行业实行统一规划、统一定点，高起点规划和建设产业园区，严防污染向山区转移。

强化重点污染源监管。清查存在环境安全隐患企业，对重点污染企业和存在环境隐患企业进行重点监管，排查了全省化工石化和存在有毒有害物质的 774 个重点建设项目，重点检查了化工、石化、冶炼、电镀、制革、印染、水泥、造纸、核与辐射以及危险废物等十大重点行业。强化重点污染源监管，大力推进重点污染企业安装在线监测装置，全年全省重点污染源在线联网监控企业达 300 家。积极推行企业环境信用制度，试行重点污染源环境保护信用评级制度，颁布了《广东省重点污染源环境保护信用管理试行办法》，根据企业排污达标等情况进行评级，并向社会公布。

（五）加强环保法制建设，解决了一批热点环境问题

环境法制工作取得新进展。《广东省跨行政区域河流交接断面水质保护管理条例》已于 2006 年 6 月 1 日经广东省第十届人大常委会第二十五次会议审议通过，并于 9 月 1 日起实施。《广东省饮用水源水质保护条例》已通过人大二审，省政府颁发了《广东省建设项目环境影响评价文件分级审批管理办法》。深圳市出台了《深圳经济特区循环经济促进条例》，完成了配套法规《深圳市建设项目环境保护条例》制定工作。

环境执法力度明显加大。继续深入开展整治违法排污企业保障群众健康环保专项行动。据不完全统计，2006 年全省共出动环保执法人员 32 万多人次，检查企业 15 万多家，查处违法案件 6400 多宗，行政处罚金额达 1.15 亿元，其中广州、深圳、佛山、东莞等市超过 1000 万元；全省关停企业 2100 多家，限期整改 8200 多家，查处了一批大案要案，22 名责任人被追究了党纪政纪责任，2 名责任人被判刑，有力地震慑了环境违法者。各地不断创新执法手段，取得了良好效果。深圳市组织全市 9 家被吊销排污许可证的企业在媒体上公开忏悔和承诺，广州、深圳、佛山、惠州、江门等市实行有奖举报，其中佛山举报奖励最高达 10 万元，引起社会广泛反响。

开展重点环境问题整治，腾出环境容量。为切实解决群众强烈反映的重点环境问题，2006年我省将韶关冶炼、大宝山周边地区、四会南江工业园、博罗重污染行业、增城新塘印染、揭阳电镀、澄海莲花山钨矿、三水化工、顺德均安工业区、清远电镀、东莞造纸等十个环境问题作为重点，省环保局会同省监察厅联合督办，联合到地方召开现场会，督促当地政府认真落实整改措施。一是清理了一批违反国家产业政策的重污染企业。如，韶关市关闭31家无证经营危险废物企业；东莞市关闭8家没有审批手续的造纸企业；清远取缔了一批无牌无证、整改无望的电镀企业；佛山市三水区对白坭镇5个小化工企业全部实施停产，停止排污。二是削减了污染负荷，腾出了环境容量。博罗县全面清理违规审批的184个重污染项目，减少废水排放量7.6万吨/日；增城市新塘76家漂染厂已有48家搬迁到新塘环保工业园区，每年可减排20万吨废水、2800吨悬浮物、730吨二氧化硫和85吨烟尘。三是清除了部分地区污染隐患，保障了饮水安全。大宝山地区村民已喝上干净的水；四会市南江工业园威胁北江饮用水安全的隐患得到消除；增城新塘位于饮用水源二级保护区内的76家漂染厂全部停产。通过抓住重点地区突出环境问题，削减了污染负荷，腾出了环境容量，清除了部分地区污染隐患，保障了饮水安全，推动了一大批群众反映的热点难点问题得到较好地解决。2006年10月，省政府召开广东省十大重点环境问题整治工作汇报会，公布了一批大案要案的处理情况，总结了前一段的整治工作情况，部署安排下一步的整治任务。

妥善处理群众环境信访。坚持将群众环境信访工作作为维护群众环境权益和社会稳定的重要工作，妥善化解环境纠纷，有效防范了环境群体性事件的发生。2006年8月，根据省委、省政府关于开展行风建设的总体部署，省环保局作为第十期上线单位，分别于8月8日、15日、22日和29日参加了“民生热线”的直播节目，在广播电台、电视台现场接听解答群众来电投诉。据统计，“民声热线”节目上线期间转来的

329宗环保投诉及咨询案件，已经全部处理完毕，并将查处结果、咨询答复在省环保局公众网上进行了公布，做到事事有处理，件件有回音。2006年全省环保系统共受理信访案件10.1万件，处理9.86万件，处理率达97.71%，有效地维护了人民群众的环境权益，防范了群体性事件的发生，促进了社会和谐稳定。

（六）积极推进示范创建工作，促进循环经济发展

大力推进循环经济和清洁生产。选择不同类型的企业开展清洁生产示范工作，取得初步成效，到2006年底，共确定省循环经济试点单位84家，资源综合利用项目65个，增加产值21.7亿元，开展强制性清洁生产审核的企业达163家，开展自愿清洁生产审核并被命名为清洁生产企业78家，5家企业被命名为“国家环境友好企业”，有近3000家企业通过ISO14001环境管理体系国际标准认证。通过开展清洁生产示范、强制清洁生产审核、推进生态示范园区建设等工作，减少“三废”排放326.3万吨。

积极创建国家环境保护模范城市。目前，我省深圳、珠海、中山、汕头、惠州、江门、肇庆、广州等市已相继荣获国家环保模范城市称号，佛山市“创模”已通过国家专家组技术评估。东莞、河源、湛江、茂名等市继续推进“创模”工作。

积极推动生态示范创建活动。深圳、珠海、中山、潮州、江门市积极开展创建国家生态市。全省建成各类自然保护区306个，建成国家级生态示范区5个，省级生态示范村镇362个，全国环境优美乡镇11个，国家级绿色社区10个，省级绿色社区84个，国家级绿色学校41所，省级绿色学校621所。省环保局发出了《关于加强农村环境保护工作推进社会主义新农村建设的意见》，指导全省各地以生态村建设为抓手，建设村容整洁、生态良好的社会主义新农村。

（七）加强能力建设，提高环境管理水平

加强环保队伍和能力建设，积极推进环境执法监督和监测预警两大体系建设。一是环保机构队伍得到加强。省环保局成立了省环境监察分局；增设了辐射环境管理处，新增行政编制 8 名。东莞市环保局机关增加 3 个科室 8 名编制，设立环境监察分局和 6 个环境监察大队，执法人员增加到 190 名。惠州市局增设了人事教育科和生态保护科。二是环境监测预警能力得到提高。省政府为欠发达地区 14 个市派发了环保监测和执法工作车，为珠江三角洲 7 个市配备了执法用车指标。省政府办公厅印发了《关于加强环境应急预警能力建设的意见》。省环境监控中心建设项目进展顺利，五大区域监控中心的装备水平得到提升，全省新增水质自动监测站 3 个，总数达到 39 个。深圳环境监测中心建成投入使用，惠州市计划 3 年内投入 3000 万元建设环保信息系统，阳江市把环境监测、监察、信息、固废等工作人员的经费纳入本级财政。全省环保信息网络进一步完善，环境宣教、环境辐射监测能力也有不同程度的提高。

建立健全了环境监测预警和污染事件应急处理机制。编制了《广东省突发环境事件应急预案》。同时，加强粤港环保合作，建成粤港珠江三角洲空气质量监控网络并正式投入运行，对公众发布区域空气质量指数，2006 年 10 月 30 日粤港联合发布了《2006 年上半年粤港珠江三角洲区域空气监控网络监测结果报告》，粤港环境联合监测能力得到较大提升。

（八）加强环保宣传，营造全民参与环保氛围

省委、省政府高度重视环境保护宣传工作，张德江书记批示要求“加强环保宣传，增强全社会的环保意识，切实加强环保工作”，并专门为《珠江三角洲环境保护规划》一书作序。一年来，在省委宣传部和各新闻单位的大力支持下，省环保局抓住有利契机，大力加强环保宣传工作。

一是继续开展环保宣传月活动。拍摄播出了“绿色广东·和谐家园”环保电视专题片，主办了纪念2006年“6·5”世界环境日大型文艺晚会，开展了“科学认识电磁辐射”等丰富多彩的宣传活动。二是开展环保集中宣传周活动。于8月28日至9月4日组织了我省环保史上规格最高、影响最大、范围最广的一次环保集中宣传活动。据不完全统计，集中宣传期间，各媒体共发稿80多篇（条），其中新华社、人民日报、中央电视台新闻联播进行了重点报道，全面宣传近年来我省落实科学发展观、加强环保工作的做法和成效。三是认真做好“民声热线”直播节目。“民声热线”上线期间，共收到环保投诉、咨询案件329件，全部得到了妥善处理。同时深入开展全省“环境安全宣传教育月”宣传活动，进一步增强了环保系统干部职工维护环境安全的责任感和紧迫感，提高了社会公众环境安全意识。

二

我省的环境保护工作虽然取得比较大的成绩，但是，必须清醒地看到，当前我省的环境形势仍然相当严峻，存在的问题主要有：一是经济增长速度加快而增长方式没有根本改变，污染负荷依然很重，完成主要污染物减排任务的压力相当大。污染物排放总量虽然有所削减，但总量仍然很大，污染负荷依然很重。二是环境质量不容乐观。全省仍有12.6%的省控断面水质劣于V类，珠三角地区空气质量有所下降，土壤污染问题日益突出，新污染物质和持久性有机污染物的危害逐步显现。三是环境安全隐患仍然存在，环境污染事故时有发生，突发环境事件增加。2006年全省共发生各类环境突发事件42起。目前，全省存在环境安全隐患的企业260多家，全省有石油化工企业1.83万家，大部分沿江而建，电镀企业有1.2万家，年排放危险废物100吨以上的企业达6000多家，放射源1.5万枚，环境污染隐患较为突出。四是随着人民群众生活水平的提高，人们对环境质量的要求越来越高，环境纠纷、上访和污染事故把环保部门推上了维护社会稳定的前台。特别是因环境问题而引起的上访、来信来电呈持续增长态势，已经成为制约经济发展、影响社会稳定和谐的重要因素。五是污染向山区和农村转移问题比较突出，随着县域经济发展、山区的加快发展和产业转移园区的开发，山区和农村面临着环境挑战。同时，由于一些领导环保意识比较薄弱，科学的发展观、正确的政绩观尚未真正落实，重经济建设、轻环境保护和生态建设的思想依然存在。有些企业守法意识差，将违法排污作为降低生产成本、追求最大利润的捷径。六是环保法制建设不完善，环境监管能力和应急能力不足。现行环境保护法律法规缺乏强制执行力，对违法行为的处罚力度不够，“违法成本低、守法成本高、执法成本更高”的现象普遍存在，造成环境执法偏软、偏弱。一些地方存在地方保护主义，甚至干预环境执法，保护纵容环境违法行为的现象，致使环境保护法律法规难以真正落实。环保工作的基础仍较薄弱，环保机构和队伍建设与环保工作要求不相适应，尤其是县、乡（镇）一级更为突出，环境监管和应急能力不足。环保机构的经费来源没有保障，环境监测和监察所需的技术装备和监控手段普遍落后，对突发性环境污染事件的应急能力较差，现场环境执法能力不足。七是建设项目环保未批先建现象屡禁不止，违规审批、越权审批建设项目问题比较突出。

三

我省的环境保护工作要按照省委、省政府的要求，以“三个代表”重要思想和科学发展观为指导，全面贯彻落实党的十六届六中全会和省委九届九次、十次全会精神，以污染物总量控制为核心，以维护环境安全和人民群众环境权益为根本出发点，全面实施绿色广东战略，加大环境整治力度，严格环保准入，强化环境监督执法，加快建设环境监测预警体系，着力解决危害群众健康和影响可持续发展的突出环境问题，努力改善环境质量，为全省经济又好又快发展和社会和谐稳定提供环境保障。

（一）严格总量控制，努力削减污染负荷

实行主要污染物总量控制制度，是削减污染负荷、改善环境质量的重要措施。在全国人大十届五次会议上，温家宝总理针对2006年全国没有完成节能降耗和污染减排目标的情况向人大代表作出说明，并明确指出"'十一五'规划提出的这两个约束性指标是一件十分严肃的事情，必须坚定不移地去实现，国务院以后每年都要向全国人大报告节能减排的进展情况，并在'十一五'期末报告五年这两个指标的总体完成情况。"为了确保节能减排任务的完成，温总理在《政府工作报告》中提出了8条措施。

加快环境基础设施建设，提高主要污染物削减能力。进一步推动火电厂脱硫设施建设和运行，到2007年底，确保全省烟气脱硫装机容量达到2000万千瓦以上，2008年底前完成全省12.5万千瓦以上现有燃煤及燃油发电机组脱硫设施建设，2009年关闭5万千瓦以下机组，全省新建、改建和扩建电厂必须配套建设烟气脱硫装置。进一步推进污水处理厂建设，重点推进全省县城、中心镇和珠江三角洲地区1万人以上乡镇污水处理设施建设。2007年全省要新增污水日处理能力100万吨以上，日处理总能力达到800万吨以上，污水处理率达到50%以上；大力推动污水管网建设，使管网建设与厂区建设同步，提高污水处理厂的使用效率，使城镇污水处理厂运行后一年内实际处理污水量不低于设计能力的60%，3年内不低于75%；加强污水处理厂监管，确保正常运转、达标排放。

建立和完善污染减排监管体系。认真开展污染源普查工作，逐步摸清污染物排放现状，建立重点工业污染源数据库和全省化学需氧量、二氧化硫分配和削减台账，及时掌握老污染削减和新污染增加动态变化情况。严格实施排污许可证制度，对国家、省、市重点污染源重新核发排污许可证。2008年底前完成珠三角地区和国控重点污染源、污水处

理厂和电厂在线监控系统的建设，并与省环保局联网。建立和完善污染物总量数据报送、审核和发布制度。每半年公布一次全省和各地级以上市主要污染物的排放情况，接受社会和舆论监督。未经国家和省有关部门审核同意，各地不得擅自对外公布地方主要污染物排放总量等信息。

严格实行主要污染物排放总量目标责任考核。全省各地和省直各有关部门要认真执行省政府同意印发的《关于加强我省主要污染物排放总量控制工作的意见》，制定主要污染物总量控制实施方案，将省下达的指标认真分解落实到县（市、区），将减排任务落实到有关部门，落实到重点排污单位。为加强责任制考核，制定《广东省主要污染物排放总量统计考核办法》，将排污控制指标纳入政府政绩考核体系，建立污染物总量控制问责制度，对因工作不力没有按期完成任务的，追究有关人员的责任。

（二）严格环保准入，进一步优化经济增长

认真落实张德江书记环保工作“三个一律”和黄华华省长“五个不准”的要求，以功能分区促进产业布局合理有序，以环境准入促进产业结构优化升级，大力推进经济增长方式转变。

深入实施环保规划。进一步严格实施《广东省环境保护规划纲要（2004–2020年）》和《珠江三角洲环境保护规划纲要（2006–2020年）》，落实生态功能分区要求。未完成本地区环保规划的市要抓紧完成规划的编制工作，并在2007年底前上报省审批。切实将规划确定的生态功能分区要求作为建设项目审批的重要依据，严禁在严格控制区从事与环境保护和生态恢复无关的开发建设活动。加强产业转移园区建设的环境保护，经审批设置的产业转移园区，要严格按环评审批的要求，落实“三同时”制度，防止污染向山区转移。

严格建设项目环保管理。一是严把建设项目环保准入关。协同有关部门根据环境容量制订区域产业发展目录，加强产业引导；制定火电、造纸等重点行业污染物排放标准，提高产业发展的环保准入门槛。对不

符合产业政策、不符合有关规划、不符合重要生态功能区要求、不符合清洁生产要求、达不到排放标准和总量控制目标的项目，一律不予批准建设。各级环保部门必须把总量削减指标作为建设项目环评审批的前置条件，新增污染物排放量不允许突破总量控制指标。对超过总量控制指标的地区，暂停审批新增污染物排放总量的建设项目，或实行区域环保限批。积极推进规划环评工作，依法开展环境影响后评价。二是严把建设项目环保“三同时”验收关。对不履行“三同时”的，要依法责令停止生产；对试生产的企业，要重点检查污染防治设施同步运行情况，对不正常运行的，要停止试生产，并责令限期改正。要完善建设项目竣工环保验收管理制度，逐步建立全过程跟踪管理机制、环评与验收联动管理机制、环保部门上下级联合执法机制，切实提高管理水平。三是开展全省环评执行情况的专项检查，全面清理整顿新开工项目，加大对未审批先建设、不审批也开工、没验收就投产，以及违规审批、越级审批的处罚力度，切实提高环评和环保“三同时”执行率。与此同时，配合发改、经贸等部门建立健全落后工艺技术和生产能力的退出机制，加快淘汰高消耗、重污染的落后工艺、技术和设备。配合有关部门拟定小火电机组关停方案，列出时间表，加快小火电机组关闭进度。

积极推进生态示范创建。加快推进佛山、东莞、河源等市创建国家环保模范城市工作，继续推进深圳、珠海、中山、江门、潮州等市建设生态市，力争创建国家环境优美乡镇 3–5 个。继续大力推行企业清洁生产，抓好重点污染企业清洁生产强制审计；配合有关部门完善废物回收利用体系和政策，推进循环经济发展，促进资源节约和污染减排。

（三）加快污染综合治理，着力改善环境质量

继续推进珠江综合整治工程和治污保洁工程，强化环境污染综合整治，努力改善环境质量。

以保护饮用水源和污染严重区域治理为重点，加强水污染防治。采取最严格的措施保护饮用水源。突出抓好重点流域、跨行政区域饮用

水源地水质保护，抓紧编制实施全省饮用水源地保护规划，加强重点饮用水源，尤其是东江水质保护工作；加大饮用水源保护区监督、检查力度，深入开展保护饮用水源专项执法检查，依法取缔位于一级水源保护区的排污口，依法整治二级水源保护区的污染源。坚决查处污染饮用水源违法行为，强化责任追究，保障饮用水源安全。进一步加大珠江综合整治力度，加强珠江综合整治工程跟踪、检查和指导工作，筹备召开珠江整治工作会议。加大深圳河、佛山水道、东莞运河等流经城区污染严重河段的综合整治力度，积极推进石马河、淡水河等重点流域、区域污染整治，推动河涌污染治理，逐步改善污染严重水体水质，减轻城市河段黑臭现象。

以改善珠三角空气质量为重点，推进大气污染防治。加强机动车排气污染防治，积极推进广州、深圳等市机动车污染排放国Ⅲ标准的实施工作，强化在用车排气的定期检测、道路抽检等工作，积极争取将机动车排气纳入车辆入籍和报废管理内容，开展机动车环保标识分类管理，加强车用燃油燃气质量控制，继续推进使用清洁燃料汽车。开展加油站、油库油气回收示范试点工作，控制挥发性有机物污染。整治水泥、陶瓷等行业的颗粒物污染，强化城市建设施工和道路扬尘污染监管。推动珠江三角洲空气质量保护的立法工作，抓好国家科技部“十一五”863重大项目——重点城市群大气复合污染综合防治与技术集成示范项目，逐步建立珠江三角洲大气复合污染综合防治体系。

以危险废物安全处理处置为重点，强化固体废物管理。全面加强危险废物和进口废物监管，严格实施危险废物与严控废物经营许可、危险废物转移联单和进口废物环境管理等制度。认真做好危险废物普查工作，强化对危险废物的生产、贮存、收集、运输、利用和处置的全过程管理，加强对危险废物产生、综合利用和集中处置单位的监管。切实规范进口废五金与废塑料企业管理，防止出现二次污染。加快危险废物、医疗废物、电子废物、工业固体废物等集中处理设施建设，加快生活垃圾收集和处理系统建设，推进现有生活垃圾处理设施无害化处理改造，提高固体废物综合处理水平。

以土壤污染防治为重点，推进农村和生态环境保护。抓紧开展全省土壤污染状况调查与评价，重点做好珠江三角洲地区土壤污染调查工作，对重点区域土壤污染进行风险评估，确定土壤环境安全等级。积极开展重金属、有机污染物等典型污染土壤修复与综合治理试点。认真做好生物物种资源调查与规划工作。启动农村小康环保行动计划。

以放射源监管为重点，提升核与辐射环境监管工作水平。开展全省电磁辐射项目的申报登记与伴生放射性矿开发利用的调查。认真做好核与辐射的各项应急准备工作，加强核设施环境日常监督性监测与监管，组织第五次全省核电站事故场外联合演习。积极推进粤西阳江核与辐射环境监测中心建设的前期工作，全面提升辐射事故应急监测和放射性污染控制能力。全面开展废放射源收贮工作。

（四）强化环境法治，维护环境安全和人民群众环境权益

加快环境立法。抓紧出台《广东省饮用水源水质保护条例》，组织修订《广东省机动车排气污染防治条例》《广东省建设项目环境保护管理条例》，加快制定《广东省排污许可证管理办法》等地方性法规规章。

强化环境安全监管。认真执行《广东省省控重点污染源环境信用管理试行办法》，全面实行重点污染企业环境信用制度。抓好环境安全隐患企业和挂牌督办企业的跟踪检查，督促指导企业建立完善环境安全预案及相关制度，强化环境污染事故防范，维护环境安全。认真做好环境信访工作，妥善化解环境纠纷，避免发生环境冲突事件。进一步完善环保区域协调和监管机制，建立健全跨行政区河流交界断面水质达标管理、建设项目联合审批和污染事故应急协调处理等制度，推动区域流域整体环境污染的综合防治，协调解决跨地区、跨流域重大环境问题。

进一步加大环境执法力度。继续开展环保专项行动，重点开展饮

用水源、危险废物、环评和“三同时”执行情况以及产业转移园区环保情况的执法检查，抓住一批重点案件严肃查处，并公开曝光，真正对环境违法行为起到震慑作用。继续联合纪检监察部门督办解决影响人民群众身心健康的热点、重点环境问题，上年十大重点整治问题尚未解决的仍作为今年的督办重点，并将清远市清城区重污染行业整治和淡水河整治等列入今年全省重点环境问题实行挂牌督办。结合综合执法改革，充分发挥环境监察分局作用，进一步创新执法机制，强化部门联合执法。要规范执法行为，完善执法责任考核制度，强化环境执法监督，建立健全对违法或不当执法行为的责任追究制度，促进全省执法工作上新台阶。

（五）加强能力建设，全面提高环境管理水平

加强环境监测预警能力建设。创新环境监测管理机制。出台《广东省环境监测“十一五”规划纲要》和《关于加强环境监测管理工作的意见》。建立和完善省环境监测中心站对全省环境质量核查、环境监测数据质量保证、重点污染源监测数据核查、监测工作绩效考核等四项制度，配合污染减排，加强重点源监测考核工作。建立健全省环境应急监测网络。加快建设省环境监控中心以及广州、深圳、汕头、茂名、韶关等五个区域性应急监测中心，建成技术梯度合理、便于协同作战的全省应急监测网络。完善各级环境应急监测预案。逐步建立环境质量预警预报系统、环境突发性事件快速反应系统和应急专家及技术支持系统，全面提升环境监测预警的信息化和网络化水平。完善环保广域信息网络，开发建设基于广域网络运行的全省重点污染源在线监控、建设项目环评审批和放射源管理等信息系统，以及基于高清遥感图像与三维空间的地理信息数据中心，加快推进“数字环保”。

加强环保机构队伍建设。继续推进环境监察、环境监测及辐射监测、信息、宣教的标准化能力建设，进一步加强和充实环境执法、环境监测力量，强化现场监督执法职能。积极探索在粤东、粤西和珠江三角

洲地区建立环境保护督察中心的新体制；逐步健全省、市、县三级核与辐射安全监管机构。

此文发表在《广东省情调查报告(2007)》（主编李子彪，广东省省情调查研究中心编印，2007年5月）

以环境友好促进社会和谐

我省的环境保护工作以党的十六届六中全会和省委九届九次全会精神为指导，全面贯彻落实科学发展观，把完成污染物总量控制目标作为主要任务，把解决危害群众健康和影响可持续发展的环境问题为工作的着力点，把构筑监督执法和监测预警两大体系作为推动工作的重要保障，创新环境保护工作机制体制，充分发挥环境保护工作在优化经济增长和促进社会和谐的重要作用，以环境友好促进人与自然和谐，促进和谐广东、绿色广东建设。

一、2006年全省环境保护工作回顾

2006年是“十一五”开局之年，在省委、省政府的高度重视和正确领导下，全省各级环保部门以邓小平理论和“三个代表”重要思想为指导，树立和落实科学发展观，认真贯彻落实国务院《关于落实科学发展观加强环境保护的决定》和第六次全国环保大会精神，以建设绿色广东、和谐广东为目标，不断强化环保工作力度，严格实施环保规划，加快推进珠江整治和治污保洁工程，强化环境执法和监督管理，推进泛珠三角区域环保合作，环境保护各项工作取得了新的成绩。在经济保持持续快速增长的同时，全省主要污染物排放总量有所下降，环境污染加剧的趋势初步得到遏制，环境质量总体保持基本稳定，局部得到改善，全

省所有城市空气质量均达到国家二级标准，大部分城市饮用水源水质完全达标，主要大江大河干流和干流水道水质总体良好。

（一）深入学习贯彻国务院《决定》和第六次全国环保大会精神，全面部署环境保护工作

2005年底，国务院发布了《国务院关于落实科学发展观加强环境保护的决定》；2006年4月，又召开了第六次全国环境保护大会。省委、省政府把学习贯彻国务院《决定》和会议精神作为切实树立和落实科学发展观的一项战略任务，列入重要议事日程。省政府召开常务会议，就贯彻落实《决定》和会议精神进行了专题研究，作出了具体部署。省政府全文转发了国务院《决定》，提出具体贯彻意见。6月12～13日，省政府在广州召开了全省环境保护工作会议，黄华华省长、谢强华副省长出席会议并作了重要讲话，全省各市、县（区）政府和发改、财政、环保部门主要负责人等近7000人参加了会议；会议全面总结了广东省“十五”时期环境保护工作任务，部署了“十一五”时期环境保护工作任务。大会的召开充分彰显了我省全面树立和落实科学发展观的决心，进一步增强了各级党委、政府和各有关部门保护环境的紧迫感、责任感和使命感。会后，全省上下掀起了贯彻落实国务院《决定》和第六次全国环保大会的新高潮。

实行污染物总量控制是国家“十一五”环保工作的重要措施。根据国家下达广东省的主要污染物总量控制目标，及时制定了广东省“十一五”主要污染物排放总量控制计划。2006年9月18日，省政府在东莞举行了有2000多人参加的签订全省“十一五”主要污染物排放总量控制目标责任书暨环保执法用车派发仪式，黄华华省长、谢强华副省长出席并讲话，省环保局李清局长代表省政府与各地级以上市政府签订二氧化硫和化学需氧量等主要污染物总量控制目标责任书，将主要污染物排放总量控制目标任务分解下达给21个地级以上市，并要求各市政府要逐级签订责任书，将任务分解到县（市、区）、镇，落实到排污单位，一级抓一级，层层抓落实。目前各市正在组织落实主要污染物总量控制目标任务。

（二）全面实施环保规划，积极以环境保护优化经济增长

全省各地认真实施《广东省环境保护规划》和《珠江三角洲环境保护规划》，按照“珠江三角洲实行环境优先、粤东粤西地区坚持在发展中保护、山区坚持保护与发展并重”的原则，将规划提出的“分区控制”的发展思路，即根据资源的禀赋、环境的容量以及各地的经济功能，将广东省划分为“严格控制区、有限开发区、集约利用区”三类控制区域，在不同的区域内实行不同的发展模式，分区控制，分类指导，并宏观引导重大产业合理布局，从构筑区域生态安全体系、调整优化产业结构、加大污染治理力度、实施主要污染物排放总量控制等方面着手，加强生态保护和污染防治，严格建设项目环保准入，加强产业转移园区建设的环境保护，从区域整体的角度解决环境问题，实现区域的协调发展，以环境保护优化经济增长，努力促进全省经济社会环境协调发展。全省各地正在按照《珠江三角洲环境保护规划纲要（2004–2020年）》和《实施方案》的要求，制定本市的环境保护规划，细化规划确定的生态功能分区控制要求，作为开发建设的重要依据。《〈广东省环境保护规划纲要（2006–2020年）〉实施方案》已由省政府正式印发并组织实施。《广东省环境保护和生态建设“十一五”规划》已报省政府待批准实施。与此同时，我们大力推进泛珠三角环保区域合作。建立了泛珠三角环保合作机制，制定了《泛珠三角区域环保合作专项规划》，完成了《珠江流域水污染防治规划》和《泛珠三角区域水环境监测网络建设规划》。

（三）大力实施珠江综合整治和治污保洁工程，环境综合整治成效显著

通过全面推进珠江综合整治和治污保洁等重大环保工程，全省环保投入占GDP的比例连续四年达到2.5%以上，全省环境综合整治工作

取得明显成效。一是水环境整治成效显著。截止 2006 年 10 月底，全省共建成污水处理厂 90 座，日处理能力达 674 万吨，居全国第一，其中 2006 年新建 10 座，新增日处理能力 40 万吨，污水处理率达 46%。饮用水源水质进一步好转，21 个地级以上城市饮用水源地水质总达标率为 89.7%，其中 20 个地级以上市完全达标。流经城市水体水质保持稳定。珠江广州河段水质有明显好转，珠海前山河、中山岐江河、江门河、云浮南山河、肇庆星湖和惠州西湖水质优于Ⅳ类，满足景观功能要求。二是烟气脱硫工作成效显著。截止 2006 年 10 月底，全省已有约 1246 万千瓦火电机组的脱硫系统投入运行或试运行，二氧化硫（SO2）削减能力达到 32.4 万吨，还有 696 万千瓦的火电机组的脱硫工程正在建设中。其中 2006 年新建成脱硫设施的火电机组为 304 万千瓦。三是固体废物集中处理处置设施建设速度加快。建成了 29 座符合标准的生活垃圾无害化处理设施，日处理能力 2.8 万吨，其中 2006 年建成 2 座，增加日处理量 0.2 万吨。18 个市建成城镇医疗废物集中焚烧处置设施，年处理能力达 5.1 万吨。省危险废物综合处理示范中心建设进展顺利，2006 年底建成投入使用。四是机动车尾气污染防治工作得到加强。初步建立了机动车排气管理的统一监管体系，广州市从 2006 年 9 月 1 日起提前实施第三阶段国家机动车大气污染物排放标准。

（四）强化环境监督管理，促进环境优化经济增长

强化建设项目环保管理，严格建设项目环保准入。按照建设项目环保管理“三个一律”（即：新建项目，凡达不到环保要求的一律不准上马；在建项目，凡环保设施未经验收合格的一律不准投产；已建项目，凡经过限期治理和停产整顿仍不标的一律关闭）和“五不批”（即：对不符合产业政策、不符合有关规划、不符合重要生态功能区要求、不符合清洁生产要求、达不到排放标准和总量控制目标的项目，一律不予批准建设）的要求，切实强化环境监督管理，充分发挥环保在宏观调控中的积极作用，促进产业结构调整和经济增长方式转变，以环境保护优化

经济发展。按照分区控制原则，划定严格控制区、有限开发区、集约利用区，以环境容量优化产业空间布局。在产业转移过程中，严格控制在饮用水源地等环境敏感地区建设污染项目，对重污染行业实行统一规划统一定点，高起点规划和建设产业园区，严防污染向山区转移。逐步建立环保退出机制，淘汰落后工艺技术和生产能力。近年来，全省先后淘汰关闭污染重的小水泥厂和小火电机组等二十类小型工业企业1600多家，共关闭小火电机组共80.7万千瓦，今年上半年又关闭了桂城、大沥两电厂共20.8万千瓦。强化建设项目环境管理，严格环保准入，印发实施了《关于进一步加强建设项目环境保护管理意见》《关于加强我省山区及东西两翼与珠江三角洲联手推进产业转移中环境保护工作的若干意见（试行）》，严格限制高物耗、高能耗、高水耗型项目，凡超总量或无总量地区一律不准新建、扩建增加污染物排放总量的项目。2006年1～10月，省环保局否定了41个拟建污染项目，占审理建设项目总数的近10%。我省建设项目"阳光审批"受到国家环保总局的表扬，并在全国环境影响评价工作会议上作了经验交流。做好开发区、工业园区和定点基地区域环境影响评价。积极推进规划环评，已完成东莞虎门港、华丰石化区规划环评大纲审查，广州南沙区被国家定为"规划环评试点区"。通过加强建设项目环境影响评价审批，鼓励发展科技含量高、能耗低、排污少的高新产业，严格限制新上高耗能、高耗水、高污染项目，推动经济增长方式转变。建立了重大项目环境管理跟踪服务制度，对湛江钢铁、厦深铁路、广深港铁路、武广客运专线等重大建设项目提前介入、跟踪服务。

强化重点污染源监管。清查存在环境安全隐患企业，对重点污染企业和存在环境隐患企业进行重点监管，排查了全省化工石化和存在有毒有害物质的774个重点建设项目，重点检查了化工、石化、冶炼、电镀、制革、印染、水泥、造纸、核与辐射以及危险废物等十大重点行业。强化重点污染源监管，大力推进重点污染企业安装在线监测装置，全年全省重点污染源在线联网监控企业达300家。积极推行企业环境信用制度，试行重点污染源环境保护信用评级制度，颁布了《广东省重点污染源环境保护信用管理试行办法》，根据企业排污达标等情况进行评级，并向社会公布。

（五）加强环保法制建设，解决了一批热点环境问题

积极推进环境立法。《广东省跨行政区域河流交接断面水质保护管理条例》已于2006年6月1日经广东省第十届人大常委会第二十五次会议审议通过，并于当年9月1日起实施。《广东省饮用水源水质保护条例》已报送省人大审议。修订《广东省机动车排气污染防治条例》和《广东省建设项目环境保护分级审批管理规定》，并报送省政府审议。

强化环境执法，严厉打击不法排污企业。继续开展环保专项行动，以保障饮用水源安全为重点，严厉打击环境违法行为，查处了一批典型的环境违法案件，解决了一批人民群众关注的环境问题。仅2006年1～9月，全省就出动环保执法人员18万多人次，检查排污企业10万多家，查处违法案件近5000宗，罚款金额7800多万元，关停企业1300多家，限期整改6660多家。同时还严肃查处了一些管理部门及其工作人员工作失职行为，并依法追究了有关人员责任，其中影响突出的7起案件中共有4名责任人涉嫌犯罪被刑事拘留，2名责任人被判有期徒刑，22名责任人被追究了党纪政纪责任。

开展重点环境问题整治，腾出环境容量。为切实解决群众强烈反映的重点环境问题，2006年我省将韶关冶炼和大宝山周边地区、四会南江工业园、博罗重污染行业、增城新塘印染、揭阳电镀、澄海莲花山钨矿、三水化工、顺德均安工业区、清远电镀、东莞造纸等十个环境问题作为重点，会同省监察厅联合督办，联合到地方召开现场会，督促当地政府认真落实整改措施。一是清理了一批违反国家产业政策的重污染企业。如，韶关市关闭31家无证经营危险废物企业；东莞市关闭8家没有审批手续的造纸企业；清远取缔了一批无牌无证、整改无望的电镀企业；佛山市三水区对白坭镇5个小化工企业全部实施停产，停止排污。二是削减了污染负荷，腾出了环境容量。博罗县全面清理违规审批的 184 个重污染项目，减少废水排放量 7.6 万吨 / 日；增城市新塘 76 家漂染厂已有 48 家搬迁到新塘环保工业园区，每年可减排 20 万吨废水、2800 吨悬浮物、730 吨二氧化硫和 85 吨烟尘。三是清除了部分地区污染隐患，保障了饮水安全。大宝山地区 2006 年 1 月份村民已喝上干净的水；四会市南江工业园威胁北江饮用水安全的隐患得到消除；增城新塘位于饮用水源二级保护区内的 76 家漂染厂全部停产。通过抓住重点地区突出环境问题，削减了污染负荷，腾出了环境容量，清除了部分地区污染隐患，保障了饮水安全，推动了一大批群众反映的热点难点问题得到较好地解决。2006 年 10 月 24 日，省政府召开广东省十大重点环境问题整治工作汇报会，公布了一批大案要案的处理情况，总结了前一段的整治工作情况，部署安排下一步的整治任务。

妥善处理群众环境信访。坚持将群众环境信访投诉工作作为维护群众环境权益和社会稳定的重要工作，妥善化解环境纠纷，有效防范了环境群体性事件的发生。特别是 2006 年 8 月，根据省委、省政府关于开展行风建设的总体部署，省环保局作为第十期上线单位，分别于 8 月 8 日、15 日、22 日和 29 日参加了“民生热线”的直播节目，在广播电台、电视台现场接听解答群众来电投诉。上线期间，省环保局共收到环保投诉、咨询案件 329 宗，目前已有 282 宗案件查处结果通过省环保局公众网公布，其余正在处理之中。2006 年 1–10 月，全省环保系统信访案件为 69223 件，已处理环境信访案件 64244 件，处理率为 92.81%。其中省环保局共受理信访案件 1479 件，已处理 1477 件，处理率为 99.86%。

（六）积极推进示范创建工作，促进循环经济发展

大力推进循环经济和清洁生产。选择不同类型的企业开展清洁生产示范工作，取得初步成效，全省已有 75 家企业通过清洁生产审核，对 163 家污染严重企业开展清洁生产强制审核，有近 2000 家企业通过

ISO14000 国际认证。

积极创建"国家环境保护模范城市"。目前，深圳、珠海、中山、汕头、惠州、江门、肇庆市相继荣获国家环保模范城称号，广州市已通过国家环保总局验收，佛山、东莞、河源、湛江、茂名等市继续推进创模工作。

积极推动生态示范创建活动。深圳、珠海、中山、潮州、江门市积极创建国家生态市。全省建成国家生态示范区 5 个，全国优美乡镇 11 个；建成省级生态示范村镇 362 个，新建省级自然保护区 24 个，国家级自然保护区 2 个，全省自然保护区达到 295 个。建成绿色学校 621 个、绿色社区 84 个。

（七）加强能力建设，提高环境管理水平

加强环境队伍和能力建设。着力加强环境队伍和能力建设，努力健全和完善环境监测预警和执法监督"两大体系"，加快推进以"组建一支廉洁、精干、高效的队伍，建设一个环境监控中心，建立一个环境突发事件应急机制，构建一个数字环保管理平台"为主要内容的"四个一工程"环境管理技术能力建设，取得了明显成效。省政府已批准成立省环境监察分局，纳入省环保局内设机构管理；增设了辐射环境管理处。省环境监控中心和广州、深圳、汕头、韶关、茂名五大区域性监测中心的建设工作进展顺利；为实现"数字环保"的目标，正抓紧建立重点污染源信息动态管理系统和主要江河及重点区域环境信息系统。为支持困难地区提升环境执法能力，在 2006 年 9 月 18 日举行的全省"十一五"主要污染物排放总量控制目标责任书签订暨环保执法用车派发仪式上，省政府将 28 辆环保监测和执法工作车派发给 14 个市，并为珠江三角洲 7 个市配备了环境执法用车指标，切实改善了各地的环保执法条件，有效增强了基层环保部门快速反应、处置突发环境事件的能力。建立健全了环境监测预警和污染事件应急处理机制，编制了《广东省突发环境事件应急预案》。同时，加强粤港环保合作，建成粤港珠江三角洲空气质

量监控网络并正式投入运行，对公众发布区域空气质量指数，2006 年 10 月 30 日粤港联合发布了 2006 年上半年《粤港珠江三角洲区域空气监控网络监测结果报告》，环境联合监测能力得到较大提升。

（八）加强环保宣传，营造全民参与环保氛围

为增强全社会的环保意识，2006 年 8 月 28 日 ~ 9 月 4 日，我省上规格最高、影响最大、范围最广的一次环保集中宣传活动正式展开。采用通讯、言论、消息、专家访谈等多种形式，以上半年我省二氧化硫和化学需氧量两项主要污染物排放总量下降为切入点，对我省环保工作进行了连续报道，全面宣传省委、省政府加强环境保护的一系列重大决策，以及取得的重大成果。据不完全统计，集中宣传期间，各媒体共发稿 80 多篇（条），其中新华社、人民日报、中央电视台新闻联播进行了重点报道，在社会各界引起了强烈反响，极大地浓厚了我省加强环保工作的氛围。另外，为全面提高全省干部的环境保护意识，省环保局正在组织编制《广东环境保护干部读本》和《绿色广东建设指南》。

全省环保工作虽然取得新的进展，但是，我们也清醒看到，当前全省环境保护形势仍然严峻，主要问题有：一是污染物排放总量虽然有所削减，但总量仍然很大，污染负荷依然很重，大气污染日益严峻，城市空气污染有加重趋势。二是污染隐患多，污染事故时有发生，突发环境事件增加，今年全省共发生各类环境突发事件 42 起。特别是环境问题引起的上访、信访持续增长，已经成为制约经济发展、影响社会稳定和谐的重要因素。三是污染向山区和农村转移问题比较突出，随着县域经济发展、山区的加快发展和产业转移园区的开发，山区和农村面临着环境挑战。同时由于部分领导环保意识比较薄弱，科学的发展观、正确的政绩观尚未真正落实，重经济建设、轻环境保护和生态建设的思想依然存在。四是环保法制建设不完善，环境监管能力和应急能力不足。一些地方存在地方保护主义，甚至干预环境执法，保护纵容环境违法行为的现象，致使环境保护法律法规难以落实。环保机构和队伍建设与环保

工作要求不相适应，尤其是县、乡（镇）一级更为突出。环保机构的经费来源没有保障，环境监测和监察所需的技术装备和监控手段普遍落后，对突发性污染事件的应急能力较差，现场执法能力不足。

二、2007 年环境保护工作展望

2007 年全省环境保护重点开展以下几方面的工作：

（一）以总量控制为重点，加强污染防治工作

制定《全省主要污染物排放总量控制实施意见》，明确分工，落实责任。加快环境基础设施建设，进一步推进电厂脱硫工程和污水处理厂建设。新建、改建和扩建电厂必须配套建设烟气脱硫装置，推进 1666 万千瓦电厂脱硫工程投入运行。重点推进县城、中心镇生活污水处理厂建设，并配套建设污水输送管网，确保明年全省污水处理能力 800 万吨 / 日以上。积极推进清洁生产，依法对产生和使用有毒有害物质和污染严重企业实施强制清洁生产审核，有效削减污染负荷。

（二）结合产业结构调整，推进重点区域环境污染问题的解决

进一步严格实施《广东省环境保护规划纲要（2004–2020 年）》和《珠江三角洲环境保护规划纲要（2006–2020 年）》，以生态功能分区和环境容量作为项目审批的依据。严格环境标准，编制《广东省地方环境保护标准方案》。发展循环经济，从源头上减少对环境的破坏，形成资源节约和环保的产业体系，促进有关部门根据环境容量制订区域产业发展目录，制订相关政策和加强产业引导，建立健全落后工艺技术和生产能力的退出机制，努力做到增产不增污、增产减污。推进十大重点环境问题的有效解决，挂牌督办重点案件，积极推动区域流域整体环境污染的综合整治。完善环保区域协调机制，加强区域联防联治。建立健全跨行政区河流交界断面水质达标管理、建设项目联合审批、跨行政区污

染事故应急协调处理等制度，协调解决跨地区、跨流域重大环境问题。

（三）以保护饮用水源为重点，防止污染向山区和农村转移

加强饮用水源保护，合理调整饮用水源保护区。突出抓好重点流域、跨行政区域饮用水源地功能区划和农村地区的饮用水源保护。加强园区建设环境管理，抓好产业转移园区的环境管理工作，防止污染向山区转移。加强生态环境保护，积极开展农村环境综合整治，广泛开展环境优美乡镇和生态文明村创建活动，推动农村治污保洁工作。

（四）开展污染源普查，提高环境监督管理水平

按照国家的统一部署，认真开展污染源普查、土壤污染调查和危险废物普查工作。全面推行排污许可证制度，禁止无证或超总量排放。落实环保工作“三个一律”，新建项目，凡达不到环保要求的一律不准上马；在建项目，凡环保设施未经验收合格的一律不准投产；已建项目，凡经过限期治理和停产整顿仍不标的一律关闭。严格环保准入，对不符合产业政策、不符合有关规划、不符合重要生态功能区要求、不符合清洁生产要求、达不到排放标准和总量控制目标的项目，一律不予批准建设。强化环境监督管理，积极推进污染源在线监控。加快重污染行业“统一规划，统一定点”工作，全面实行重点污染企业环境信用制度。加强环境目标责任制考核，制定《广东省主要污染物排放总量统计考核办法》，将排污控制指标纳入政府政绩考核体系，定期检查、考核。实行环境信息公开制度，每半年向社会公布一次污染物排放情况和重点工程完成情况。

（五）强化环境法制建设，切实解决人民群众关心的环境问题

加强环境立法，修订完善现有法规规章，抓紧出台《广东省饮用水源水质保护条例》，修订《广东省机动车排气污染防治条例》等地方性法规，制定适合我省实际的各类环境保护管理、执法技术规范和环境

标准。严格环境执法，继续开展打击环境违法行为专项行动。结合综合执法改革，创新环境执法机制，建立环境监察稽查制度，建立和完善行政执法与刑事执法相结合的环保执法工作机制。完善执法监督，健全环境行政执法责任制，规范环境执法行为。

（六）加强能力建设，维护环境安全

加强环境监测、监察、宣教、信息等的装备配置和技术能力建设，加快建设省监控中心和五大区域性监测中心，抓紧建设现代化环境监测体系。建立健全环境突发性事件应急处理机制，逐步建立环境质量预警预报系统、环境突发性事件快速反应系统和应急专家及技术支持系统。

此文原载《广东发展蓝皮书（2007）》（主编谢鹏飞，南方日报出版社 2007 年版）

以人为本推进生态文明建设

“建设生态文明”是党的十七大报告对实现全面建设小康社会奋斗目标提出的新要求。继物质文明、精神文明、政治文明之后，生态文明的提出，使得建设小康社会的目标越来越清晰、内涵越来越丰富，环境保护作为基本国策真正进入了国家政治经济社会生活的大舞台。坚持以人为本，积极推进生态文明建设和发展，是深入贯彻落实科学发展观、全面建设小康社会的必然要求和重大任务。

一

生态文明是全面实现小康社会宏伟目标的必然选择。生态文明是人类文明的一种新形态，是人类对传统文明形态特别是工业文明进行深刻反思的成果，是人类文明形态和文明发展理念、道路和模式的重大进步。生态文明的生态不是传统意义上的狭义的生态概念，即人类生存和发展的自然环境，而是动物、植物和自然物共同生存和发展的空间。生态文明用生态系统概念替代了人类中心主义，否定工业文明以来形成的物质享受主义和对自然的掠夺。生态文明以尊重和维护自然为前提，以人与人、人与自然、人与社会和谐共生为宗旨，以建立可持续的生产方式和消费方式为内涵，引导人们走上持续和谐的发展道路为着眼点。生态文明既追求人与生态的和谐，也追求人与人的和谐，而且人与人的和谐是人与自然和谐的前提。可以说，和谐是生态文明的灵魂。人类在自身发展过程中，不应把自然放在自身利益的对立面，不应只是开发自然、利用自然、索取自然，而应在与自然和谐相处的基础上利用与改造自然，爱护自然、保护自然、补偿自然，从而达到人与自然的可持续发展。人类要实现可持续发展必须与自然和谐相处，必须尽可能地保持地球上的生物多样性；必须明确，当代人和后来人都有享用自然界赐给人类的良好的资源环境的权益，因而必须既要重视当代人的发展要求，又要重视保护后代人的利益，既要重视个人的合理需求，又要重视全社会的整体需求，走和谐发展的生态文明之路。

生态文明与物质文明、精神文明、政治文明是并列的文明形式。在生态文明理念下的物质文明，将致力于消除经济活动对大自然自身稳定与和谐构成的威胁，逐步形成与生态相协调的生产方式和消费方式；生态文明下的精神文明，更提倡尊重自然、认知自然价值，建立人自身全面发展的文化与氛围，从而转移人们对物欲的过分强调和关注；生态文明下的政治文明，尊重利益和需求多元化，注重平衡各种关系，避免由于资源分配不公、人或人群的争斗以及权力的滥用而造成对生态的破坏。事实上，如果生态系统不能持续提供资源、能源和清洁的空气、水等环境要素时，我们的物质文明的持续发展就失去了载体和基础，精神文明和政治文明的内涵也无法全面持续发展。

环境保护工作取得明显成效。在省委、省政府的高度重视和正确领导下，我省的环境保护工作取得了明显成效，在经济保持持续快速增长的同时，主要污染物排放总量有所下降，环境污染加剧的趋势初步得到遏制，环境质量总体保持基本稳定，局部得到改善，21个地级以上市空气质量均达到国家二级标准，大部分城市饮用水源水质达标，主要大江大河干流和干流水道水质总体良好。污水处理厂建设步伐加快，2007年全省共建成污水处理厂127座，处理能力达到874万吨/日，其中2007年新建成32个污水处理项目，共150万吨/日，有效削减河水污染负荷。加快火电厂脱硫工作，全省现役火电机组建成脱硫设施245

万千瓦，新投产火电机组配套脱硫设施240万千瓦，合计建成脱硫设施485万千瓦，到2007年末累计建成脱硫机组2063万千瓦，新增削减二氧化硫7.6万吨；继续淘汰能耗高、污染重的小型发电机组，2007年关闭小火电机组294万千瓦，减排二氧化硫3.8万吨。积极推动生态示范创建活动，促进农村经济社会可持续发展，至2007年底，全省建成国家级生态示范区5个，国家级自然保护区10个，全国优美乡镇16个，国家级绿色学校63所，国家级绿色社区21个；建成省级生态示范区（村、镇、场、园）475个，省级自然保护区52个，省级绿色学校784所，省级绿色社区118个。发展循环经济，推进清洁生产，加强对清洁生产审核企业的监督管理，2007年公布了第四批强制性清洁生产审核企业名单，共有99家使用或排放有毒有害物质的企业被列为强制性清洁生产审核企业，截止目前全省已公布强制审核企业总数达262家，强制性清洁生产工作走在全国的前列；推动自愿性清洁生产审核工作，共有40家企业被认定为广东省清洁生产企业称号。对建设项目环保准入严格实行分区控制，坚持以环境优化经济增长，对清远市清城区、茂名市茂南区、肇庆独水河流域实行区域限批，有力地推动了地方政府积极采取有效措施，加大污染治理力度，促进了污染减排任务的落实；2007年省环保局受理审批项目389个，按照建设项目环保准入标准，否定了不符合环保要求的项目56个，否决率14.4%；受理验收项目155个，不同意验收28个，否决率18.1%；通过严格环保准入，实施区域限批，促进了地方经济增长方式的转变。

二

近年来，我省在节能减排和生态环境建设方面虽然取得了明显成效，但必须清醒地看到，当前全省环境保护形势依然严峻：一是污染物减排压力较大。由于我省经济总量大，污染物排放总量虽然有所削减，但排放总量仍然很大，污染负荷依然很重，而且在我省总体上仍需加快重化工业发展的背景下，如何上大压小，以优汰劣，扭转资源能源消耗大、环境污染重的局面，完成国家下达的节能减排约束性任务，困难不少。据测算，我省要完成总量减排任务，到2010年，生活污水处理日处理能力必须达到1400万吨，12.5万千瓦以上的火电机组需全部实施烟气脱硫，966万小火电要如期关闭，而目前COD（化学需氧量）削减能力依然滞后，小火电关停进度较为缓慢。同时，随着山区等欠发达地区经济快速增长，防止污染转移任务艰巨，产业转移园区环保工作压力日渐加重，饮用水源和生态保护任务十分艰巨。二是环境质量不容乐观。全省仍有16.2%的省控断面水质劣于V类，珠三角地区空气质量下降，农村和农业面源污染较重。三是环境安全形势较为严峻。全省有电镀企业1200多家、年排放危险废物100吨以上的企业6000多家，放射源1.5万枚，维护我省环境安全，任务十分繁重。四是环境法制建设滞后于环境执法实践，一些地方存在地方保护主义，干预环境执法的现象时有发生；环境立法有待进一步加强。五是环境保护能力不足。环保机构和队伍建设与环保工作要求不相适应，环境监管能力和应急能力不足，全省只有2000多人的环境监察执法队伍，但监管的各类污染源超过10万家，每年处理的各类投诉超过10万宗。

生态问题已经不是一个简单的环境保护的问题，而是一个重大的政治问题。环境问题是传统工业化道路所带来的，它既是经济问题（比如高投入、高能耗、高污染、低效益的增长方式问题），又是社会问题（比如价值观问题，老板赚钱、老百姓遭殃、政府埋单），也是政治问题（比如决策问题），因而不能孤立地就环境论环境，需要应用经济、社会和政治等综合的办法来解决。

三

推动生态文明建设，建议开展以下几方面的工作：

要强化环境宣传教育，牢固树立生态文明观念。一是要通过党校、行政学院的教育培训和领导干部政绩考核制度，引导各级领导干部树立正确的政绩观，争当实践科学发展观的排头兵，一方面要努力成为生态文明观念的忠实实践者：为官一任不仅要造福一方，而且要造福子孙后代，为子孙后代留下充足的发展条件和发展空间；一方面要牢固树立科学发展观，彻底摒弃惟 GDP 至上的观念，以牺牲资源环境和人的幸福为代价把经济总量做大，那绝不是科学发展，我们的增长应该是清洁的增长，是保护生态和可持续的增长，必须将将谋求经济增长与环境保护协调发展的理念付诸实施，促使本区域环境状况的改善和生态文明观念的形成和普及；同时，要建立党政领导干部环保政绩考核制、环保一票否决制、环保问责制，使之成为干部选拔任用和奖惩的硬指标。要通过文学、艺术、新闻宣传等各种形式，引导人们形成合理的生存态度和需求，确立与生态文明观念相容的行为规范，使生态文明观念成为人们共同奉行的价值观，使人们在享受环境权益的同时自觉履行保护环境的法定义务，自觉投身于生态文明建设的实践。二是要通过文学、艺术、新闻宣传等各种形式，引导人们形成合理的生存态度和需求，增强人们对自然生态环境行为的自觉、自律，确立与生态文明观念相容的行为规范，使生态文明观念成为人们共同奉行的价值观，使人们在享受环境权益的同时自觉履行保护环境的法定义务，自觉投身于生态文明建设的实践。

要加大污染减排工作力度，努力实现主要污染物总量控制目标。要树立保护也是发展的理念，推动节能减排和环境保护从“软约束”向“硬约束”转变。坚持把污染减排作为结构调整、增长方式转变的突破口和重要抓手，严格实行主要污染物排放总量制度，建立和完善污染减排的统计、监测和考核三大体系，将主要污染物排放总量控制指标纳入政府政绩考核体系，加强考核和责任追究，并定期向社会公布。积极依靠淘汰落后生产能力腾出总量，依靠环保工程减排总量，依靠优化发展降低总量，依靠清洁生产削减总量，依靠价格改革促进节能减排。严格实行总量前置审核制度，对未取得总量控制指标的项目，一律不予批准建设；未达到总量控制目标要求的项目，一律不得投入生产；对未能完成落后产能淘汰任务的地区、超过总量控制指标或环境质量不能满足功能区划要求的地区，实行区域限批，为经济又好又快发展提供环境支撑。

要严格环保准入，大力推进经济增长方式转变。对不符合产业政策、不符合有关规划、不符合重要生态功能区要求、不符合清洁生产要求、达不到排放标准和总量控制目标的项目，一律不予批准建设。要认真落实国家有关产业政策，使鼓励发展的政策与鼓励环保的政策充分融合，充分发挥环境保护在优化经济结构、转变增长方式中的作用，以严格的环保准入促进产业结构升级，推动经济增长方式由以环境换取经济增长为主向以环境优化经济增长为主转变，加快形成节约能源资源和保护生态环境的产业结构、增长方式和消费模式。

要遵循环保自然规律，严格实施环保规划。要严格实施《广东省环境保护规划纲要（2006–2020年）》和《珠江三角洲环境保护规划纲要（2004–2020年）》，严格落实生态功能分区控制，按照严格控制区、有限开发区和集约利用区的功能要求，优化产业空间布局。加强园区建设环境管理，抓好产业转移园区的环境管理工作，防止污染向山区转移，促进经济与环境协调发展。

要强化污染综合治理，着力改善环境质量。要继续重点推进珠江综合整治工程和治污保洁工程，积极推进污水处理厂和火电厂脱硫工作。采取最严格的措施保护饮用水源，坚决取缔饮用水源保护区内的直接排污口，保障人民群众饮水安全；加大污染严重河段的综合整治力度，减轻城市河段黑臭现象。以改善珠三角空气质量为重点推进大气污染防治，全面整治水泥、陶瓷等行业的颗粒物污染，控制挥发性有机物污染，加强机动车排放污染防治，建立珠江三角洲大气复合污染综合防治体系。以危险废物安全处理处置为重点，强化固体废物管理。积极推进土壤污染防治，开展典型污染土壤修复与综合治理试点，保障农产品安全。加强农村环境污染防治，推动农村小康环保行动试点计划。

要强化环境监管，维护环境安全和人民群众环境权益。要加强环境立法和环境标准建设，抓紧制定辐射污染防治、珠江三角洲大气污染防治、农村生态环境保护等地方性法规、规章；加快制定环境管理技术规范和重点行业污染物排放标准。要降低环境保护守法成本，提高环境违法成本，对破坏环境的违法犯罪行为要依法严惩。要加强环保日常监管和监督执法，保证企业环保设施的正常运行及长期稳定达标排放。要将排污申报登记、排污总量控制、排污许可制度、排污在线监控、环保日常监管以及社会公众监督融为一体，形成治理污染、全程监管的有效法规体系。对涉及公众环境权益的发展规划和建设项目，要通过听证会、论证会或社会公示等形式，听取公众意见。

要加快环境监管能力建设，提高环境监管水平。加强环境监测、监察、宣教、信息等的装备配置和技术能力建设，加快建设省环境监控中心和五大区域性环境监测中心，抓紧建设现代化环境监测体系。强化污染减排监控能力建设，积极推进国控、省控重点污染源在线监控系统建设，提高污染减排监测、核查和信息传输能力。建立健全环境突发性事件应急处理机制，建立环境质量预警预报系统、环境突发性事件快速反应系统和应急专家及技术支持系统。

此文发表在《广东省情调查报告(2008)》（主编梁桂全、田丰，广东省省情调查研究中心编印，2008年5月）

全面贯彻落实科学发展观 推动广东生态文明建设

“建设生态文明”是党的十七大报告对实现全面建设小康社会奋斗目标提出的新要求，是赋予环保部门光荣而艰巨的历史使命。生态文明是人类在发展物质文明过程中保护和改善生态环境的成果。以人为本，推进生态文明建设和发展，是指导新时期环境保护工作的灵魂。我省环境保护工作将以党的十七大和省第十次党代会精神为指导，按照建设社会主义生态文明的总体要求，全面贯彻落实科学发展观，以改善环境质量为目的，以维护环境安全和群众权益为核心，以污染减排为重点，深入实施环保规划，加大污染整治力度，严格环保准入，强化环境监督管理，充分发挥环保工作在推动科学发展和促进社会和谐的重要作用，全面推进绿色广东建设，促进和谐广东建设。

一、2007 年全省环境保护工作回顾

2007 年，在省委、省政府的高度重视和正确领导下，全省各级环保部门，紧紧围绕省委、省政府部署的中心工作，全面贯彻落实科学发展观，以推动经济又好又快发展、维护环境安全为目标，把完成主要污染物排放总量控制目标作为主要任务，把解决危害群众健康和影响可持续发展的环境问题作为工作的着力点，把构筑环境监督执法和环境监测预警两大体系作为推动环保工作的重要保障，积极创新环保工作的机制

体制，充分发挥环境保护工作在优化经济增长和促进社会和谐的重要作用，环境保护各项工作取得了新的成绩。在经济保持持续快速增长的同时，主要污染物排放总量有所下降，环境污染加剧的趋势初步得到遏制，环境质量总体保持基本稳定，局部得到改善，21个地级以上市空气质量均达到国家二级标准，大部分城市饮用水源水质达标，主要大江大河干流和干流水道水质总体良好。

（一）全面部署污染减排工作，落实主要污染物排放总量削减任务

高度重视，狠抓落实。省委、省政府高度重视主要污染物排放总量削减工作，为全面统筹和确保主要污染物总量减排工作的顺利开展，省政府专门成立了省节能减排领导小组，由黄华华省长任组长，黄龙云常务副省长、佟星副省长、林木声副省长任副组长，省政府25个职能部门主要负责人为成员。为进一步落实污染减排目标，明确各级政府和相关职能部门的职责，省政府召开常务会议专题研究污染减排工作，并在2007年3月和9月先后召开了全省环境保护工作会议和全省污染减排工作会议，分析污染减排工作形势，部署“十一五”污染减排工作，使全省上下进一步明确了目标，形成了上下联动的减排工作机制。11月，省环保局召开了全省污染减排暨环境统计布置工作会议。经省政府同意，省环保局印发了《关于加强主要污染物排放总量控制的意见》，明确各地政府和各相关职能部门的职责，从多方面推进工程减排、结构减排和监管减排工作。7月，省政府印发了《广东省节能减排综合性工作方案》，进一步明确了我省节能减排的主要目标和总体要求。根据省政府常务会议决定，省环保局组织编制《广东省“十一五”污染减排工作方案》上报省政府，将由省政府印发实施。组织制定了《广东省“十一五”主要污染物总量减排考核办法》，将总量减排指标纳入政府政绩考核体系，定期检查和考核。

加快环境基础设施建设，大力削减污染物排放。一是加快污水处

理设施和管网建设，削减化学需氧量排放。以饮用水源保护和污染严重区域治理为重点，以珠江综合整治为抓手，加强水污染防治，加快推进生活污水处理设施和配套收集管网建设。2007年新建成32个污水处理项目（其中28座新建、4座扩建）共150万吨/日，同时，大力推进河涌综合整治工程、截污工程，推动COD（化学需氧量）削减和环境质量改善。二是加大电厂脱硫工程建设和小火电关闭力度，削减二氧化硫排放。2007年现役火电机组建成脱硫设施245万千瓦，新投产火电机组配套脱硫设施240万千瓦，合计建成脱硫设施485万千瓦，到2007年末累计建成脱硫机组2063万千瓦，新增削减二氧化硫7.6万吨。此外，按省政府的要求，继续淘汰能耗高、污染重的小型发电机组，2007年关闭小火电机组294万千瓦，减排二氧化硫3.8万吨。

完成了2006年度和2007年上半年的污染减排数据、现场核查工作和总量完成情况的报告。按照国家的要求，省环保局组织对2006年度和2007年上半年总量减排数据进行核算并上报国家环保总局，经反复测算，国家环保总局最后核定我省两项主要污染物排放总量比2006年上半年分别下降4.5%和1.23%。组织对全省21个地级以上市2006年的污染减排情况进行核定、考核，并及时公布了考核结果。

组织制定了污染减排年度计划、五年计划。按照国家的要求，省环保局组织制定了全省2007年主要污染物总量减排计划，已经省政府同意并报国家环保总局。下达了各地级以上市2007年总量减排计划，明确了2007年的减排目标和必须完成的工程项目。组织制定了《广东省“十一五”主要污染物总量减排工作方案》，已报省政府印发实施。

建立了污染减排信息报送和发布制度。为及时掌握全省污染减排进展情况，加强对地方污染减排工作的监督管理，省环保局组织编制了主要污染物排放总量季报报表，要求全省各地按季度及时上报建设项目情况、重点环保工程进度、淘汰落后产能情况等，通过建立全省污染物排放总量动态变化台账，及时对工作进展缓慢地区发出预警。

（二）以饮用水源保护为重点，加强水污染防治工作

认真贯彻实施《广东省饮用水源水质保护条例》，强化饮用水源保护。向全省各市发出了贯彻实施《广东省饮用水源水质保护条例》的意见。组织开展“全省饮用水水源地环境保护规划编制”和“全省地下水污染防治规划调查”工作。优化调整饮用水源保护区。组织开展饮用水源直接排污口等检查工作，对威胁饮用水源安全的违法排污企业进行排查、清理，督促全省各级完善饮用水源应急预案和重点排污单位的突发环境事件应急预案。对饮用水源一级保护区内的直接排污口、2000年以来饮用水源二级保护区内的新、扩建的建设项目、江河沿岸影响饮用水源安全的排污企业以及城市污水处理厂进行了环境安全检查，确保饮用水源地不受到环境隐患威胁。

加强东江水质保护工作。省政府召开了东江水质保护工作会议，分析东江水环境质量，强调通过严格准入，强化监督管理，加快治污，加强协调等措施，确保东江在流域经济高速发展的同时继续保持良好水质。省环保局组织开展淡水河综合整治回顾评价，加强淡水河等重点区域监督检查，筹备召开淡水河流域污染整治工作协调会议，开展淡水河流域污染整治督办专项行动；联合省监察厅对清远市清城区大燕河、乐排河流域、独水河重污染行业污染整治进行督查。组织编制了“东江水质安全应急预案”，并开展了培训工作。

贯彻实施《广东省跨行政区域河流交接断面水质保护管理条例》，加强跨行政区域污染控制协调管理。从区域流域整体出发，加强跨行政区域河流的环境综合整治。针对日益突出的跨市水污染问题，通过编制与实施流域整治规划、计划，使上下游共同行动，联防联治。组织编制《广东省跨市河流交接断面水质保护管理方案》；分别召开石马河、淡水河、小东江等跨市河流交接断面水质目标协调会，确定阶段控制目标；对淡水河流域、清远市清城区大燕河、乐排河流域重污染行业污染整治进行督查；推进韩江、小东江等流域区域建立、完善水环境管理协调机制。

珠江综合整治取得良好成效。珠江流域各市各部门高度重视珠江

综合整治工作，按照珠江综合整治工作方案和省珠江综合整治工作联席会议的部署，上下联动，全力推进珠江综合整治工作，取得了良好成效，实现了“三年不黑不臭”的阶段目标。一是地表水水质维持良好。2007年1－10月，珠江流域集中式饮用水源水质达标率89.0%，比2002年提高近3个百分点；1－9月跨市河流交界断面水质达标率85.7%，比2002年提高近8个百分点。二是流经城市水体水质明显改善。至2007年上半年，共开展城市河段和河涌整治工程433项，已基本完成328项。珠海前山河、中山岐江河、江门河、云浮南山河、肇庆星湖和惠州西湖水质优于Ⅳ类；珠江广州河段、东莞运河优于Ⅴ类。三是污水处理厂建设步伐加快。截至2007年12月，流域共建成污水处理厂115座，处理能力811万吨/日（全省共建成污水处理厂127座，处理能力874万吨/日）。还建成一批河道处理工程，能力达315万吨/日，有效削减河水污染负荷。

（三）加强环境法制建设，着力解决危害群众健康和影响可持续发展的环境问题

加强环境法制建设，引导环保工作走上科学化和法治化轨道。省人大高度重视环境立法工作，2007年3月29日省第十届人大常委会第30次会议审议通过完成了《广东省饮用水源水质保护条例》，该条例从2007年7月1日起实施。为保证《条例》的有效实施，省环保局下发了《关于贯彻实施<广东省饮用水源水质保护条例>的通知》。配合省政府法制办修改完善《广东省排污费征收使用管理办法》，经省政府常务会审议通过后，于2007年8月1日起实施。配合省政府法制办对《广东省机动车排气污染防治条例》进行了多次修改。同时，配合省发改委组织筹备“2007广东经济发展国际咨询会‘创新与和谐生态环境建设’专题论坛”，配合省行政协会筹备召开“科学发展与环境保护研讨会”，积极开展广东省区域环境战略研究的前期准备工作。

强化环境执法工作，严厉打击不法排污企业。配合省人大做好“三法”（水污染防治法、大气污染防治法、固体废物污染环境防治法）执行情况跟踪检查。围绕治污减排、保护饮用水源、重点环境问题整治、维护环境安全等主题，继续深入开展整治违法排污企业保障群众健康环保专项行动，据不完全统计，截止 2007 年 10 月底，全省共出动环保执法人员 32 万人次，检查排污企业 13.6 万家，查处环境违法案件近 7200 宗，罚款金额 1.36 亿元，关停违法企业 3400 多家，限期整改近 5500 家，严厉查处了一批典型环境违法案件，切实解决了一大批群众反映强烈、影响社会稳定的突出环境问题，有力打击了危害群众权益的环境违法行为。结合整治环境违法企业环保专项行动，组织各地环保部门，会同监察、发改、工商等部门，对经国家审查保留的 92 个开发区、已批复环评的 32 个产业转移工业园、12 个统一定点基地及入园企业进行了检查，提出整改和完善各项制度、措施要求，纠正了限制环境执法的“土政策”

开展重点环境问题整治，维护环境安全。为保障环境安全，切实解决群众反映强烈的突出环境问题，推动环境难点问题的解决。2007 年，省环保局挂牌督办佛山市顺德区均安工业区、清远市清城区乐排河大燕河流域重污染行业污染整治、韶关市大宝山矿区废水污染整治、澄海莲花山钨矿废水污染整治、肇庆市四会南江工业园污染整治、揭阳电镀工业区污染整治、东莞市造纸企业污染整治、阳江市岗列那格电镀城污染整治、湛江吴川市废旧塑料加工业污染整治、淡水河流域重污染行业污染整治等十个重点区域环境问题和韶关钢铁厂需配套的生活污水处理设施未建成、位于东江边的紫金县亿龙五金加工厂不正常使用环保设施超标排放、位于淡水河惠深交界敏感区域的惠州食品企业集团公司生猪批发市场未经环保审批长期经营、德万工业（惠阳）电池有限公司未经环保审批擅自新建化成车间、湛江富洋塑胶有限公司废水废气噪声不能稳定达标逾期未完成限期治理等 12 家企业环境污染整治进行挂牌督办，推动督促环境难点问题的解决。强化重点污染源监管，大力推进重点污染企业安装在线监测装置，全省重点污染源在线联网监控企业 300 多家。认真清理废止地方规范性文件中违反国家环保法律法规规定的“土政策”，共清理了各地有悖于环保法律法规要求的33项“土政策”。

妥善处理群众环境信访。随着我省经济社会的快速发展，群众的环保意识和对环境质量的要求越来越高，环境信访案件数量逐年增加，截至10月底，全省环保系统受理环境信访案件71626件，比2006年同期上升3.4%，已处理65159件，处理率91%。省环保局把处理群众环境信访投诉、化解环境纠纷作为维护群众环境权益和社会稳定的重要工作来抓，通过领导包案、现场咨询、信访听证等有效形式解决了一大批环境污染扰民问题。

（四）深化示范创建工作，促进发展与生态环境相协调

以创建“国家环境保护模范城市”为载体，加强城市环境综合整治。为落实《珠江三角洲环境保护规划》中“所有城市达到国家环境保护模范城市要求，建成国家环境保护模范城市群”的目标任务，省环保局加强了对佛山、东莞“创模”工作指导，广州市获国家环保模范城市称号，佛山市“创模”已通过国家环保总局验收。东莞“创模”规划已通过国家的评审，各项工程项目顺利推进。加强对深圳、珠海、汕头、中山和惠州市“创模”成果巩固提高工作的指导和检查督促，重点加强了对汕头市“创模”整改工作的督促指导，推动汕头市重点环保设施项目的建设进程。为了树立山区可持续发展典型，省环保局加大了对河源市“创模”工作指导。

积极推动生态示范创建活动，促进农村经济社会可持续发展。积极推动和指导部分基础较好的市、县、区开展创建国家级生态市、县（区）取得了进展，深圳市盐田区创建国家生态区通过了国家考核验收。全国环境优美乡镇创建有了新进展，珠海市南屏镇，中山市坦洲镇、板芙镇、三乡镇，鹤山市共和镇被国家环保总局命名为第六批全国环境优美乡镇。在深入开展生态示范村、生态文明村创建活动的基础上，组织开展了国家级生态村创建工作。继续深入开展创建省级生态示范村（镇、场、园）活动，省环保局发出了《关于做好2007年度我省生态示范创建工作的

通知》，要求全面开展市级生态示范村、省级生态示范镇的创建活动。目前，全省已建成国家级生态示范区5个，国家级自然保护区10个，全国优美乡镇16个，国家级绿色学校63所，国家级绿色社区21个；建成省级生态示范区（村、镇、场、园）475个，省级自然保护区52个，省级绿色学校784所，省级绿色社区118个。

发展循环经济，推进清洁生产。加强对清洁生产审核企业的监督管理，公布了第四批强制性清洁生产审核企业名单，共有99家使用或排放有毒有害物质的企业被列为强制性清洁生产审核企业，截止目前全省已公布强制审核企业总数达262家，强制性清洁生产工作走在全国的前列。配合有关部门推动自愿性清洁生产审核工作，共有40家企业被认定为广东省清洁生产企业称号。循环经济稳步推进，指导和协调深圳福田保税区、大工业区开展创建“国家生态工业园区”工作；对国家ISO14000示范区的“广州开发区”、“肇庆星湖风景名胜区”进行年度检查。

（五）加强建设项目管理，以环境保护优化经济增长

对建设项目环保准入严格实行分区控制，坚持以环境优化经济增长。对不符合环保法律法规，不符合有关规划和产业政策，不符合清洁生产要求，达不到排放标准和总量控制目标的项目，一律不予审批；对违反环境影响评价及“三同时”管理制度的项目，坚决依法停建、停产，并停止审批所属企业集团所有新建项目；对水质长期达不到功能区划要求、水污染物排放总量已经超过环境承载能力、造成严重污染和对下游饮用水源造成较大的安全隐患的地区实行区域限批，暂停其境内新增水污染物排放总量的建设项目环评审批工作。对清远市清城区、茂名市茂南区、肇庆市独水河流域实行区域限批，有力地推动了地方政府积极采取有效措施，加大污染治理力度，促进了污染减排任务的落实。2007年省环保局受理审批项目389个，按照建设项目环保准入标准，否定了不符合环保要求的项目56个，否决率14.4%；受理验收项目155个，

不同意验收28个，否决率18.1%。通过严格环保准入，实施区域限批，促进了地方经济增长方式的转变。在严格准入的同时，积极做好服务工作，对国家和省重点工程、产业转移园、统一定点基地等项目提前介入，服务提速。全年审批了6个产业转移园环评，并做到每个受理的产业转移园项目都在选址阶段进行现场考察，提前指导、服务。

（六）加强环保能力建设，提高环境应急处置能力

环保机构队伍得到加强，环境监测预警能力得到提高。省环保局增设了辐射环境管理处，成立了省环保局环境监察分局；东莞市环保局、中山市环保局设立环境监察分局。面对基层环保部门应急设备、仪器缺乏，应急监测能力不足等问题，为支持基层环保部门提升环境管理能力，有效增强基层环保部门快速反应、处置突发环境事件的能力，省政府办公厅印发了《关于加强环境应急预警能力建设的意见》，省政府为欠发达地区14个市派发了环保监测和执法工作车，为珠江三角洲7个市配备了环保执法用车指标，为全省21个地级以上市环保局配备必要的辐射监测仪器设备。省环境监控中心建设项目进展顺利，五大区域环境监控中心的装备水平得到提升；全省新增水质自动监测站3个，总数达到39个。深圳市环境监测中心建成投入使用，惠州市计划3年内投入3000万元建设环保信息系统；全省环保信息网络进一步完善，环境宣教、环境辐射监测能力也有不同程度的提高。

（七）强化环境宣传，营造全民保护环境的良好氛围

环境宣传教育工作是推动环保工作的有效手段之一。环保工作关系千家万户，只有动员和鼓励广大人民群众积极参与，环保事业才会具有深厚的群众基础；环保工作涉及方方面面，只有联系和推动广泛的社会力量共同行动，环保事业才能取得突破性进展。

举行大型环保宣传系列活动，营造全民参与环境保护的社会氛围。在“六五”世界环境日期间，我省举行了以“治污减排、你我同来”为

主题的大型环保宣传系列活动，营造全民参与环境保护的社会氛围，内容包括：一是编纂出版了《广东省环境保护干部读本》。此书的编写得到省领导的高度重视，省委副书记刘玉浦为该书作了序。该书的发行有利于提高全省干部环境保护意识和水平，增强实际工作中坚持科学发展、建设绿色广东的主动性和能动性。二是举办了首届“南粤环保之星”评选活动和首届“广东环保大使”聘任活动，林木声副省长及有关厅（局）领导为获奖者颁奖。三是首次开展了全省环保统一咨询活动和首次全省环保电影月活动，超过10万群众到现场咨询或投诉环境问题。四是组织了“聚焦环保督办”大型采访活动，组织记者深入茂名、清远、阳江、惠州、揭阳等地对实行区域限批的地区、挂牌督办的区域和企业进行采访报道，曝光环境违法行为，有效促进了有关地方政府、企业落实整改，极大地推动了污染减排工作。

开展第11个环保宣传月活动。全省各地以“治污减排·你我同来”为主题，开展丰富多彩的宣传活动。在指导各地开展活动的同时，省环保局重点组织开展了四项活动：一是联合省委宣传部、共青团广东省委共同组织首届“南粤环保之星”评选活动。活动于2007年3月启动，6月2日结束。在历时3个月的评选活动中，组委会共收到申报、提名材料215份，其中170人符合提名要求，经初评，从中推选出20名人员作为正式候选人并在《南方日报》《南方都市报》、南方网刊登，接受公众投票。在5天的投票过程中，共有15万人次参与。6月2日晚，在广东电视台举行盛大颁奖仪式。林木声副省长及有关厅（局）主要领导为获奖者颁奖。二是组织首届“广东环保大使”聘任活动。该项活动时间紧、任务重、内容新，在各方面的共同努力下，活动开展顺利，最后聘任许钦松等十名同志为首届“广东环保大使”。三是组织首次全省环保统一咨询活动。2007年6月2日，全省环保系统统一时间，统一主题，统一行动；省环保局联合广州市环保局、广州市越秀区人民政府在英雄广场举行大型咨询活动。林木声副省长出席了活动并讲话。广东电台开设了两小时的活动直播节目，介绍现场及各地活动情况，接受群众来电投诉。四是组织首次全省环保电影月活动。在2007年5月15日至6月15日，全省各市、县、区环保部门在城市、农村广场、街道社区等人流集中地区组织放映环保电影，据不完全统计，全省各地在此期间共放映环保电影800余场。

认真做好环境新闻宣传。环境新闻宣传，必须为各阶段环保中心工作的开展营造良好的舆论环境。据统计，2007年在南方日报、广州日报、中国环境报、广东电视台等主要媒体发环境新闻稿超过800篇。2007年6月5日，省环保局与省政府新闻办在广州联合举行新闻发布会。为配合统一环保咨询、南粤环保之星、“六五”世界环境日等活动，从2007年6月1日开始，南方都市报、新快报等媒体就开始制作环保专版，一直持续到6月7日；在此期间，各大媒体共刊登环保专版近20个。为敦促有关地方政府、企业落实区域限批、挂牌督办整改措施，南方日报、广州日报、广东电视台等媒体记者，深入茂名、清远、阳江、惠州、揭阳等地的区域限批地区、挂牌督办区域和企业采访，曝光环境违法行为；南方日报等8家媒体记者赴全省污染减排任务最重、工作最艰巨的深圳、佛山、东莞、中山等地，从结构减排、工程减排、政策减排、监管减排、科技减排等多角度，全面报道我省推进污染减排工作的做法和经验，深入报道我省面临的严峻环境形势和污染减排的巨大压力。

不断深化环境教育培训。2007年6月5日，在国家环保总局、教育部、全国妇联举行的2007年“六·五”世界环境日暨全国绿色创建表彰大会上，我省共有22所学校获第四批全国绿色学校表彰，11个社区获第二批全国绿色社区表彰，数量位居全国前列。省环保局联合省妇联开展了第二届广东省绿色家庭评选表彰活动，共表彰了50户绿色家庭。举办首届广东省绿色学校校长论坛和征文比赛，共收到论文500多篇，约200名校长参加了首届广东省绿色学校校长论坛，并精选了81篇论文或精彩观点，由省创建绿色学校领导小组办公室主编《广东省绿色学校校长论坛论文集精选——2007年》，并由广东人民出版社正式出版发行。

组织策划全省环保图片巡回展览。为宣传党的十七大提出的关于环境保护、生态文明建设的新政策，宣传我省环保工作取得的新成就以及当前重点环保工作，倡导生态文明，建设绿色广东，让广大人民群众树立良好的环境意识，从 2007 年 12 月 1 日起至 2008 年 1 月 30 日，省环保局举行全省环保图片巡回展。

我省环保工作虽然取得新的进展，但是，我们也清醒看到，当前全省环境保护形势仍然严峻，主要问题有：一是污染减排压力大。据测算，我省要完成总量减排任务，到 2010 年，生活污水处理日处理能力必须达到1400万吨，12.5万千瓦以上的火电机组需全部实施烟气脱硫，966 万小火电机组要如期关闭，而目前 COD（化学需氧量）削减能力依然滞后，小火电机组关停进度较为缓慢，明后年完成总量削减任务的难度仍然很大。二是环境质量不容乐观。水环境经过综合整治虽有所改善，但问题没有得到根本解决，全省仍有 16.2% 的省控断面水质劣于V类；农村和农业面源污染较重。三是环境安全形势严峻。环境污染事故时有发生，环境信访和投诉呈上升趋势。全省 1.8 万多家石油化工企业大多沿江而建、有电镀企业 1200 多家、有年排放危险废物 100 吨以上的企业 6000 多家、放射源 1.5 万多枚，这些污染隐患，严重威胁着我省生态环境安全。维护环境安全，任务十分繁重。四是随着山区等欠发达地区经济快速增长，防止污染转移任务艰巨，产业转移园区环保工作压力日渐加重，饮用水源和生态保护任务十分艰巨。五是环境法制建设滞后于环境执法实践，执法手段不足、执法效率不高的问题依然存在；一些地方出台土政策行政干预执法的现象没有得到彻底纠正；执法能力不足与执法任务日益繁重之间的矛盾比较突出，全省只有 2000 多人的环境监察执法队伍，但监管的各类污染源超过 10 万家，处理的各类投诉超过 10 万宗。

二、2008 年环境保护工作展望

2008 年，我省环保工作重点开展以下几方面工作：

（一）加大污染减排工作力度，努力实现主要污染物总量控制目标

坚持把污染减排作为结构调整、增长方式转变的突破口和重要抓手，严格实行主要污染物排放总量制度，建立和完善污染减排的统计、监测和考核三大体系，将主要污染物排放总量控制指标纳入政府政绩考核体系，加强考核和责任追究，并定期向社会公布。积极依靠淘汰落后生产能力腾出总量，依靠环保工程减排总量，依靠优化发展降低总量，依靠清洁生产削减总量。严格实行总量前置审核制度，对未取得总量控制指标的项目，一律不予批准建设；未达到总量控制目标要求的项目，一律不得投入生产；对未能完成落后产能淘汰任务的地区、超过总量控制指标或环境质量不能满足功能区划要求的地区，实行区域限批。加快污水处理厂和火电厂脱硫工程建设，确保2008年全面完成现役火电厂脱硫工程，到2010年污水处理能力达到1400万吨/日以上。

（二）严格环保准入，大力推进经济增长方式转变

对不符合产业政策、不符合有关规划、不符合重要生态功能区要求、不符合清洁生产要求、达不到排放标准和总量控制目标的项目，一律不予批准建设。提高产业发展的环保准入门槛，限制高耗能、高耗水、高污染产业的发展；认真落实国家有关产业政策，按期完成小火电、小水泥、小钢铁等落后产能淘汰力度。进一步严格实施《广东省环境保护规划纲要（2006–2020年）》和《珠江三角洲环境保护规划纲要（2004–2020年）》，以生态功能分区和环境容量作为项目审批的依据，优化产业空间布局。加强园区建设环境管理，防止污染向山区转移，促进经济与环境协调发展。

（三）强化污染综合治理，着力改善环境质量

继续推进珠江综合整治工程和治污保洁工程，强化环境污染综合整治，努力改善环境质量。以保护饮用水源和污染严重区域治理为重点加强水污染防治；采取最严格的措施保护饮用水源，坚决取缔饮用水源保护区内的直接排污口，保障人民群众饮水安全；加大污染严重河段的综合整治力度，减轻城市河段黑臭现象。以改善珠三角空气质量为重点推进大气污染防治，加强机动车排放污染防治，全面整治水泥、陶瓷等行业的颗粒物污染，控制挥发性有机物污染，建立珠江三角洲大气复合污染综合防治体系。以危险废物安全处理处置为重点，强化固体废物管理。加快危险废物、医疗废物、电子废物、工业固体废物等集中处理设施建设，加快生活垃圾收集和处理系统建设，推进现有生活垃圾处理设施无害化处理改造，提高固体废物综合处理水平。积极推进土壤污染防治，做好全省土壤污染状况调查与评价，开展典型污染土壤修复与综合治理试点，保障农产品安全。加强农村环境污染防治，推动农村小康环保行动试点计划。

（四）强化环境监管，维护环境安全和人民群众环境权益

加强环境立法和环境标准建设，抓紧制定辐射污染防治、珠江三角洲大气污染防治等地方性法规、规章；加快制定环境管理技术规范和重点行业污染物排放标准。加强环保日常监管，全面推行排污许可证制度，禁止超总量排污和无证排污；实施企业环境信用制度，将环境执法信息纳入银行信用管理系统，限制污染严重企业贷款。继续开展环保专项行动，严肃查处企业违法排污、违法建设及严重污染环境和破坏生态等行为，加大对重点污染行业和重点区域的监管力度，认真解决影响人民群众身心健康的环境热点、难点问题；严格环境保护责任追究制度，对造成重大环境事故、严重干扰正常环境执法的有关人员，严格依法追究责任。强化环境安全事故防范，维护环境安全。

（五）加快环境监管能力建设，全面提高环境管理水平

积极推进环境保护体制改革，加强基层环保队伍建设。加强环境监测、监察、宣教、信息等的装备配置和技术能力建设，加快建设省环境监控中心和五大区域性环境监测中心，抓紧建设现代化环境监测体系。强化污染减排监控能力建设，积极推进国控、省控重点污染源在线监控系统建设，提高污染减排监测、核查和信息传输能力。建立健全环境突发性事件应急处理机制，建立环境质量预警预报系统、环境突发性事件快速反应系统和应急专家及技术支持系统。强化环境宣传教育，健全环保公众参与和社会监督机制，形成全社会共同保护环境的良好氛围。

此文发表在《广东发展蓝皮书（2008）》（主编谢鹏飞，广东高等教育出版社 2008 年版）

发挥环保优化经济发展的作用
促进全省经济平稳较快发展

2008年以来，受国际金融危机的影响，经济社会发展遇到很大困难和挑战。面对这一严峻形势和复杂局面，全省环保系统认真贯彻落实中央和省委、省政府关于扩大内需促进经济平稳较快发展的战略部署，深入研究分析当前我省环境保护工作面临的新问题和新任务，充分发挥环境保护的调控作用，加大污染减排工作力度，为经济发展腾出环境容量；加大环境基础设施建设力度，推动经济增长；依法下放环保审批权，提高环保审批效率；加强环保跟踪管理，服务企业发展；加大技术扶持力度，加快环保产业发展；推动我省经济平稳较快发展。

一、2008年全省环境保护工作回顾

2008年，在经济增长10.1%的形势下，我省实现了二氧化硫、化学需氧量两项主要污染物排放总量的持续下降，全省环境质量总体保持稳定、局部有所好转，所有地级以上城市空气质量均达到国家二级标准，全省主要江河水质总体稳定，城市饮用水源水质总达标率稳中有升，全省环境保护工作进入由遏制环境质量恶化趋势向全面改善环境质量转变、由被动治污向主动治污转变的新时期，为推动全省经济平稳较快发展发挥了积极作用。

（一）污染减排工作实现新突破

全面部署全省污染减排工作。省政府召开了全省污染减排工作会议和加快东西北地区污水处理设施建设工作会议、污水处理收费改革工作现场会、淘汰落后水泥生产能力现场会、淘汰落后钢铁产能工作会议等专题会议，专门解决我省污染减排工作推进过程中出现的突出问题。省环保局先后召开了全省环保局长座谈会、全省污染减排工作迎检动员暨培训会议、全省环境执法与监管减排工作会议等，进一步统一思想认识，理清工作思路，明确目标任务，强化监管能力，增强责任意识，全力推进污染减排。

重点减排工程建设加快推进。针对我省东西两翼和山区污水处理厂建设进度缓慢的问题，专门建立了污水处理建设联席会议制度，制订了《加快东西北地区污水处理设施建设工作实施方案》和《广东省东西北地区污水处理设施建设专项资金使用管理办法》，落实25亿元作为地方政府建设污水处理工程的补助资金。目前东西北地区103家合计314.7万吨/日处理规模的污水处理厂已基本实现开工。

继续推进燃煤机组脱硫工程建设。截至2008年底，全省共建成污水处理厂175座，日处理能力达1091.5万吨，居全国首位，其中2008年新增日污水处理能力217.5万吨，有力地推动了化学需氧量的削减；已建成烟气脱硫的火电机组总装机容量达2780万千瓦，居全国前列，其中2008年新增380万千瓦，有力地推动了二氧化硫的削减。

加大落后产能关停淘汰力度，着力推进结构减排。2008年全省淘汰落后水泥产能约2500万吨，提前完成国家下达我省“十一五”期间任务。关停和淘汰落后钢铁产能超过550万吨，关停小火电机组531万千瓦。

加强减排“三大体系”建设，着力推进监管减排，大力推进国家重点监控企业在线监控系统建设，2008年底，全省238家国家重点监控企业已全部完成在线监测设备的安装及联网工作，国控重点源在线监测设备安装率及联网率均达到100%。全省21个地级以上市污染源监控中心（含监控平台）已全部建成，初步形成了覆盖全省的现代化环境监控网络，有效地促进了监管减排。

实施绿色经济政策，着力推进政策减排。为充分运用价格机制促进污染减排，省政府明确今年年底前珠三角地区污水处理费不低于0.8元/吨，其它地区不低于0.5元/吨。为鼓励落后钢铁产能，省政府确定落后炼钢产能在2008.2009.2010年前关闭的，每万吨分别补助15万元、12万元、10万元；同时加大实施差别电价力度，从8月1日起，淘汰类钢厂差别电价提高到0.4元，限制类钢厂提高到0.1元。目前实施差别电价的212家钢铁企业已停产关闭177家，转产14家，其余31家也基本处于生产停滞状态。

推动污染减排责任考核工作。报请省政府印发了《广东省"十一五"主要污染物总量减排考核办法》，并制定实施细则报省政府。修订了《广东省环境保护责任考核办法》及其指标体系，并经省委、省政府印发实施。

经过全省上下共同努力，我省主要污染物二氧化硫和化学需氧量排放量继续下降，按照环保部核定结果，我省2008年化学需氧量减排5.37万吨，比2007年下降5.28%，二氧化硫减排6.71万吨，比2007年下降5.58%，均超额完成2008年分别下降4.5%和5%的减排计划目标。截至2008年，全省化学需氧量累计减排9.44万吨，排放量比2005年下降8.92%，完成"十一五"减排任务的59.4%，二氧化硫累计减排15.81万吨，排放量比2005年下降12.22%，完成"十一五"减排任务的81.5%。

（二）宜居城乡建设取得新成效

水环境综合整治扎实推进。截至2008年底，全省共开展城市河段和河涌综合整治工程600多项，已基本完成450项。其中，列入《广东省珠江水环境综合整治方案》的15项综合整治工程，已经完成和基本完成12项，占80%，完成投资约106.9亿元，占总投资（159亿元）的

67%；列入《治污保洁工程实施方案》的120项重点项目，已经完成78项，占65%，完成投资276亿元，占总投资（368亿元）75%。

2008年全省城市饮用水源水质总达标率为94.2%，与2007年相比上升4.6个百分点。

大气污染防治工作取得新进展。省政府批准成立了珠江三角洲区域大气污染防治联席会议，大气污染联防联治机制初步建立。印发了《广东省机动车排气污染防治实施方案》，加强了对大气污染物排放的治理力度。启动了火电机组实施脱硝工作，实施了储油库、加油站及油罐车油气回收综合治理示范工程。2008年全省城市二氧化硫平均浓度为0.024毫克/立方米，比上年（0.027毫克/立方米）下降11.1%，全省所有城市环境空气质量连续4年达到国家二级标准。

固废废物污染治理、辐射环境监管、土壤污染治理和农村环境保护工作明显加强。我省成功举行了第五次核电站事故应急演习，辐射环境监管工作得到加强。完成了全省废旧、闲置放射源的统一收贮工作并运送西北放射性废物处置场，进一步消除我省的辐射环境安全隐患。全省土壤污染状况调查工作进展顺利，土壤样品采集已基本完成。

生态示范创建水平进一步提升。2008年，我省以示范创建为载体，大力推进生态文明建设，取得良好成效。广州市获国家环保模范城市称号，佛山市创模已通过环保部验收。深圳、珠海、韶关市列为“全国生态文明建设试点城市”；深圳市盐田区成为我省首个通过环保部验收并命名的国家生态区；珠海市三灶镇等9个镇，广州市小洲村和佛山市罗南村2个村分别被环保部命名为第七批全国环境优美乡镇和第一批国家级生态村。

（三）服务科学发展推出新举措

坚持解放思想，超前谋划环保服务科学发展的思路。坚持努力构建环境保护服务科学发展的体制，先后出台了《广东省环境保护局关于加强环境保护促进科学发展的实施意见》《关于当前全省环境保护工作促进经济发展的意见》等一系列环保政策措施，提高了环保服务和优化经济发展水平。

坚持简政放权，努力服务经济发展。认真贯彻落实中央和省委、省政府关于扩大内需促进经济平稳较快发展的战略部署，及时调整改进环评工作，下放审批权限，全面实施阳光审批，压缩时限，简化程序，提高效率。将不涉及跨地级以上市行政区域环境影响、环评审批权限属于省环保局的五类项目，下放或委托地级以上市环保局审批，调整优化各级环保部门在项目审批中的责任和权力。建立重大建设项目环保管理跟踪服务制度，加快推进重大项目建设进程。

坚持以环保准入优化经济增长，积极促进产业结构调整。制定实施《关于加强产业转移中环境保护工作的若干意见》和《广东省电镀、印染等重污染行业统一规划统一定点实施意见（试行）》，加强建设项目环境准入管理，严格实行总量前置审核制度。对先进制造业、高新技术产业、传统优势产业、现代农业以及能源、交通、水利等产业的建设项目，建立"绿色通道"，对"两高一资"（高污染、高能耗、资源型）项目严格把关，促进产业结构优化升级。2008年，全省共受理建设项目环评58068个，否决4692个，否决率8.1%，为促进产业结构调整和经济增长方式的转变发挥了重要作用。

坚持环保分类指导，促进区域协调发展。按照因地制宜的原则，建立科学的主要污染物排放总量管理动态调节机制，在污染物排放总量调节中对有环境容量的欠发达地区适当给予倾斜，支持当地经济发展。进一步严格实施《广东省环境保护规划纲要（2004－2020年）》和《珠江三角洲环境保护规划纲要（2006－2020年）》，实行分区控制，分类指导，优化配置环境资源。认真开展"十一五"环保规划实施情况中期评估。积极参与主体功能分区规划的编制工作。

（四）环境法治水平得到新提升

环保地方立法和标准建设取得新成果。《广东省珠江三角洲大气污染防治办法（送审稿）》已报省政府审议。《广东省严控废物处理许可管理规定》立法工作进展顺利。修订完善了《广东省生态示范乡镇考核验收标准》。初步制定完成了火电、造纸、畜禽养殖、机动车等行业污染物排放标准和印染、线路板等行业技术规范。

环保执法效能进一步提高。积极创新执法方式、丰富执法手段，大力提升环保执法效能和执法水平，一批事关民生的突出环境问题得到解决。深入开展整治违法排污企业保障群众健康环保专项行动。据统计，截止 2008 年底，全省环保系统共立案查处环境案件 12556 宗，结案 9174 宗，罚没金额 2.66 亿元，其中深圳、广州市均超过 7000 万元，惠州、东莞市超过 2000 万元，云浮、汕头、湛江 3 个市的罚没金额分别是 2007 年的 3.6.1.8 和 1.7 倍；全省共关停企业 2771 家，限期治理 568 家，限期整改 6378 家。

环境事故应急工作卓有成效。为了加强对跨区域、跨流域环境污染纠纷的协调处理，建立了环境事件应急处理协调联动机制和应急预案，提高了污染事故应急反应能力。2008 年全省共发生 28 起突发环境事件，都得到了及时妥当的处理，没有造成大的影响，较好地维护了社会稳定和群众的环境权益。

环境信访工作力度进一步加大。组织全省环保系统开展了重信重访问题专项治理和领导干部“大下访”活动，采取领导包案、责任到人等措施，圆满完成上级交办的重点信访案件的调查任务。2008 年，全省受理环保信访案件 10.6 万多件，处理率达 92.61%；其中省环保局共受理信访案件 1685 件，已处理 1683 件，处理率达 99.88%，全省没有发生因环保问题到省进京的恶性上访和大规模群体性事件。

（五）环保管理创新取得新进展

环保经济政策效力初步显现。为充分运用价格机制促进污染减排，省政府明确 2009 年底前珠三角地区污水处理费不低于 0.8 元 / 吨，其它地区不低于 0.5 元 / 吨，全省污水处理费平均水平已由 2007 年底的 0.35

元/吨提高到2008年底的0.68元/吨，为保证污水处理设施正常运行和筹集建设资金发挥了十分重要的作用。为鼓励落后钢铁产能，省政府确定落后炼钢产能在2008.2009.2010年前关闭的，每万吨分别补助15万元、12万元、10万元；同时加大实施差别电价力度，从2008年8月1日起，淘汰类钢厂差别电价提高到0.4元，限制类钢厂提高到0.1元。目前实施差别电价的212家钢铁企业已停产关闭177家，转产14家，其余31家也基本处于生产停滞状态。为推动电厂脱硫，制定出台了《关于燃煤发电机组脱硫电价及脱硫设施运行管理问题的通知》。同时积极推行“绿色信贷”和“绿色证券”制度，强化环保和银行间的环保信息共享制度，有效限制了环境违法企业贷款和上市融资。

环境管理制度进一步健全。我省修订了《广东省环境保护责任考核办法》及其指标体系，并经省委、省政府印发实施。下发了《关于建设项目环保管理总量前置审核制度的通知》，加强了建设项目环保管理。制定出台了《广东省环境保护局行政审批监督检查暂行规定》和《广东省环境保护局行政处罚案件审理办法》。实行了重点排污企业环保信用等级评价制度，全年完成272家企业的环保信用等级评价，其中红、黄牌企业占20%，并通过媒体公开了重点污染源环保信用信息。建立了环境监察稽查工作机制，实行了省市县三级联查、下查一级和重点案件后督察制度。

环保管理政策研究全面加强。圆满完成了广东省区域环境战略研究工作，项目成果通过专家评审验收。启动了广东省排污权交易制度研究。进行了绿色大珠三角优质生活圈调研并编制调研报告。组织实施了国家科技部“十一五”863重大项目“重点城市群大气复合污染综合防治与技术集成示范”项目研究、国家重大科技专项“水体污染控制与治理”研究课题。

（六）环保能力建设迈上新台阶

污染源普查取得阶段性成果。按照国家的要求，我省认真组织开展第一次全国污染源普查。为提高我省污染源普查效率，自主开发了多个实用软件系统，较好地完成了污染源普查清查、普查表填报、数据录入、数据审核修正和汇总上报等工作，初步形成了全省污染源普查数据库。截至2008年底，全省共落实普查专项经费2.06亿元，选聘普查员及普查指导员5万多名，培训6.83万人次，完成4621家重点污染源和76家伴生放射性污染源监测任务，共普查68.8万多个污染源信息，得到国家核查组的充分肯定。

环保技术保障能力进一步提升。组织实施了国家科技部“十一五”863重大项目“重点城市群大气复合污染综合防治与技术集成示范”项目研究、国家重大科技专项“水体污染控制与治理”研究课题。组织开展了广东省区域环境战略研究，进行了绿色大珠三角优质生活圈调研并编制调研报告，完善了《泛珠三角区域跨界环境污染纠纷行政处理办法》，深化了粤港澳环保合作和泛珠三角区域环保合作。建设完成了省环境空间地理信息数据库。2008年国家和省级财政共投入约1.1亿元重点用于我省环境应急监测、空气和水质自动监测、核与辐射环境监测以及环境监察执法标准化等能力建设项目。省环境监控中心、五大区域性监控中心和省环境保护职业技术学校南海校区建设进展顺利。省环境监测中心顺利通过了国家认监委组织的监督和扩项评审。全省国控重点污染源全部安装了在线监控系统，完成了全省环境监察系统110台执法车辆和一大批执法取证设备的配备工作。全省有25家环境监察机构、37家环境监测站分别达到环境监察和环境监测标准化建设要求。

虽然我省环保工作取得了较大进展，但当前我省环境保护形势和任务仍然严峻和繁重。一是污染减排压力依然很大。当前我省发展方式依旧比较粗放，产业结构层次不高，高投入、高消耗、高污染、低效益的发展模式没有得到根本的转变。传统的高消耗、高污染产业及其分散的布局难以迅速改变，给下一步减排工作造成很大压力。随着石化、钢铁、造纸、电力等重化工业进一步发展以及城镇化进程加快，二氧化硫后续减排潜力小，治污设施运行不到位，我省污染减排面临的压力还很大。

二是环境质量仍未根本好转。这些年，尽管大力整治环境污染，但目前全省仍有10.3%的省控断面水质劣于V类。空气质量改善难度很大，特别是珠江三角洲，大气能见度有所退化，灰霾天数仍然高企。环境安全形势严峻，环境污染事故还处在多发期。环境信访和环境维权工作压力不断加大，环境问题已成为影响社会和谐稳定的重要因素。三是环保机制体制创新仍显不足。环境保护统筹协调机制不健全；环保法制建设不完备，有利于环境保护的价格、财税、金融等经济激励和约束机制不健全；环保机构和队伍建设不能适应新时期环保工作需要，亿元GDP环境监察人员不到全国平均水平的1/4，环境监察和监测预警能力有待提高。

二、2009年环境保护工作展望

2009年，我省环境保护重点是抓好七个方面的工作：

（一）发挥环保优化经济发展的作用，促进全省经济平稳较快发展

一是要以贯彻实施《珠江三角洲改革发展规划纲要》为契机，促进区域可持续发展。紧紧围绕“科学发展、先行先试”这条主线，不断开拓创新，推动环保工作再上新台阶。要尽快制定《纲要》环境保护专题实施工作方案，在对《珠江三角洲环境保护规划》实施情况评估的基础上，抓紧研究制定推进珠三角环境保护一体化的意见，从区域整体高度统筹环境资源，促进环境与经济的协调发展。同时，要继续认真实施《广东省环境保护规划》和《珠江三角洲环境保护规划》，加强环保管理分区控制、分类指导，优化区域发展布局。要着手开展“十二五”环保规划编制的前期工作，及早谋划“十二五”环保工作思路。

二是要完善环保审批制度，引导经济结构调整。要依法减少或下放非行政许可类环保审批事项，简化审批程序，压缩审批时限，提高审批效率。对有利于环境保护、结构调整和转型升级的高新技术产业、现

代服务业、生态农业项目，要开辟绿色通道，加快审批速度，特别是对扩大内需基建投资项目、省重点工程项目，在立项、选址、审批、建设等各个环节都要提前介入、主动服务。同时，要严把准入门槛，加强产业转移过程建设项目环境管理工作，坚决防止“两高一资”项目以刺激经济发展为名乘虚而入。要切实加强规划环评，重点做好电力、交通、石化、水电和水泥等重点行业规划环评试点，主动为政府重大决策服务，推进产业结构优化升级，促进可持续发展。

三是要推进企业清洁生产，优化经济发展质量。要积极协助有关部门制定清洁生产规划，指导和督促企业推行清洁生产。鼓励和促进一批高能耗、高污染、能有效形成减排能力的项目实施清洁生产，给予技术指导和资金支持，提高企业技术水平和绿色竞争力，促进产业升级。继续抓好重污染行业的统一规划、统一定点工作。着力推进惠州市博罗龙溪电镀基地、佛山市南海印染基地、江门市台山广海皮革基地和东莞市中堂造纸基地等重点园区建设，发挥定点园区在污染减排和清洁生产中的示范作用。

四是要大力发展环保产业，促进环保科技自主创新。将环境基础设施建设作为扩大内需、拉动经济增长的重要手段，加大环保基础设施建设力度，积极推动经济增长。建立和完善环境保护政府、企业、社会多元化的投资融资机制，全面加大环境保护和生态建设投入。要掌握我省环保产业发展现状，会同有关部门研究制定扶持环保服务业发展的政策措施。引导和支持企业进入环境监测、环保咨询、污染治理设施建设运营等领域，重点发展具有自主知识产权的重要环保技术工艺和基础装备，提高环保企业的自主创新能力。加大优秀科研项目成果转化力度，重点推广造纸、电镀和印染废水回用、污泥处置、养殖业污染治理及综合利用等方面的先进适用技术，鼓励环保企业做大做强。

（二）切实抓好污染减排工作，确保完成年度减排任务

2009 年是我省打好污染减排攻坚战的决定性一年。要进一步加强

领导、明确任务、落实责任，确保完成2009年全省二氧化硫和化学需氧量排放量分别比2008年削减3%和4.5%的任务。要加快污水处理设施建设，2009年底前县城和珠三角地区中心镇要全部建成污水处理厂并配套管网建设，推进其它地区镇级污水处理厂建设，确保全年新增污水日处理能力200万吨以上。要加强对减排工程的监管，加大对污水处理厂、火电厂脱硫工程、国控重点污染源在线监控设施等重点减排项目的监管力度，提升城镇污水处理效率、电厂综合脱硫效率、污染治理设施运行效率，确保减排工程发挥成效。要加快淘汰落后产能。协助有关部门建立健全落后产能退出机制，完成淘汰小钢铁277万吨、小火电301万千瓦的任务，加大水泥、造纸、酒精、漂染、电镀等行业落后产能的淘汰力度，抓好电力、水泥工业"上大压小"和清洁能源替代工作。要严格落实污染减排监测、统计、考核"三个办法"，进一步完善环境统计和减排监测办法，对21个地级以上市2008年污染减排任务完成情况进行考核排名并向社会公布。要继续完善污染减排工作机制，建立健全节能减排领导小组成员单位的沟通与协调机制、系统内部污染减排工作机制，畅通信息报送渠道，强化部门之间协调配合。

（三）加大污染整治力度，推进宜居城乡建设

努力改善城乡环境质量，为公众创造更好的生产生活环境。以保障2010年广州亚运会空气质量为重点，着力改善珠三角空气质量，制定《珠江三角洲大气污染综合整治实施方案》，推进珠江三角洲大气复合污染综合防治体系；加强机动车排气污染防治，认真实施《广东省机动车排气污染防治实施方案》和《广东省油气回收综合治理工作方案》，继续推进全省全面供应国Ⅲ车用成品油，统一机动车环保标志管理，完善机动车排气检测与维护制度。以保护饮用水源为重点，大力推进水环境综合整治，积极推进珠江综合整治和重点流域、区域污染整治，建立健全流域联防联治管理机制，落实上下游污染防治责任，建立健全跨市河流断面水质考核机制；加强对广州市西部水源、淡水河流域、茂名市

茂南区和四会市独水河流域等地区污染治理的督查。加强危险废物和进口废物监管，严格实施危险废物与严控废物经营许可、危险废物转移联单和进口废物环境管理等制度，指导和监督企业做好固废环境管理工作；推动固体废物管理信息系统建设。加快推进危险废物、医疗废物、生活污泥、电子废物、生活垃圾等处置利用设施的建设，加强对生活污泥和电子废物的综合处置利用技术和经济激励政策的研究；推进和完善四会、丰顺、广宁、鹤山等进口废物加工园区建设；加强农村环境保护工作，制定农村综合整治规划，推动农村污水、垃圾、大型畜禽养殖业污染的治理，重点抓好大型畜禽养殖业污染治理和综合利用工程示范建设，继续抓好河源市、始兴县农村小康环保行动计划试点工作；开展污染土壤修复与综合治理试点示范工作，完善土壤环境质量评价和监测制度。继续深入开展生态示范创建活动，推进深圳、珠海、韶关等市的全国生态文明建设试点工作；进一步推动河源、东莞、湛江、潮州市创建国家环保模范城市工作，力争珠三角各市全部达到环境保护模范城市要求；继续推进生态市（县）、环境优美乡镇等示范建设，开展生态省建设工作。要提升核与辐射环境监管工作水平，认真做好核与辐射的各项应急准备工作，加强民用核设施和放射源环境监管，进一步强化对废放射源的安全处理处置工作，推进粤西地区辐射安全监控中心建设。要继续开展环境保护交流合作，深化粤港澳环保合作和泛珠三角区域环保合作，积极推进构建“绿色大珠江三角洲优质生活圈”。

（四）加强环境法治，维护环境安全和群众环境权益

加快环境立法和标准建设。抓紧出台《广东省珠江三角洲大气污染防治办法》和《广东省严控废物处理行政许可实施办法》，修订《广东省机动车排气污染防治条例》。制订公布火电、造纸、畜禽养殖等行业污染物排放标准和印染、线路板等行业技术规范，推进制订锅炉、水泥等行业污染物排放标准和噪声自动监测技术规范，研究制定电磁辐射环境标准和污水处理厂污泥处置规范。

加大环境执法力度。继续深入开展环保专项行动，加大对饮用水源和存在安全隐患企业的检查力度，大力整治城镇污水处理厂超标排放和污泥违法处置行为，加大对重大信访案件的查处力度。以高污染行业为重点，加强排污许可证执行情况的监督检查，继续对重点环境问题和重点污染企业实行挂牌督办，切实做好环境执法后督察和排污费征管稽查工作，建立重点污染源监管和企业监管的长效机制。落实环境违法行为问责制和部门联合执法机制，完善案件移交移送机制、电厂脱硫电价补偿和城市污水处理厂运行的监督检查机制。

加紧完善环境应急管理。修订突发环境事件应急预案，健全环境事故应急处理的协调联动机制，抓好环境突发事件应急演练，组织全省环境现场应急处置业务培训，提高处置突发环境事件的能力。开展全省第四个环境安全教育月活动。

认真抓好环境信访工作。加强环境污染矛盾纠纷排查化解工作，高度重视可能因环境污染引发群体性事件的重点区域、重点问题，防止群体性上访事件发生。认真办好“民声热线”，全省集中开展一次省市县联合的大接访活动，切实解决一批群众关心的环境热点难点问题。进一步完善信访领导包案制度、案件移送制度和跟踪督办制度，推动人民群众依法有序开展信访。

（五）加快制度创新，建立健全环保约束激励机制

按照政府管理、企业（排污者）治理、公众监督三大环境责任主体定位，推进环境保护制度体系建设，创新体制机制。健全环境责任考核制度，进一步完善环境保护的考核机制，加大考核力度，切实体现政府对辖区环境质量负责的法定要求；要严格按照《广东省环境保护责任考核办法》及其指标体系，对各级政府环境保护责任进行考核，并在全省推行跨行政区河流交接断面水质考核和责任追究制度，提高环保政策措施的执行力。深化重点污染源环保信用管理工作。进一步完善企业环保信用等级评价、上市企业环保核查和信息公开制度，配合有关部门逐

步落实国家绿色信贷、绿色保险、绿色证券、绿色采购等政策，有效遏制环境违法企业、环境信用不良企业的发展。加快建立环境有偿使用制度，加快完善和规范实施排污许可证制度，积极推进建立主要污染物排放指标有偿使用和交易制度，结合区域整治，选择条件成熟的地区开展排污权交易试点工作；加快探索建立生态补偿机制，以东江流域为重点开展具有广东特色的生态补偿试点工作，取得经验，逐步推广。加快研究建立在线监测和环保设施营运的管理模式和运行机制，积极探索环保投融资机制和产业化发展机制，鼓励社会资本参与环境污染治理和环保设施建设，探索环境监测的社会化工作。

（六）加强环保队伍建设，提高环保管理能力

重视解决欠发达地区环保能力建设滞后问题，加大对东西北地区环保监管能力建设扶持力度。要以标准化建设为抓手，结合环保部门机构改革，努力提升全省环境管理能力。要积极做好省环保局机构改革相关工作，进一步完善省环保局内部机构设置以及人员配备，理顺内部关系、优化职能设置、形成整体合力；加强对市县环保机构改革的指导和支持，继续推进各设区市环保局政策法规、宣传教育、辐射管理等机构建设；着力加强基层环保机构建设，加快建立省、市、县、镇四级环保监管体系。加强环保执法监督能力建设，推进环境监察标准化建设，充实基层执法力量，改善执法装备，组织编写《广东省环境保护行政案件办理指南》，规范环境执法程序、执法文书，提升执法水平。提升环境监测能力，大力支持欠发达地区环境监测能力建设，加快建设广州、深圳、汕头、韶关、茂名五大区域性环境监测中心，提高全省环境应急监测能力；筹建省持久性有机物监测实验室，开展生态遥感监测；建设入海口自动监测网，进一步加强五个跨省界水质交接断面三级站的标准化建设；推动噪声路边站和主干道站建设。继续完善和优化粤港珠三角区域空气监控网络。推进环境信息化建设，继续做好污染源普查工作，完善污染源档案和污染源数据库，深入开发普查成果，将普查数据转化为环保日常管理可用信息；推进污染源综合管理信息系统、环境监测信息管理系统和珠江水环境自动监测和信息系统建设；进一步完善视频会议系统，建立视频会议工作制度。要加强环保培训工作。重点对环境监测人员、环保执法人员、企业环保员和应急联络员进行理论和实务操作培训，提高人员素质和水平。

（七）加强作风和廉政建设，形成抓落实的工作机制

要切实增强服务意识，按照“三促进一保持”要求，积极服务发展、服务群众、服务基层；深入开展调查研究，及时为基层和群众排忧解难；进一步做好重大建设项目环境保护管理跟踪服务工作，加快推进重大项目建设进程；推行企业环保联络员制度，定期上门了解辖区重点企业的环保需求，及时帮助企业解决实际问题。进一步提高“便民窗口”服务质量和水平。要突出抓好廉政建设，制定实施《广东省环保局贯彻落实〈建立健全惩治和预防腐败体系2008—2012年工作规划〉实施办法》，抓好反腐倡廉工作，建立“廉政形势分析会”制度；要切实抓好党风廉政建设责任制，强化责任意识、明确职责分工、实行责任考核、严格责任追究；要开展经常性的反腐倡廉警示教育，不断提高党员干部的党性修养、法纪观念和廉洁自律意识；要强化监督制约，尤其要重视在审批、执法稽查、资金分配中的权力制衡与监督，尽可能缩小自由裁量权，在程序上建立有效的制约机制，及时发现和纠正党风廉政建设方面的倾向性、苗头性问题。要抓紧完善内部管理体系，要逐步建立完善各个方面的管理体系，把内部管理水平提高到一个新的层次，增进工作效率；要完善重点工作督办制度；采取及时汇报、时限要求、催办督查、考核评议和责任奖罚等措施，推进环保重点工作的落实；要抓紧建立健全系统内部政绩考核评价体系，对机关内设机构和直属单位作风建设和工作绩效进行年度考核评价，建设办事高效、运转协调、行为规范的新型机关；要完善依法行政工作制度，建立健全环境处罚案件审理制度、行政复议管理制度、环境行政审批

监督检查制度；要完善环保专项资金申请审批和使用管理办法，加强对专项资金的审计和绩效考核工作。

此文发表在《广东发展蓝皮书（2009）》（谢鹏飞主编，广东经济出版社2009年版）

广东生态文明建设情况和建议

党的十七大报告首次提出要“建设生态文明”。刚刚闭幕的党的十七届五中全会，从转变经济发展方式、开创科学发展新局面的战略高度，明确提出要破解日趋强化的资源环境约束，必须把加快建设资源节约型、环境友好型社会作为重要着力点，加大环境保护力度，提高生态文明水平，走可持续发展之路。推进生态文明建设，提高生态文明水平，是破解日趋强化的资源环境约束的有效途径，是加快转变经济发展方式的客观需要，是保障和改善民生的内在要求，是后国际金融危机时期抢占未来竞争制高点的战略选择。我们要用科学发展的要求来诠释和解决环境问题，建设资源节约型、环境友好型社会，积极探索代价小、效益好、排放低、可持续的中国环境保护新道路。“代价小”就是要坚持环境保护与经济发展相协调，以尽可能小的资源环境代价支撑更大规模的经济活动。“效益好”就是要坚持环境保护与经济社会建设相统筹，寻求最佳的环境效益、经济效益和社会效益。“排放低”就是要坚持污染预防与环境治理相结合，把经济社会活动对环境的损害降低到最小程度。“可持续”就是要坚持环境保护与长远发展相融合，通过建设资源节约型、环境友好型社会，不断推动经济社会可持续发展。

“十一五”以来，我省认真贯彻落实《节能减排综合性工作方案》，大力推进工程减排、结构减排和监管减排，严格环境准入和环境执法，扎实推进污染减排工作，节能减排取得了明显成效；四年多来，在全省经济总量增长超过50%的同时，我省环境质量总体保持稳定，局部有所好转，两项主要污染物持续下降；截至2009年底，全省二氧化硫累计减排22.35万吨，比2005年下降17.28%，提前一年超额完成“十一五”15%的减排任务；化学需氧量累计减排14.68万吨，比2005年下降13.87%，完成“十一五”15%减排任务的92.33%；2010年10月22日，国家环境保护部公布2010年上半年主要污染物排放总量指标，我省化学需氧量、二氧化硫排放总量同比分别下降5.4%和2.0%。近年来，我省大力推进全国生态文明建设试点工作，积极探索生态文明建设道路；积极推进生态示范创建工作，并取得积极成效；加强对自然保护区建设工作的指导，进一步规范自然保护区的建设管理；着力加强农村环境综合整治，进一步推进农村生态环境建设，有效推进资源节约型、环境友好型社会建设。全省城市空气质量良好，21个地级以上城市空气质量均达到国家二级标准（居住区标准）；大部分城市饮用水源水质达标；主要大江大河干流和珠三角河网干流水道水质总体良好；近岸海域水质总体良好，大部分海域满足环境功能区划水质要求；城市区域和道路交通声环境总体较好。

一、生态文明建设取得积极成效

大力推进全国生态文明建设试点工作，积极探索生态文明建设道路。我省深圳、珠海、韶关、中山市被列为全国生态文明建设试点，省环境保护厅积极指导各地开展工作，参与生态文明建设的集思广益的研讨，大力推进生态文明建设的试点工作并取得积极成效。深圳作为全国首批生态文明建设试点城市，市委、市政府将生态文明建设作为推进新一轮改革开放的重要战略内容，从生态立市的高度筹划生态文明建设，出台了《关于加强环境保护建设生态市的决定》，编制实施《生态市建设规划》，2008年在全国率先出台了《深圳市生态文明建设行动纲领

（2008–2010）》，以及节能减排、循环经济、绿色交通和建筑等 9 个配套文件，启动了 80 项生态文明建设项目；按生态优先的理念开展严格的生态保护，开创性的把近半国土（974 平方公里）划入基本生态控制线范围，函盖了饮用水源保护区、自然保护区等生态敏感区，并采用卫星遥感监测技术，实行最严格的铁线保护和管理，有效保护了城市生态系统的完整性和城市生态安全；以宜居幸福为目标加大生态建设力度，建成公园 653 个，规划建设总长约 2000 公里的专供市民步行、骑车、健身、休闲的绿色通道，实现全市每平方公里有 1 公里绿道，为市民新增户外休闲游憩；将生态资源状况纳入党政领导环保实绩考核，实现了生态资源状况从定性描述向定量考核的转变；深入开展生态示范创建，全市目前有 2 个区被授予国家生态示范区，49 个街道被授予深圳市生态街道，305 个社区获被授予绿色社区。珠海市以推进创建全国生态文明建设试点城市为抓手，坚定不移贯彻生态优先的城市发展定位，编制《珠海市创建生态文明城市行动纲领》，计划用 3 – 5 年的时间，实现新增工业项目百分百进园入区、污水处理百分百达标处理、裸露山体百分百恢复绿化、节能减排百分百实现目标，为此大力实施“构建生态安全体系”、“建立生态产业体系”、“改善生态环境质量”、“建设生态人居”、“共建生态和谐”、“弘扬生态文化”六大行动计划。中山市完成已编制《中山市生态文明建设规划》纲要，争取 2015 建成国家生态文明建设示范市，2020 年成为国家生态文明城市；近年来，中山市将生态建设推向以人为本，投入大量的人力、物力、财力加快民生工程建设进程，投入 34 亿元建设了 20 个污水处理项目；投入 21.3 亿元，建设 3 个大型垃圾综合处理基地，对全市 24 个镇区垃圾实施无害化、减量化、资源化处理。

深入开展生态示范创建活动，积极探索生态文明建设道路。持续组织开展全国生态示范区、全国环境优美乡镇、省级生态示范区、市级生态示范村（生态文明村）等一系列生态示范创建活动，加强农村环境保护和生态建设。目前，全省已建成国家级生态示范区 5 个；建成环境优美乡镇84个，其中：国家级环境优美乡镇25个，省级环境优美乡镇59个；已建成的生态村382个，其中：国家级生态村2个，省级生态村380个；广东省生态示范村（镇、场、园）501个。全省已有深圳、珠海、中山、江门、潮州、湛江等6个市开展国家级生态市创建活动；韶关市始兴县，深圳市盐田区、福田区、龙岗区等县（区）开展国家生态县（区）创建活动，其中，深圳市盐田区成为广东省首个通过环境保护部验收并命名的国家级生态区。中山市成为国家生态市；深圳市福田区创建国家级生态区已通过环境保护部组织的考核验收；深圳市罗湖区、南山区建设国家级生态区通过了省级考核；《湛江生态市建设规划》通过了环境保护部组织的专家论证，湛江市人大批准了《湛江生态市建设规划》。广州经济技术开发区被授予国家生态工业示范园区。积极推进环保示范创建。加强对创建国家环境保护模范城市工作的协调与指导，持续推进“创模”取得新进展，将“创模”工作作为建设资源节约型、环境友好型社会的载体，对佛山、惠州、江门、东莞、河源、湛江、潮州等市“创模”和复检工作进行指导和协调；2010年10月27日，随着东莞市“创模”通过环保部考核组的考核验收，珠江三角洲如期实现了“到2010年，建设成为国家环境保护模范城市群”的规划目标，成为全国覆盖面积最大、经济总量最大、受惠人数最多的环境保护模范城市群。按照国家的部署，广东省自2006年始开展全省生物物种资源调查、编目，按期完成了广东省生物物种资源调查及保护利用规划，建立生物物种资源监测预警体系；建立了由省政府办公厅、省环境保护厅等十九个成员单位组成的广东省生物物种资源保护联席会议制度，建立了广东省生物物种资源数据库，编制了《广东省生物物种资源保护利用与监测规划》，这是广东省首次对全省生物物种资源进行全面系统的调查，通过调查基本摸清全省生物物种资源本底，同时整理发现了一批新种和新纪录种，为进一步开展生物物种资源保护提供依据。

加强对自然保护区建设工作的指导，进一步规范自然保护区的建设管理。组织对申报省级自然保护区进行评审，对自然保护区范围和功能区调整进行审查，促进自然保护区建设管理与经济建设协调发展；对英德石门台、南澎列岛海洋生态2个省级自然保护区申报国家级自然保护区以及江门台山中华白海豚、乐昌大瑶山、韶关北江特有鱼类、兴宁铁山渡田河、平远龙文－黄田5个省级自然保护区范围和功能区调整进行了论证；对珠海市申请撤销荷包岛、大杧岛两个市级保护区进行了审查；根据自然保护区评审委的评审、论证和审查结果提出审批建议报省政府，获得省政府的批准；既支持了国家和省重点项目的建设，也规范了自然保护区的建设管理；努力争取国家财政专项资金支持，组织丹霞山和南岭国家级自然保护区申报国家级自然保护区专项资金。目前，我省已有国家级自然保护区11个，省级自然保护区64个。组织对国家森林公园等进行检查、核查、调查，对广东石门国家森林公园、南澳海岛国家森林公园在资源开发建设、生产经营等项目有关环境保护政策落实情况进行检查。对海丰鸟类、罗坑鳄蜥、石门台三个自然保护区被环境保护部初审为缓评进行了认真的核查，提出了整改要求。省环境保护厅会同省旅游局，组织开展《生态旅游现状调查问卷》工作。

着力加强农村生态环境建设，并取得积极成效。认真实施农村“以奖促治”政策，稳步推进农村环境综合整治。国家设立了中央农村环保专项资金，作为“以奖促治”资金，专项用于农村环境综合整治，重点支持农村饮用水源地保护、生活污水和垃圾处理、畜禽养殖污染和历史遗留农村工矿污染治理、农业面源污染和土壤污染防治等方面；2009年我省获得中央农村环保专项资金补助2097万元，其中15个农村环境综合整治项目获得补助1667万元，9个生态示范建设项目获得补助430万元；根据财政部组织的对广东省2008年中央农村环保专项资金进行的核查，广东省项目实施进展顺利，项目实施效果明显，项目资金的使用总体符合规范；通过项目实施，有效地改善了项目村镇的村容村貌，对广东省农村环境综合整治和生态环境建设有很好的推动和示范作用。加大投入，完善农村环境基础设施，2010年，我省有13个乡镇被命名为国家级环境优美乡镇，有13乡镇被命名为广东省生态示范乡镇。省财政不断加大对欠发达地区农村环境基础设施建设的资金投入，省政府投入25亿元资金，各级财政配套资金，采取市场运作方式，解决粤东粤西粤北地区的污水处理厂建设资金问题，并要求“2009年底前珠江三角洲地区的中心镇、东西两翼和粤北山区的县城镇全部建成污水集中处理设施”；经过努力，“一县一厂”项目建设如期完成；省环保专项资金加大了在农村生活污水处理设施建设、畜禽养殖污染、村镇生态示范创建等方面投入，仅2005–2009年间，就安排了2000多万元用于奖励200多个生态示范村镇的创建；省治污保洁专项资金也大力支持村镇垃圾处理设施建设，农村地区生活污水和生活垃圾的处理逐步提高，农村环境卫生状况得到有效改善。加强监督管理，强化农村污染防治。深入开展环保专项行动，切实加大环境执法力度，严厉查处农村企业污染，严防污染向农村转移；2009年全省共出动环境执法人员64万人次，检查企业27万家，查处环境违法案件11132宗，罚没金额2.1亿元，限期整改及治理企业9713家，关停违法企业2255家；2010年1月～9月，全省共出动环境执法人员50.4万人次，检查企业19.5万家，查处环境违法案件9745宗，罚没金额1.73亿元，限期整改及治理企业7959家，关停违法企业1836家；同时，加强对重点环境问题挂牌督办；继续对淡水河、广州西部水源、独水河流域污染整治进行挂牌督办；建立了淡水河流域重点污染源月巡查制度，组织深圳、惠州、东莞3市环保部门，对淡水河和观澜河流域重污染行业进行“地毯式”核查，查处了深圳市东部电镀工业基地管理有限公司环境违法行为；召开了广州、佛山、清远三地跨界污染整治工作协调会，督促、指导四会市政府出台独水河污染整治实施方案，对南水水库、独水河污染整治等进行现场检查与督办。加强畜禽养殖污染防治，削减农村面源污染。为进一步加强畜禽养殖污染防治和监管，省环境保护厅组织制订了广东省《畜禽养殖业污染物排放标准》（DB44/613–2009），并于2009年5月发布，2009年8月1日起实施；新的地方标准的实施将有效促进畜禽养殖业的污染防治，进一步提升处理水平，减少环境污染；积极推进农村畜禽养殖污染防治，推动河源、惠州、汕尾、云浮等地农村畜禽养殖污染防治试点示范；研究分析东江流域畜禽养殖污染情况，提出有关对策建议，为东江流域畜禽养殖污染防治提供了参考。积极开展土壤污染调查工作。根据环境保护部在全国开展土壤污染调查的工作部署，我省及时组织开展全省土壤污染调查工作，成立了广东省土壤污染状况调查领导小组，编制了《广东省土壤污染状况调查实施方案》，落实了工作经费，土壤污染调查工作进展顺利；土壤样品采集已基本完成，共采集了2684个土壤样品，地下地表水样品130个，农作物样品35个；样品分析测试共取得分析测试数据约11.43万个，其中：无机分析项目数据43515个，土壤理化性质分析项目数据11079个，有机分析项目数据59736个；土壤污染状况调查样品采集（包装运输、制备）、实验室分析测试、异常点核查和数据录入等主要环节的数据质量顺利通过环保部检查组专家的现场检查；珠江三角洲典型区域土壤污染调查阶段报告取得阶段性进展；土壤污染调查工作走在全国前列。

二、进一步推进我省生态文明建设措施

2010年7月13日，中央政治局委员、广东省委书记汪洋在会见环境保护部副部长张力军时表示，解决广东环境的问题从根本上说还是要靠转变经济发展方式，改变传统发展模式。大力发展绿色经济、低碳经济、循环经济，加快形成有利于资源节约、环境友好的产业结构、生产方式和消费模式，走生态文明发展道路，实现经济社会又好又快发展。

建设生态文明，是党中央的战略部署；提高生态文明水平，是现实的迫切需要。面对新形势新要求，加快推进生态文明建设已刻不容缓。

加强生态文明建设的组织领导。生态文明建设是一项社会系统工程，必须从全局和战略高度，充分认识生态文明建设的重要性和紧迫性，把生态文明建设摆到突出位置，列入重要议事日程，与经济建设、政治建设、文化建设、社会建设共同部署、共同推进。要设立相关领导机构

及相应的工作机构，落实人员和经费，发挥领导机构和工作机构统筹、协调、指导的作用，确保各项工作部署落到实处。

实行生态文明建设目标责任制。要制定明确的生态文明建设目标任务，并将这些目标任务分解落实到各级、各部门、各单位，相关指标纳入各级党政领导班子和领导干部综合考核评价体系和离任审计范围，考评结果作为干部任免的重要依据，通过强化督查和考核，促进形成分级负责、逐级推进、上下共同努力、齐抓共管的工作格局，共同推进生态文明建设。

建立完善的生态文明法规政策体系。要组织编制全省生态文明建设规划，将环境优先的理念渗入到经济社会发展过程中，并将规划内容落实到市、县、镇、村，实现与经济社会发展规划的无缝对接。要研究制定推进生态文明建设的综合性立法规划，进一步完善自然资源、生态环境、生态经济等方面的地方法规和规章；要强化环境执法的主体地位和责任，强化执法检查和监督管理，依法严肃查处各类环境违法和生态破坏行为；通过地方立法将环境成本内部化，以市场化手段解决生态环境问题。加强政策制定，制定完善推进生态文明建设的综合性配套政策。

积极推进产业转型升级。加快经济结构调整，大力发展绿色经济、循环经济、低碳经济是建设生态文明的重要特征，也是实现生态文明、实现人与自然和谐发展的重要抓手。绿色经济改善人与自然关系的主要手段是产业升级和技术革新，是经济系统建设生态文明的必要途径；循环经济是建设生态文明的基本模式，它把以往经济增长与生态环境保护脱节甚至对立的发展方式转变过来，以转变经济发展方式和优化经济结构来减轻资源和环境的压力，从源头上遏制对生态环境的破坏；低碳经济是生态文明的必然要求，发展低碳经济，减轻人类活动对气候变化的影响，间接地调整经济结构，提高能源利用效率，是摒弃以往先污染后治理、先低端后高端、先粗放后集约的发展模式的现实途径。

深入推进节能减排。节能减排是生态文明建设的必然要求，是实现生态文明的重要抓手，是建设生态文明、构建社会主义和谐社会和全面推进建设小康社会的内在要求。要广泛开展节能减排全民行动，全面落实节能减排目标责任制，制定完善节能减排约束、奖励政策，确保节能减排目标任务完成。要大力推行清洁生产，开展“资源节约型、环境友好型”企业创建活动，全面实施清洁生产审核。要深入推进污染物减排工作，加快污水处理厂等环境基础设施工程和电力、钢铁等行业的脱硫脱硝工程建设，降低主要污染物和特殊污染因子的排放量。

继续深入推进系列生态创建活动。目前国家已经开展了包括生态省（市、县）、环境保护模范城市、园林城市、可持续发展试验区、循环经济示范区、生态工业园、低碳省（市）等一系列生态创建活动，这些创建活动支撑着生态文明建设。生态文明建设为各项生态创建活动指明了建设方向和目标，有利于各部门在创建工作中协调分工，形成合力，共同促进生态文明建设目标的实现。

扎实推进农村环境保护，建设生态乡村。继续深入开展创建生态示范乡镇活动。大力推进农村环境综合整治，加快实现农村环境综合整治由“点”的分散治理向“面”的集中整治转变，提高治理成效。要抓好农村饮用水源地保护，切实保障农村的饮水安全。要抓好农村生活污水和生活垃圾的综合治理，完善农村垃圾收集处理体系，切实改善农村的生态环境。要进一步做好畜禽养殖污染治理，通过规范化管理等行之有效的措施，有效控制污染源。要开展农业面源污染治理，引导农民减少对化肥和农药的使用，努力消减农业面源污染。

此文发表在《广东省情调查报告(2010)》（梁桂全主编，广东省省情调查研究中心编印，2010年12月）

广东农村环境保护状况和对策建议

农村环境保护是我省环境保护工作的重要组成部分，事关广大农民群众的切身利益和农业的可持续发展。我省共有1142个乡镇、22105个行政村、约6700多万农村人口，建设幸福广东，农村人居环境是一个重要内容。省委、省政府高度重视农村环境保护工作。“十一五”以来，在制定和实施《广东省环境保护与生态建设“十一五”规划》的基础上，中共广东省委办公厅、广东省人民政府办公厅相继出台了《关于加大统筹城乡发展力度夯实农业农村发展基础的实施意见》《关于建设宜居城乡的实施意见》《关于加快推进珠三角地区城乡发展一体化的指导意见》等多份文件，对我省农村环境保护工作提出了具体的目标和要求。2011年6月22日、10月9日省政府先后印发了《关于打造名镇名村示范村带动农村宜居建设的意见》《印发幸福广东指标体系的通知》。《幸福广东指标体系》对农村的人居环境，包括农田林网和村旁、路旁、水旁、宅旁林木的覆盖面积，农村垃圾集中处理率，城镇污水集中处理率，水功能区水质达标率等提出了具体的指标要求。推进农村环境保护，搞好农村人居环境建设，是全省各级党委、政府及有关部门的共同责任。

本文拟对我省农村环境保护现状作一分析，并提出相应的对策措施。

一

按照省委、省政府的决策部署，全省环保系统以生态示范创建为载体，以农村饮用水源保护和污染防治为重点，积极探索具有广东特色的农村环境保护新路子，农村环境保护取得积极进展，一批严重危害农村居民健康、群众反应强烈的农村突出环境问题得到有效解决。

（一）强化监管，防止污染向农村转移。

严格环保准入。实施主体功能区划和生态功能区划，强化分区控制和分类指导，坚持珠三角环境优先、东西两翼在发展中保护、山区保护和发展并重的原则，严把建设项目、产业转移工业园环保准入关，防止重污染企业向农村地区转移。加快推进电镀、鞣革、印染、造纸等重污染行业的统一规划、统一定点，推动重污染行业企业整合升级。目前全省已设立 38 个重污染行业环保定点基地，对各地重污染项目实行进园统一管理、集中治污。

加强环境监管。经省政府同意，省环境保护厅印发了《广东省农村环境保护行动计划（2011–2013）》，省政府建立以林木声副省长为总召集人的农村环境保护联席会议制度。严厉打击各类环境违法行为，防止“十五小”、“新五小”企业在农村死灰复燃，防止在城市环境综合整治中重污染企业向农村山区转移；2011 年全省共出动环境执法人员 42 万人次，检查排污企业 15 万多家，查处环境违法案件 5000 多宗，限期整改及治理污染企业近 5000 家，关停污染企业 1500 多家。组织开展省产业转移园环境保护专项督查，督促园区加快建设集中污水处理厂等污染集中治理设施。着力解决农村突出环境问题，2009 年对汕头市潮阳区谷饶镇和潮南区两英镇印染行业，2010 年对阳春市春湾镇非法炼铜厂与炼油厂、增城市石滩镇田桥工业园等的污染综合整治，2011

年对广清交界区域环境安全隐患等 12 个重点环境问题进行挂牌督办，并要求地方加强对茂名白沙河流域制革重污染行业整治等 21 个环境问题进行挂牌督办等，都取得明显成效。

（二）加大投入，推进农村环境基础设施建设。

积极贯彻落实国家“以奖促治”政策，中央农村环保专项资金和省环保专项资金对农村环境综合整治的资金投入均呈逐年增加趋势，推进了农村饮用水源地保护、生活污水和垃圾处理、畜禽养殖污染防治等基础设施建设，解决了部分农村地区危害群众身体健康、影响农村可持续发展的突出环境问题。2008 年以来，共获得中央“以奖促治”农村环保专项资金 5000 多万元，重点支持了全省 71 个村镇开展环境综合整治和生态示范创建。通过多渠道的资金投入，一批村庄在生活污水处理、生活垃圾收集处置、畜禽养殖污染防治、水源地环境保护等工作上得到了重点扶持，村容村貌及农村环境实现了初步改善。今年，省财政也设立了省级农村环保专项资金，用于省级农村环境综合整治和生态示范创建。省财政统筹投入 25 亿元补助粤东西北部地区建设污水处理设施，加快了珠三角地区的中心镇、东西两翼和山区的县城全部建成污水集中处理设施建设；目前全省已建成污水处理能力 1988 多万吨 / 日，建成配套管网 6200 多公里，珠三角地区 73 个中心镇有 68 个已建成污水处理设施。不断加大对县、镇、村级环境基础设施建设的投入，推动城镇基础设施向农村延伸，因地制宜地建成了一批农村生活污水处理和生活垃圾处理设施。各地采用人工湿地、氧化塘等方式，处理农村生活污水，部分村镇形成了“村收集、镇转运、县处理”的生活垃圾处理模式，农村地区生活污染得到逐步解决，农村环境卫生状况得到改善。

（三）找准突破口，扎实推进农村饮用水源保护。

以畜禽养殖污染防治为突破口，扎实推进农村饮用水源保护。积极开展农村典型乡镇饮用水源地基础情况调查，省环境保护厅联合省委政研室上报了《我省农村饮用水安全问题亟待重视解决》专题研究报告，受到省委、省政府领导的充分肯定和重视，省委书记汪洋为此作出了重要批示。切实加强规模化畜禽养殖污染防治，加快畜禽养殖禁养区的划定和饮用水源保护区内养殖场的清理工作，先后颁布实施《广东省畜禽养殖业污染物排放标准（DB44/613-2009）》和《关于加强规模化畜禽养殖污染防治促进生态健康发展的意见》，通过开展规模化畜禽养殖场（区）普查建档、畜禽养殖场（区）清理整顿、农村畜禽养殖污染防治试点示范、健康生态养殖及粪便资源化示范等工作，推进了规模化畜禽养殖场（区）清理整顿和污染防治试点示范等工作。惠州市清理、关闭禁养区重污染畜禽养殖场 2309 家，规范整治非禁养区规模化畜禽养殖场（区）730 家，清理存栏生猪 55.4 万头，削减 COD（化学需氧量）排放约 2 万吨；河源市组织环保、农业等部门对禁养区内的养猪场（点）进行全面清理，有效遏制畜禽养殖场非法养殖和排污行为，为东江流域水污染防治作出了贡献。珠海、汕头、惠州、中山、茂名、揭阳等地市依据自身发展状况及区域特色，通过规范农村饮用水水源保护区环境监管与安全隐患巡查、划定乡镇集中式饮用水源保护区、建立农村饮用水水源保护区扶持资金和补偿激励机制等手段，有效保障了辖区内农村饮用水水源地环境安全。

（四）开展生态创建，以示范带动农村环境保护和建设。

深入推进农村生态示范创建。通过开展创建活动，加强农村环境规划，推进农村环境综合整治及环境基础设施建设，发展生态农业，促进农村地区环境质量改善，推动农村经济社会与环境保护协调发展。印发《关于省级生态建设示范区的申报和管理办法（试行）》。2011 年，佛山市南海区九江镇等 6 个镇获得国家生态乡镇称号，珠海市北山村等 4 个村获得国家生态村称号；全省有 13 个乡镇被命名为广东省生态示范乡镇。目前全省已建成国家级生态示范区 5 个，国家环境优美乡镇 38 个，国家级生态村 2 个，省生态示范村镇 526 个。全省已有深圳、珠海、中山、江门、潮州等5个市开展生态市创建，其中中山市已通过国家生态市考核验收；深圳、珠海、韶关和中山4市被国家环境保护部列为全国生态文明建设试点城市，是全国最多地级市纳入试点的省份。各生态文明建设试点地区高度重视，采取措施大力推进生态文明建设，有力推动了农村的环境保护工作。珠三角地区的佛山、东莞、中山等经济发达地市基本实现了镇级环保派出机构全覆盖；中山市通过生态市建设，镇镇建成二级污水处理厂；佛山、韶关、梅州、湛江、肇庆、云浮等地市对农村环保工作方式进行了积极探索，其中韶关市实施乡村“清洁美”工程、云浮市云安县农村生活垃圾处理、云浮市新兴县畜禽养殖废弃物综合利用、揭阳市揭东县和普宁市的农村雨污分流等工作均取得了较好的成效。汕头、韶关、湛江等地市紧密围绕农村生态示范创建工作，因地制宜发展了猪－沼－果综合养殖、食用菌培育、喷灌滴灌节水等多种模式的生态农业，有效降低了农业污染。

（五）编制规划，农村土壤、矿山和重金属污染防治稳步推进。

省环境保护厅组织完成了全省土壤污染状况调查，基本摸清了全省土壤环境质量总体状况，组织编制了《广东省土壤污染状况调查报告》并提出了土壤污染防治的对策建议，为全省土壤环境管理及污染防治工作的进一步开展奠定了基础。组织编制《广东省重金属污染综合防治规划》，有效推进农村土壤和重金属污染防治、农业面源污染防治以及生物物种保护管理工作。全省各地以国家、省、地方财政及相关责任企业联合投入等方式，通过开展“广东省珠江三角洲经济区农业地质与生态地球化学调查”等区域性或地市级别的土壤环境质量调查工作，加大了土壤污染治理修复的投入力度，综合治理重金属超标土壤，汕头莲花山钨矿区、韶关大宝山矿区等典型区域土壤污染调查与生态修复工作取得了初步成效。省环境保护厅组织开展全省矿产资源开发项目环境保护情况的摸底调查，组织了矿山资源开发项目环境保护专项检查，针对建设过程和环境管理方面存在的问题，提出整改意见，要求各地坚持属地为主的原则，严格落实地方环境监管责任。

二

我省农村的典型环境问题依然突出。随着经济社会的发展和生活水平的不断提高，农村环境保护机制体制不健全、农村饮用水安全缺乏保障、环境基础设施建设滞后、农业污染源缺乏有效控制等矛盾凸现，点源污染与面源污染共存，生活污染和工业污染叠加，各种新旧污染相互交织，工业及城市污染向农村转移，危害群众健康，制约经济发展，影响社会稳定，已成为农村经济社会可持续发展的制约因素。

（一）农村环境状况不容乐观。

农村“脏乱差”现象仍然存在。人畜粪便、生活垃圾和生活污水等废弃物大部分没有得到妥善处理，随意堆放在道路两旁、田边地头、水塘沟渠或直接排放到河渠等水体中，对农村地区居住环境造成污染。部分河流尤其是农村小河涌氨氮严重超标，水质污染严重。农业面源污染严重，农药、化肥大量使用且利用率低，畜禽养殖污染未得到有效处理，全省畜禽养殖业 COD 排放量每年约 100 万吨，约占农业面源污染总量的 97%，约占全省污染源总量的 38.1%，已成为影响水环境质量的重要原因。数量众多的畜禽散养污染也不容忽视。乡镇工业布局不当，工业污染突出，尤其是矿山开采污染严重，农村土壤也受到较严重的污染。随着全省产业和劳动力“双转移”战略的实施，化工、纺织、印染、建材、冶炼等部分重污染行业逐步向经济欠发达区域特别是饮用水源上游地区转移，工业污染从城市向农村转移的态势日趋突出。

（二）农村饮用水源安全形势严峻。

全省仍有约 600 万农村人口的饮水安全问题尚未解决，部分经济欠发达地区农村水质合格率低，平远、德庆、蕉岭、遂溪、南澳等县农村水质合格率为10%以下。农村集中式饮用水源地环境监管和保护区规范性建设严重滞后，据不完全统计，我省现有917个乡镇集中式饮用水源地中，仅14.7%划定了保护区并得到省政府批复，6.2%的水源地已划保护区尚未审批，其余79.1%的水源地未划分保护区。按规范设置标志的乡镇集中式饮用水源地只有96个，占总数10.5%；标志设置不规范的共有96个，占10.5%；未设置标志的共有860个，占79%。村庄集中式饮用水水源地基本未开展水源保护区划分工作。绝大部分乡镇、农村集中式饮用水源地没有建立水质常规监测、定期巡查和通报水质状况的工作机制，也没有建立应急预案。饮用水水源保护区划分工作滞后，严重制约了对农村饮用水水源地的监管和保护工作。此外，农村大量未经处理的污水、垃圾、畜禽及水产养殖污染和化肥、农药残留，直接威胁饮用水源安全。

（三）农村环保基础设施严重滞后。

尽管全省城镇生活污水日处理能力已达到1988多万吨，但镇以下生活污水处理设施严重滞后，仅有158个污水处理厂，处理能力很低，日处理能力约460万吨，只占全省日处理能力的23.14%，而且绝大部分集中在珠江三角洲地区（440万吨），其他地区少数乡镇和村建设了人工湿地或氧化塘等污水处理设施，大部分农村生活污水未得到有效处理。全省67个县（市）中只有11个县（市）解决了生活垃圾无害化处理问题，其中只有5个县（市）建有生活垃圾无害化处理场，6个县（市）的生活垃圾运往市生活垃圾无害化处理场处理。镇、村生活垃圾收运系统建设也相对滞后，农村生活垃圾大部分都未得到妥善处理。长期以来，公共财政对农村环境保护投入严重不足是导致其基础设施滞后的重要原因。

（四）农村环境保护体制机制不健全。

农村环境保护工作涉及环保、农业、建设、水利、卫生等众多职责部门，但全省尚未形成统筹协调全省农村环境保护工作的领导机构，部门之间缺乏协调机制，部门职能交叉严重，管理体制不顺，没有形成各部门齐抓共管的统筹管理机制。如农村饮用水源地的管理涉及水利、环保、建设、卫生等部门，农村环境基础设施建设由住建部门负责，农村改水改厕由卫生部门负责，农业畜禽养殖和面源污染防治由农业部门负责，饮水安全工程由水利部门负责，环保部门作为农村环保工作的综合管理部门，缺乏有效的部门协调机制和管理手段，而由于我省目前还没有成立农村环境保护领导协调机构，农村环境保护各项工作难以有效推进。目前全省大部分乡镇尚未设置环保机构，农村生态环境保护与建设任务难以落实，且缺乏必要的引导和鼓励，农村环境保护体制机制亟待创新与突破。

（五）农村环境管理能力建设严重滞后。

农村环境保护管理机构不健全。除珠三角部分地区外，全省绝大多数乡镇尚未设置环保机构，而市、县环保部门的环境监测、环境监管能力严重不足，人员、设备、管理经费缺乏，技术力量薄弱，环境监测网络难以覆盖到乡镇，环境执法也很难延伸到乡镇，难以适应日益繁重的农村环境监管工作需求，对农村饮用水源地以及农村工矿企业等的监测、监管难以到位。全省 21 个地级以上市环境监测站中，尚有 18 个市的环境监测站未达到国家标准规定的业务用房面积；全省 106 个县（区）级环境监测站中，达到业务用房标准的只有 11 个。全省县级环保部门开展常规环境监测、应急监测和环境执法所需的车辆、仪器、装备大都达不到国家标准化建设的要求，达到基本仪器配置标准化建设的仅只有 53% 左右，部分县环境监测站甚至难以完成常规环境监测项目的检测。

（六）农村环境保护意识薄弱。

部分地方领导对于农村环境保护认识不足，重视不够，重城市轻农村的倾向比较普遍，致使农村环境保护工作进展缓慢。农村环境保护宣传教育不够广泛深入，一些干部群众的环保意识、环境法制观念和依法维权意识不强，对生产、生活污染的环境危害认识不足；一些日常生产、生活行为和陋习尚未改变，使许多地方“只见新屋、不见新村”，农村环境整治难见成效。

三

针对目前农村环境保护存在的问题，提出如下对策措施。

（一）创新农村环境保护体制机制。

一是要建立统筹管理机制。农村环境保护工作量大面广，涉及的部门多，需要政府统筹协调各部门共同推进农村环境保护工作。应成立以分管副省长为组长，环保、发改、财政、建设、水利、农业、卫生等相关职能部门为成员的省农村环境保护工作领导小组，统筹协调全省农村环境管理工作。二是要探索建立农村环境综合整治目标责任制。将农村环境保护工作特别是农村饮用水水源地保护工作纳入政府目标责任制。选择一些县（市、区）开展农村环境综合整治目标责任制试点工作。通过试点工作，不断总结经验，并在全省推广实施。三是要落实并完善农村“以奖促治”政策。要逐步完善省级“以奖促治”相关配套政策和措施，推动各地建立有关政策，尤其是建立“政府引导、社会参与、村民自治”的长效管理机制，引导社会力量和农民参与、支持农村环境综合整治，鼓励企业与村庄建立环境整治帮扶关系和农民出资出力，推动农村环境综合整治工作。

（二）加大农村饮水源保护力度。

一是要开展农村集中式饮用水水源地基础环境状况调查和评估，逐步建立农村集中式饮用水水源地水质定期监测制度，推进农村饮用水安全监督监测制度化、常态化。二是要科学划定农村饮用水水源保护区。

科学优化整合现有的农村饮用水源布局和供水格局，统筹城乡供水，扩大市政统一供水范围，减少农村饮用水水源地数量。“十二五”期间要完成建制镇集中式饮用水源保护区的划定，并制定严格的保护措施。三是要强化水源保护区监管。要加强农村饮用水水源地的环境监管和污染物防治，加大对农村集中式饮用水源水质安全隐患的排查力度，加强水源地水质监测和巡查，依法取缔饮用水源保护区内的排污口，采取有效措施改善水源地环境质量，切实保障饮水安全。

（三）大力推进规模化畜禽养殖业污染防治。

一是要强化畜禽养殖污染防治监管。有关部门要督促各地落实《关于加强规模化畜禽养殖污染防治促进生态健康发展的意见》，加大监管力度，开展畜禽养殖污染专项执法检查，促进规模化畜禽养殖场严格执行广东省《畜禽养殖业污染物排放标准》，确保达标排放。二是要推进重点规模化畜禽养殖场污染减排。环保、农业部门要加强协调，大力推进规模化畜禽养殖业污染防治和主要污染物减排。以列入“广东省重点生猪养殖场”的300家规模化生猪养殖场为重点，推进畜禽养殖全过程综合治理、各类治污设施建设或升级改造、改进养殖方式和提高养殖专业户小区化管理水平等措施实施污染减排，促进“十二五”规模化畜禽养殖场（区）化学需氧量和氨氮减排。三是要积极推广生态健康养殖。环保部门要联合农业部门，积极推动生态化、标准化养殖场（区）建设，建立一批生态健康养殖示范畜禽养殖场（区），发挥龙头企业的示范带动作用，从源头控制污染、清洁生产。

（四）积极推动村庄环境综合整治。

一是要积极实施“以奖促治”政策，加快解决农村突出环境问题。要坚持点线面结合，重点解决群众反映强烈、严重危害农民群众健康的突出环境问题的村庄，以及对重点流域、区域和问题突出地区开展集中连片治理。要围绕东江等重点流域、新丰江等重要饮用水源保护区和湖库周边积极开展农村环境连片整治。二是要积极推进农村生活污水、生活垃圾处理。配合住建部门开展农村生活污水、垃圾污染状况调查，摸清农村生活污水、垃圾污染现状和治理情况。按照国家“十二五”主要污染物减排要求，要加快推进各地农村集镇生活污水处理设施建设。要鼓励各地农村开展垃圾分类回收处理，垃圾分类是解决农村特别是边远地区农村生活垃圾问题的最有效的手段，可促进最终处理处置量大幅削减，实现生活垃圾资源化、减量化、无害化。积极推广户分类、村收集、镇运输、县处理的方式，提高垃圾无害化处理水平。按照建设宜居农村和城乡一体化要求，小城镇要加强污水治理，逐步完善污水收集管网系统；加强垃圾收集和处理，建设压缩型垃圾转运站和无害化垃圾填埋场，做好垃圾收集、转运和处理工作，实施“净化、美化、绿化、亮化”工程。

（五）加强矿产资源开发监管和农村土壤污染防治。

一是要加强矿产资源开发的生态环境监管。要强化对矿产资源开发项目的生态环境监管，抓好矿产资源开发中的生态保护，加强对矿产资源开发项目环境监督管理和环境风险应急管理。要提高资源开发环境准入条件，严格落实新建、改建、扩建项目环境影响评价制度和“三同时”制度，新开发矿山必须编制矿山地质环境保护与治理恢复方案，建立矿山环境恢复治理保证金制度，督促矿山企业履行环境恢复治理义务。要开展资源开发类和对生态环境影响较大的项目施工期环境监理，落实企业和业主生态保护与恢复的责任机制，督促企业在资源开发过程中加强预防，规范开发建设与日常运营活动，保护生态环境。各级政府要加强监管，各职能部门要加强协调，强化联动，实现对矿产资源开发项目的全方位监管格局。要加强对矿产资源开发项目环境监督管理和环境风险应急管理。二是要加大农用地土壤环境保护力度。以加强工矿企业污染防治监管为重点，从源头控制土壤污染，强化农用地土壤环境保护。严格控制农业区和农产品产地周边的工业点源，防止废气、废水和固体废弃物对农用土壤的污染，严格限制主要粮食产地和蔬菜基地的污水灌溉。要开展对主要粮食产区、瓜果和蔬菜产地等重点地区土壤污染加密调查，以基本农田、重要农产品产地特别是“菜篮子”基地为重点，开展农用地土壤环境监测、风险评估。逐步建立农产品产地土壤分级管理利用制度，分类型制订和实施污染土壤管理对策，对土壤污染严重、不适宜种植养殖的土地，依法调整土地用途，提高农产品安全保障水平。重点对受污染的农田土壤开展生态修复试点示范。

（六）稳步推进生态示范创建。

各地要根据当地经济社会发展状况和资源环境实际情况，因地制宜、有计划、有重点地推进生态示范建设工作。一是要结合宜居城乡建设，做好村镇环境保护和建设的规划。要以生态示范创建为载体，采取措施推动做好村镇环境保护和建设的规划，优化产业结构和布局，开展村庄综合整治，因地制宜地做好农村生活污水和生活垃圾处理处置，切实改善农村“脏乱差”现象。二是要深入推进国家级生态市、生态乡镇和生态村创建工作。要促进农村生态环境保护，为各地级以上市生态市、县以及我省“生态省”的建设夯实基础。要不断完善激励机制，对达到生态建设标准的村镇，实行“以奖代补”。珠海市、湛江市、韶关市始兴县、惠州市龙门县等要加快创建国家级生态市、生态县工作进度；佛山市要启动国家级生态市创建工作。要积极推进深圳、珠海、韶关、中山等市的生态文明建设试点工作。在生态文明建设试点及国家生态市（县）创建中要注重加强生态村镇创建等细胞工程及污水、垃圾处理等基础工程建设。其它地区要充分发挥本地生态自然优势，因地制宜开展各级生态乡镇和生态村的建设。

（七）加大农村环保投入，促进农村环境基础设施建设。

我省部分农村特别是经济欠发达地区农村“脏乱差”现象仍然十分突出，我认为这与公共财政对农村环境保护投入严重不足有直接关系。要有效解决我省突出的农村环境问题，真正改善农村环境面貌，需要各级党委、政府下大决心，加大投入，统筹部署。

（八）加强农村环保能力建设。

当前农村基层环保机构设置严重滞后，特别是东西两翼和山区农村环境监管能力和监测能力非常薄弱，难以适应当前农村环境保护工作的需要。按照国家的工作部署，“十二五”期间污染减排的重点将下移到农村，而目前我省农村污染源家底不清、环境监测监管能力薄弱、环境保护机构不健全将严重影响我省的污染减排工作，迫切需要加强基层环境保护监测、监管能力，加快镇级环境保护机构的设立。有关部门要明确机构负责农村环境保护工作。有条件的乡镇可设立专门环保机构，有条件的村可设置专职环保人员，负责该村的环保工作；要积极探索农村环境管理和服务形式，可通过将有关工作委托给村（居）委会、实行购买服务等形式，建立完善公众参与机制、引导社会力量参与等多种形式，强化农村环境保护。要以基层环境监测站标准化建设为重点，推进重点流域、重点饮用水源及重要湖库等重点区域所在地有条件的县级监测站达标建设；逐步建立并延伸农村环境监测网络，提升对农村饮用水、土壤及空气的环境监测能力。完成重点区域内水质自动监测站的建设，调整和扩大环境监测点位布设范围，在重要的饮用水水源地增加重金属、蓝藻等特征污染物监测项目；同时，对重要饮用水水源地水质开展定期监测，对存在污染隐患或风险的农村集中式饮用水水源地水质适当增加监测频次。加强其他地区的县级环境监测站建设，优先推进环境监测仪器设备标准化达标建设，加强对技术人员的业务培训，提高基层环境监测水平，使其逐步具备水、气、土壤中常规监测以及重金属、有机污染物的监测能力。

此文发表在《广东省情调查报告(2011)》（梁桂全主编，广东省省情调查研究中心编印，2011年12月）

环境保护服务经济社会发展大局
积极推动发展方式转变

2011年12月27日，中共中央政治局委员、广东省委书记汪洋在广东省环境保护工作会议上指出，环境保护对提升经济发展质量具有先导、优化、倒逼、保障等综合功能，是促进转型升级的一个看得见、摸得着、行之有效的重要抓手；他强调，环境保护归根到底是为了促进经济社会可持续发展，发展的问题也必须在发展中解决。我们要深刻理解和贯彻落实汪洋书记这一重要论述的深刻内涵和精神实质。

改革开放以来的实践证明，环境保护与经济社会密不可分。必须辩证的看待发展与保护的关系：保护是为了更好地发展。加强环境保护，既能够改善人民群众健康生存的环境，同时又能够促进经济结构调整、产业转型升级，实现经济又好又快的发展。因而，在进行经济社会发展决策过程中，要正确处理好发展与保护的关系，坚决摒弃发展就要牺牲环境的错误观念；要坚定不移地以环境保护推动发展方式的转变，坚定不移地以污染减排促进产业结构战略性调整，坚定不移地以环境综合整治保障和改善环境民生，主动服务经济社会发展大局，充分发挥环境保护参与科学调控的导向功能和倒逼作用，把环境保护作为经济结构战略性调整的重要抓手，以环境保护倒逼经济结构调整和发展方式转变，推动加快转型升级，建设幸福广东。

一

2011年，全省环境保护工作坚持以加快转型升级、建设幸福广东为核心，以改善环境质量、确保环境安全为目标，全力实施环保规划，加强环境治理，强化环境执法监管，全省环境保护取得了突破性进展，在全省经济总量持续快速增长的同时，主要污染物排放得到有效控制，全省环境质量持续改善，珠三角地区空气质量继续巩固提高，21个地级以上市城市空气质量和集中式饮用水源地水质全部达标，主要江河及珠三角河网区干流水质总体良好，城市酸雨污染有所改善，列入省政府“十件民生实事”的重点流域整治取得积极成效，污染减排取得初步成效，实现了“十二五”环保工作的良好开局。

（一）谋划全局，抓好统筹，为“十二五”环保工作开好篇布好局。

积极谋划强力推动全省环保事业在新的历史起点上健康快速发展。年初，黄华华省长亲自出席2011年全省环保工作会议，全面部署“十二五”环保工作；年中，汪洋书记亲自到省环境保护厅调研，对环境保护促进转型升级、建设幸福广东提出了明确要求；年底，省委、省政府召开高规格的环境保护工作会议，汪洋书记出席并作重要讲话，在全国率先提出树立环保自觉、建设“四大环保”、实行从严从紧的环保政策措施、处理好四大关系等一系列引领新时期环保工作的新思想和新理念，省委、省政府出台了《关于进一步加强环境保护推进生态文明建设的决定》，为今后一个时期的环保工作指明了方向。

全面启动“十二五”规划工作。省政府印发实施《广东省环境保护与生态建设“十二五”规划》，明确“十二五”环保工作的主要目标，提出了十八项重点任务和八大重点工程，全面规划部署全省“十二五”环保工作；经省政府同意，省环境保护厅印发实施全省总量减排、重金属污染防治、固体废物污染防治、农村环境保护、环境管理能力建设、环境信息化建设等 6 个配套专项规划。

制定实施“环保为民四大行动计划”。经省政府同意，省环境保护厅制定实施重点流域环境综合整治、重金属污染防治、农村环境综合整治和珠江三角洲清洁空气行动计划的“环保为民四大行动计划”，分年度分解下达目标任务并纳入环保考核，切实改善环境质量，各行动计划开局良好。

（二）严格准入，强化服务，推动产业转型升级。

积极以区域和行业规划环评优化发展。2011 年，省环境保护厅共审查通过产业转移园、开发区和公路运输、港口建设、矿产资源开发等 13 项规划的环评文件，督促指导各市开展矿产资源总体规划环评工作，配合省政府开展全省高新技术开发区升级评定和省循环经济工业园认定工作，加快推进重污染行业统一规划、统一定点，强化产业转移中的环境保护，促进园区建设和行业产业的优化升级。

严格环保准入。进一步深化环保审批制度改革，制定了《关于严格限制东江流域水污染项目建设的通知》，严格限制区域内重污染、涉重金属、矿产资源开发利用和规模化禽畜养殖等项目的建设。对“两高一资”（高耗能、高污染、资源性）、产能过剩行业项目及珠三角电源项目严格把关，对鹤山铅酸蓄电池、东莞台泥粉磨站等 10 多个项目退回报告书、不予批复或暂缓审批。

强化审批服务。对中新广州知识城起步区等一批省重点项目开辟“绿色通道”，大力推进建设项目环境管理信息化建设，审批提速 75% 以上。2011 年，全省共审批建设项目环评文件 5 万多个，其中省审批通过建设项目环评文件 109 个，总投资达 1376.57 亿元，其中，省重点项目平均审批时间 6.5 个工作日，少于省政府 10 个工作日内审批的要求和法定 60 日的审批时限，推动揭阳机场、中山火力发电热电联产上大压小项目、西气东输二线等一批省重点项目顺利通过环保部环评审批，省环境保护厅被省政府评为省重点项目建设工作先进集体和“十一五”高速公路建设贡献突出单位。

（三）制定计划，推进减排，为经济发展腾出环境容量。

统筹谋划“十二五”污染减排工作。制定《广东省“十二五”主要污染物总量控制规划》和《广东省“十二五”主要污染物总量减排工作方案》，科学分析减排潜力和分解减排任务，明确减排重点领域和重要措施；与各市签订“十二五”主要污染物减排目标责任书，分解落实各市“十二五”减排指标和任务。

大力推进工程减排。抓紧污水处理设施建设，全省已建成污水处理设施 335 座、日处理能力 1906.6 万吨，居全国首位，其中 2011 年新增污水日处理能力 249 万吨，建成配套管网 6200 公里，广州等珠三角地区 7 市所有中心镇全部建成污水处理设施；积极推进电厂脱硫脱硝，印发实施《广东省火电厂降氮脱硝工程实施方案》，全省 4209 万千瓦燃煤机组配套脱硫设施，1408 万千瓦火电机组脱硝设施投运，位居全国前列；完成大气污染治理项目 2628 项，其中锅炉治理项目 1279 个，火电厂治理项目 13 个，油气回收治理项目 101 个，挥发性有机物治理项目 1235 个；建成了具有国际先进水平的粤港珠三角区域立体空气监控网络；率先启动了 PM2.5 等特征污染物的监测和研究工作；组织召开了全省火电厂减排工作会议，全省 4209 万千瓦燃煤机组配套脱硫设施，1408 万千瓦投运脱硝设施，位居全国前列；全面供应机动车粤Ⅲ车用汽油，广州、深圳、东莞已全面供应粤Ⅳ汽油。以点带面推动全省生猪产业生态健康养殖，关闭或拆除饮用水源保护区内畜禽养殖场 2650 多家。

加强监管减排。强化对国控、省控重点污染源的环境监管，大力推进国家重点监控企业在线监控系统建设和管理，国控企业自动监控数据传输完整率平均比上年提高 16.3 个百分点。强化重点污染源环保信用评价工作，并将纳入范围的 428 家企业环保信用等级评价结果向社会公开，督促重点污染源提高环境治理水平。完成“十一五”和2010年污染减排考核，开展了减排核查核算细则培训，制定了《广东省主要污染物总量减排监测体系建设“十二五”规划》，完成全省4个季度30万千瓦以上国控火电厂自动监测数据的有效性审核工作，国控重点源自动监控设备安装完成率为78.41%，自动监控数据传输完整率为82.68%，比2010年提高了14个百分点。经环境保护部核定，上半年全省化学需氧量、氨氮、二氧化硫分别同比下降3.47%、2.32%、0.75%，氮氧化物上升3.39%。年度减排任务可望完成。

（四）推进合作，加强整治，重点区域流域环境质量有效改善。

深入推进珠三角环保一体化。召开了珠三角环保一体化规划专责工作组第一次会议，建立了环保专责工作组机制，印发实施了《〈珠江三角洲环境保护一体化规划〉2011–2012年实施计划》，加快推进珠三角区域环保一体化。继续深化环保对外交流合作，完成粤港《关于改善珠江三角洲空气质素的联合声明》的终期评估，泛珠三角区域环保合作水平不断提升。

加强重点河流污染综合整治工作。着力推动列入省政府十件民生实事的淡水河、石马河、深圳河、佛山水道和练江、枫江、小东江等重点河流污染综合整治工作。制定《重点流域水污染综合整治实施方案》和相关工作计划，督促各市制定实施重点流域污染整治方案，下达省财政资金1亿余元补助重点整治项目，并由省环境保护厅领导分别对各重点流域进行跟踪督办。对小东江等重污染河流的责任区域实施了相关水污染物排放行业限批，取得了较好成效。对小东江等重污染河流的责任区域实施相关水污染物排放行业环评限批，对淡水河、石马河流域实施每年淘汰20%重污染企业的计划。流域内新建成城镇污水处理厂7座，新增生活污水日处理能力66万吨；淘汰、关闭造纸、印染、电镀、规模化禽畜养殖等重污染企业279家；完成河道综合整治工程22项。重点河流整治取得一定成效，佛山水道、小东江水质达到整治目标要求，深圳河、淡水河、石马河水质有所改善，练江、枫江水质基本保持稳定。

圆满完成深圳大运会环境质量保障任务。制定实施2011年深圳大运会空气质量保障方案、不利气象条件应急预案和东江水源水质保障方案等，部署实施一系列综合措施推进大运会环境保障工作，确保了赛会期间珠三角及主办城市深圳市环境质量优良，深圳市空气污染指数（API）一直低于30，空气质量“优”，空气污染物浓度、饮用水源水质和比赛涉水区域水质状况全面达到大运会保障要求，成功兑现了“绿色大运”的庄严承诺。

深入推进农村环境保护。经省政府同意，省环境保护厅印发了《广东农村环境保护行动计划（2011–2013）》，省政府建立以林木声副省长为总召集人的农村环境保护联席会议制度。省环境保护厅联合省农业厅召开了全省农村环境综合整治暨畜禽生态健康养殖现场会，加快推进畜禽养殖禁养区划定和饮用水源保护区内养殖场清理工作。加强规模化畜禽养殖污染防治，加快畜禽养殖禁养区的划定和饮用水源保护区内养殖场的清理工作。

加强生态示范创建工作。指导中山等市开展生态文明建设试点工作。印发《关于省级生态建设示范区的申报和管理办法（试行）》，2011年佛山南海九江镇等6个镇获得国家生态乡镇称号、珠海北山村等4个村获得国家生态村称号、13个乡镇被命名为省生态示范乡镇。积极指导推动国家环保模范城复检工作，广州等7市已通过省验收组的考核。开展全省矿产资源开发建设项目环保情况调查和全省自然保护区基础情况调查。

（五）强化执法，确保安全，切实维护人民群众环境权益。

深入开展环保专项行动。严厉打击各类环保违法行为，2011年全省共出动环境执法人员42万人次，检查排污企业15万多家，查处违法案件5000多宗，限期整改及治理企业近5000家，关停企业1500多家。省环境保护厅联合省监察厅对广清交界区域环境安全隐患等12个重点环境问题进行挂牌督办，并要求地方环保、监察部门对茂名白沙河流域制革重污染行业整治等21个环境问题进行挂牌督办。

强化重金属污染防治。省政府召开全省重金属污染防治工作会议，印发实施《广东省重金属污染综合防治“十二五”规划》，全面部署重金属污染防治工作。开展铅蓄电池企业排查与污染整治督查，公布铅蓄电池环境信息，全省191家铅蓄电池企业中27家企业取缔关闭或搬迁转产，137家企业处于停产整治或停产状况。

强化危险废物污染防治。全面推行危险废物环保规范化管理，在109家危废产生企业和61家危废经营单位开展规范化试点，推进粤西、粤北和广州危险废物区域处置中心的建设。积极推进解决汕头贵屿电子废物拆解污染环境的问题。

大力保障核与辐射环境安全。成功应对日本福岛核事故对我省造成的影响，组织开展核电安全大检查，召开全省核管委会议部署核安全和核应急工作。圆满完成了深圳大运会核与辐射环境安全保障工作。启动辐射安全许可证换发工作，完成全省稀土企业环保核查及初审工作。省环境保护厅被评为全国核与辐射安全监管工作先进集体。

强化环境应急管理和信访维稳。加强西江、北江预警监控体系建设，开展重点行业企业环境风险及化学品检查工作，妥善处置河源市紫金县血铅超标等25起突发环境事件。建立环境信访联席会议制度，省环境保护厅印发《重大事项社会稳定风险评估实施细则（试行）》，全省环保系统受理信访案件12.5万件，处理率达97%以上。加强网络环境信访，开展全省环保系统三级联动大接访和“基层大接访”活动，化解积案矛盾隐患500多宗，有力地维护了社会稳定。

（六）筑牢基础，锐意创新，推动环保事业科学发展。

加强环境立法和环境政策研究。开展《广东省环境保护条例》修订工作；制定《广东省电磁辐射污染防治管理办法（草案）》。主要污染物排污权交易和环境污染责任保险试点工作稳步推进。组织开展了以促进绿色发展为主题的十个专项调研，制定《关于加快我省环保产业发展的意见》和《关于进一步加强广东省铅蓄电池行业污染整治推进产业转型升级的通知》等促进科学发展的文件。

推进全省环保系统依法行政工作。制定实施我厅《环境行政处罚自由裁量权裁量标准（试行）》，加强规范性文件的统一审查发布和环境行政处罚、复议和行政诉讼的应诉工作。及时办理省人大代表建议、省政协委员提案。

加强环境管理能力建设。省财政增设省级农村环保专项资金和重金属污染整治专项资金，新增省级环保资金 1.5 亿元。加快全省环境监测网及监测站标准化建设，圆满完成了环境监测质量管理三年行动计划各项任务，基层业务用房建设取得较好进展，初步建成省市县一体的环境信息管理系统。船舶柴油机排气污染等一批地方性污染物排放标准编制工作加快推进。开展全省环保产业专题调研，编制加快全省环保产业发展的政策文件

加强环境文化建设。围绕“绿色发展、幸福广东”主题，省环境保护厅积极开展“六·五”世界环境日活动以及专题环境宣传活动，开通环境宣传微博和设立广东电视新闻频道“环保红绿灯”栏目，大力推进环境宣传教育。强化环保对外交流合作，完成粤港《关于改善珠江三角洲空气质素的联合声明》的终期评估，逐步提升泛珠三角区域环保合作水平。

加强环保队伍建设。开展大规模干部培训和创先争优活动。组织全省环保系统参加了行风政风评议并取得第四名的好成绩。扶贫双到考核成绩优秀，被推荐为“插红旗”单位，上角村被评为“省级生态示范村”。

2011 年全省环境保护工作虽然取得显著成绩，但必须清醒地看到当前环境保护工作形势依然严峻，表现为：一是持续污染减排的压力不断增大。“十二五”时期全省仍将处于工业化中后期和城镇化快速发展阶段，宏观经济将继续保持较快增长，主要污染物新增量巨大；国家增

加的氨氮、氮氧化物减排任务十分艰巨，广东省面临着既要提供经济快速增长所需要的排污总量指标，又要确保完成污染减排任务的双重压力。从2011年上半年减排核定结果看，如期完成全年污染减排任务的压力巨大。二是持续改善环境质量的任务艰巨。目前，全省仍有9.4%的省控江河断面水质劣于V类，珠三角地区灰霾和光化学污染较为突出，土壤污染和重金属污染逐步显露，农村环境保护工作相对滞后。防范环境污染事故、维护群众环境权益、保持社会和谐稳定的任务十分繁重。三是建立起适应科学发展要求的环保机制体制任重道远。当前，有利于环境保护的价格、财税、金融等激励政策和约束机制创新不足，环境保护统筹协调机制尚未建立，环境与发展综合决策机制有待进一步完善。环境保护工作的基础仍较薄弱，机构和队伍建设与环境保护工作要求不相适应，环境监管和应急能力不足。全省亿元GDP环境监察人员数量低于全国平均水平，大部分地区环境应急能力达不到标准化建设要求，不能适应形势发展的需要。

二

2012年，全省环境保护工作以科学发展观为指导，紧紧围绕“加快转型升级、建设幸福广东”这一核心任务，树立环境优先理念，大力实施绿色发展战略，以建设资源节约型、环境友好型社会为目标，以实施从严从紧的环保政策措施为抓手，以解决损害群众健康的突出环境问题为重点，以发展绿色科技为支撑，加强环境调控，强化污染防治，严格环境监管，创新体制机制，努力改善环境质量，保障环境安全，着力建设法治环保、科技环保、民主环保和民生环保，努力走出一条有广东特色、在全国领先的环境保护现代化道路，为率先全面建成小康社会提供环境支撑和生态保障。

（一）全面贯彻落实省委、省政府召开的全省环境保护工作会议精神，努力在全社会形成高度的环保自觉。

省委、省政府在2011年底召开的全省环境保护工作会议，不仅规格高、时机好、准备充分，而且主题鲜明、内容丰富、重点突出。会议统一了思想认识，树立了环保自觉的新理念；总结了成绩经验，决定了加快环保事业发展的信心决心；明确了目标思路，确立了我省环保事业科学发展的新路径；突出了关键重点，完善了推动环保事业科学发展的政策措施。要认真学习和贯彻落实这次会议精神，努力形成全社会合力推动环保事业蓬勃发展的氛围和“政府主导、企业负责、全民参与”的生态文明建设新格局。认真落实《中共广东省委　广东省人民政府关于进一步加强环境保护推进生态文明建设的决定》。抓好《广东省环境保护与生态建设“十二五”规划》及各专项规划的实施工作。

（二）狠抓环保调控和污染防治，确保完成环境保护肩负的重要史命。

环境保护肩负着增进人民福祉和优化经济发展的双重使命。增进人民福祉，是建设小康社会赋予环境保护的基本内涵，必须狠抓环境质量改善，满足人民群众日益提升的环境需求；优化经济发展，是科学发展观赋予环境保护的重要功能，必须充分发挥环境保护的引导和调控作用，推动经济加快转型升级。加快环境保护事业发展，必须抓住环保调控和污染防治这两个关键。第一个关键：强化环境引导调控，促进经济绿色发展。要实行分区引导，优化区域发展布局，将主体功能区规划、生态功能区划等作为关键约束，实施差别化的区域开发和环境管理政策，合理引导产业发展和布局调整，限制高污染产业向粤东粤西粤北地区转移。要加强减排倒逼，促进产业结构转型升级，严格落实污染减排问责制和一票否决制，加快污水处理设施建设，积极推进电厂脱硫脱硝，深入开展机动车、重金属和农村面源污染防治，大力推进落后产能淘汰工作，确保完成减排任务；对新增污染排放项目实施严格的总量前置审核，对未完成减排目标的地区实行区域限批；综合运用价格、环保、土地、市场准入制度等多种手段，加快推进造纸、纺织印染、制革、电镀、电力、冶金、建材、石化等重点行业落后产能淘汰工作。强化环保服务，促进现代产业体系建设，进一步深化环保审批制度改革，对符合产业政策和环保要求的项目依法简化环评程序，开辟“绿色通道”；实施重点项目跟踪服务制度，主动指导新上项目采用科技含量高、资源消耗低、污染排放少的先进技术，大力支持现代服务业、先进制造业、高新技术产业、优势传统产业、现代农业和能源、交通、水利等基础产业发展。第二个关键：加强污染综合防治，持续改善环境质量。大力建设民生环保，让环境保护的成果惠及全体人民，这是环保工作的出发点和落脚点。以实施环保为民“四大行动计划”为抓手，继续实施重点流域环境综合整治，联防联治抓好列入十件民生实事的淡水河等重点河流污染综合整治，进一步改善环境质量。加大重金属污染、城镇噪音、光、油烟污染和农村饮用水安全、垃圾乱堆、污水横流等的整治力度，加紧开展细颗粒物（PM2.5）等特征污染物的监测和研究，着力解决损害群众健康的突出环境问题。把强化环境信访工作作为环保为民利民的重要途径，畅通信访投诉渠道，完善环境纠纷协调化解机制，加大对重点敏感信访案件的督查督办力度，切实维护群众权益。加强环境风险防范，提高环境安全保障能力和突发事件的应对能力，维护环境安全。

（三）实现三个突破，全面推进环境保护改革发展新跨越。

在落实从严从紧的环保政策措施上实现新突破。以环境立法为重点，在制定或修改政策法规时要高标准，严要求，构建政策环评、区域限批与行业停批、环保实绩考核等配套法律制度，加大对违法行为的法定处罚力度设置。以标准制定为依托，制定实施指标更完善、要求更严格的地方污染物排放标准，珠三角地区要尽快制定实施严于省内其他地区的污染物排放标准，逐步完善重污染行业环境准入标准体系，提高环保准入门槛。以环评审批为抓手，加快健全规划环评和项目环评联动机制，严格实施建设项目主要污染物排放总量前置审核制度，凡是不符合环境功能区划和产业政策、未取得主要污染物总量指标、达不到污染物排放标准的项目，环保部门一律不得审批。以加大执法力度为手段，对违法排污行为保持持续高压打击态势，形成高额罚款、吊销排污许可证、刑事拘留、公开忏悔、舆论曝光等打击环境违法行为的执法威慑体系。

在创新环境保护科学发展体制机制上实现新突破。抓紧建立环境保护综合决策领导协调机制，加强对环境保护的领导和统筹协调，建立和完善环保部门统一监管、有关部门分工负责、齐抓共管的环境保护工作机制。不断完善保障到位的环保投入机制，争取更多的财政投入；进一步拓宽环境保护投融资渠道，运用市场机制引导社会资金进入环境保护领域。推进实施绿色经济政策，大力开展污水处理价格、脱硫电价、差别电价改革，积极实施绿色信贷、绿色证券，稳步推进排污权交易、环境污染责任保险和区域流域生态激励试点，加快创新建立一系列促进污染减排和环境保护的有效机制。

在加强环境保护基础能力等薄弱环节建设上实现新突破。各级环保部门要积极加强与当地党委、政府和相关部门的沟通协调，加强环境监察、监测、宣教、信息、应急标准化建设，力争在增强区域执法监察力量、探索环境保护派出机构监管模式、创新环境监察和监测管理体制、完善镇（街）环境保护工作体系、加强基层环境保护能力建设等取得突破性进展，为环保事业的长远发展夯实基础。

（四）努力建成四大体系，加快形成与全面小康社会相适应的环境保护发展格局。

基本建成指标完善的环保责任考核体系。进一步强化强化对各级政府和部门环保责任考核，将环境保护的目标工程化、时限化、责任化，将任务分解到各级政府和各部门、单位，做到年初部署安排、年中督促检查、年末考核评比。对关键环保目标指标考核实行“一票否决”制。

进一步完善污染减排考核、环保责任考核和科学发展观考核的指标体系和评价方法，积极争取提高环保考核在地方政绩综合考核中的权重。

基本建成先进的环境监测预警体系。以全省各级监测站标准化建设为重点，加强环境应急监测和污染源监测能力建设。加快健全与国际接轨的、符合群众感受的环境质量评价体系。完善全省各级环境应急监测预案，建设环境监测预警系统。优化调整覆盖全省的环境质量监测网点，形成“天地合一”的立体监测网络，建设全省统一的环境监测预警信息传输网络和应用支撑平台，全面提升环境监测预警的信息化和网络化水平。

基本建成高效的环保执法监督体系。推进环境监察标准化能力建设，进一步加强和充实执法力量，创新执法手段，改善执法装备，完善重点污染源在线监控系统，加强机动车污染和固体废物监管能力建设，提高环境现场监督执法和应急处置能力。

基本建成全民参与的环境宣传教育体系。加强省级环境宣教机构建设，重点推进区域和地市级环境宣教机构标准化建设，逐步扶持县级环境宣教队伍建设。创建一批环境教育基地，建设环境教育馆、社区环境文化宣传橱窗等科普阵地建设。建立健全新闻发言人制度，建立上下协调的环境宣传教育网络平台。

（五）强化五个支撑，着力做好打基础利长远的各项环境保护工作。

强化环境法制支撑。抓紧修订《广东省环境保护条例》，建立健全总量控制、排污许可、企业环境信用管理、农村环境保护、土壤污染治理、电磁辐射污染防治等制度规范。完善对环境违法行为处罚的政策法规，提高违法成本。强化环境司法保障，积极推动建立完善行政执法与刑事司法衔接制度，加快建立与经济社会发展相适应、体现生态文明的地方环境法制体系。

强化环保规划支撑。正确处理经济社会发展与环境保护的关系，统筹兼顾流域与区域、城市与农村、东西北部地区环境保护发展需求，加快完善全省、流域、区域环境保护规划体系，进一步强化环境保护规划的权威性、指导性和约束性。

强化环保科技支撑。加大科技支撑及标准制定力度，抓紧开展细颗粒物（PM2.5）形成机理、控制技术和预警应急预案的研究。强化监测站标准化建设和达标验收,加快基层监测执法业务用房建设项目实施。加快细颗粒物（PM2.5）监测能力的建设，全面开展细颗粒物（PM2.5）监测工作，在珠三角地区率先将细颗粒物（PM2.5）纳入空气质量评价体系，逐步实行与国际接轨的空气质量标准体系，持续改善大气环境质量。建立区域大气环境质量预报系统，实现风险信息研判和预警功能。加强环境保护管理和工程运行信息化建设，加快利用信息技术对环境保护行业进行改造提升，以环境保护信息化带动环境保护现代化。

强化环境文化支撑。健全国民生态文明教育体系，加快推动在大中小学和各级党校、行政学院全面开设环境教育课程。积极开展环境公益宣传，广泛开展群众性环境文化活动。要实行环境决策民主化，大力引导和发展环保非政府组织和环保志愿者,引导社会公众参与环境保护，大力推动民主环保建设，充分发挥人民群众在环境保护中的主体作用，形成全社会共同参与环境保护的良好氛围。

强化人才队伍支撑。突出抓好高层次、高技能和基层环境保护人才队伍建设，加强环境保护系统党的思想建设、组织建设、作风建设、制度建设和反腐倡廉建设，全面提高环境保护干部队伍的政治素质、业务能力、服务意识和工作水平。

此文发表在《广东发展蓝皮书（2012）》（汪一洋主编，广东经济出版社 2012 年版）

积极探索建立推动生态文明建设的体制机制

党的十八大将生态文明建设提升到与经济建设、政治建设、文化建设、社会建设五位一体的战略高度，作为中国特色社会主义事业总体布局的组成部分作出部署；明确提出生态文明建设的目标是“努力建设美丽中国，实现中华民族永续发展”。这表明我们党对中国特色社会主义总体布局认识的深化，把生态文明建设摆在五位一体的高度来论述，也彰显出中华民族对子孙负责的精神。建设生态文明，是我们党创造性地回答经济发展与资源环境关系问题所取得的重大成果，为统筹人与自然和谐发展指明了前进方向。环境保护是生态文明建设的主阵地和根本措施，是建设美丽中国的主干线、大舞台和着力点。环境保护工作取得的任何成效任何突破，都是对推进生态文明、建设美丽中国的积极贡献。提高生态文明水平，迫切需要进一步加大环境保护工作力度，全面提高公众生态文明素养，使环境保护成为政府、企业、公民的自觉行为，成为促进绿色经济发展、社会和谐发展的内在动力。广东要积极探索建立推动生态文明建设的体制机制，采取有效措施大力推进生态文明建设。

一

近年来，我省深圳、珠海、韶关、中山市和佛山市南海区先后被列入全国生态文明建设试点，并取得可喜成绩。

深圳市 深圳市把生态文明建设与推进经济社会又好又快发展紧密结合，确保全市在经济持续稳定增长的同时，生态环境质量始终保持在良好的水平，全市主要人居环境指标持续改善。一是经济总量高位突破，资源能源消耗水平下降。至2012年底，深圳生产总值突破2000亿美元。在经济总量高位突破的同时，资源能源消耗首次出现“三个总量下降”，用水总量、汽柴油销售量、制造业用电量分别下降0.61%、1.79%和1.06%；万元GDP能耗水耗分别下降4.25%和11.4%；化学需氧量、氨氮、二氧化硫、氮氧化物排放量继续下降，超额完成控制目标。二是环保基础设施日趋完善，人居环境质量持续改善。新建污水管网323公里，城市污水日处理能力达到469.5万吨；建筑废弃物再利用总量350万吨，垃圾焚烧发电量4.5亿度，居全国第一，生活垃圾无害化处理率达到100%，危险废物安全处置率和医疗废物集中处置率均为100%。全市饮用水源水质达标率保持100%；全市14条主要河流中，11条河流水质好转，COD平均浓度下降38.5%，全年达到Ⅱ级（良）以上空气质量天数为304天，PM2.5浓度值在全国主要城市中处于较低水平，近岸海域功能区水质达标率保持良好。新建和整理绿道1012公里，全市建成区绿化覆盖率、人均公共绿地面积居全国前列，公园总数达841个，居全国大中城市之首。龙岗河、观澜河、坪山河水质通过省达标考核。三是提前布局，铁线管理，构建城市生态安全空间格局。通过生态功能区划、基本生态控制线管理、构建“四带六廊”生态安全网络和自然保护区建设，强调生态资源和环境的质量和功能，更加重视生态建设与恢复，生态空间格局初步形成，为生态文明建设奠定良好的基础。四是广泛开展生态创建，推动产业结构优化升级和宜居城市建设。继续推动南山区、宝安区、龙岗区巩固、提升国家生态区创建工作。至2012年底，全市已建成“国家级生态示范区”1个，“国家生态区”3个，“国家生态旅游示范区”2个，“深圳市生态工业园区”6个，“深圳市生态街道”49个，“深圳市绿色社区”345个。

珠海市 珠海市紧紧围绕建设“生态文明新特区、科学发展示范市”

的发展定位，以创建全国生态文明示范市为重要抓手，大力推进生态文明建设。顺利通过国家环保模范城市复核，并被环境保护部复核组誉为“全国标杆”；香洲区创建国家生态区通过环境保护部考核验收，金湾区和斗门区创建省级生态区通过现场考核，红旗镇、南水镇、平沙镇、桂山镇获国家级生态镇命名，乾务镇、井岸镇等6镇获省级生态镇命名，生态示范效应显现。一是发挥环保调控作用，优化生态经济体系。严格开展工业园区规划环评工作，完成了横琴新区、高栏港区、高新区等6个国家和省批准的开发区规划环评编制工作，通过落实区域规划环评制度，引导产业集聚区实行集中管理、集中治污，督促产业集聚区环保基础设施先行；同时，严格按照规划要求，把好项目准入关，优化企业结构。高起点规划生态文明建设，深入研究、编制完成《珠海市生态文明建设规划》；《规划》科学设计建设国家生态市和全国生态文明示范市指标体系，为推进生态文明建设、优化生态经济体系提供指导。大力发展循环经济，积极推动珠海高新区国家生态工业示范园区创建工作，编制《生态工业示范园区建设规划》；全面推行清洁生产，完成148家重点企业清洁生产审核验收工作。二是实施减污增效工程，筑牢生态环境体系。实施“天更蓝”工程，让空气更清新。环境监测体系实现全覆盖，全市4个国控监测点全部按照新标准要求开展SO_2、NO_2、CO、O_3、PM_{10}和$PM_{2.5}$监测，并率先对外发布城市空气质量实时数据，空气质量信息公布位列全国第六；实施清洁空气行动计划，大力推进火电厂脱硝工程建设和机动车减排，建成高栏港集中供热系统，关停锅炉17台，关停锅炉总蒸吨数112.5t/h；实施“黄标车”限行，完成淘汰1997年以前“黄标车”。实施“水更清”工程，让水质更洁净，建成河流水质安全预警体系，实现对前山河、磨刀门水道、鸡啼门水道等珠海境内重要河段和重要水源实时动态监测，及时监控水质变化情况，保证珠澳用水安全；开展饮用水源地环境状况评估，建立水源生态补偿机制；投入1850万元用于补助污水处理厂及配套管网建设项目，大力推进污水设施建设，新建成富山、白藤污水处理厂和莲洲湿地处理设施。实施“城更美”工程，让家园更美丽，注重自然保护区和生物多样性保护，保护性开发利用红树林、水松林、近岸滩涂等湿地资源，完成珠海市凤凰山森林公园、淇澳红树林湿地公园等一批规划以及规划环评，美化生态环境的同时，将生态保护的成果惠及广大人民群众；加大生态细胞工程建设力度，通过政府指导、村镇自愿、部门协助，创建工作取得成效，香洲区创建国家级生态区通过环保部现场验收，红旗、平沙等4镇和乾务、莲洲等6镇分别获国家级生态乡镇、广东省生态乡镇命名，金湾区、斗门区创建省级生态区通过省环保厅组织的技术核查，全市14个镇中已有13个成为省级以上生态乡镇。实施“环境更安全”工程，让市民更放心，深入开展环境安全百日大检查等环保专项行动，铁腕整治环境违法企业，解决了一批危害群众健康和影响可持续发展的突出环境问题；不断完善环境应急预案，成功开展珠海中山江门环境应急联合演练、珠海市突发环境事件应急演练；全面开展危险废物规范化建设，率先尝试利用GPS对危废运输实行轨迹管理；划定4个一级生态功能区、12个二级生态功能区和98个三级生态功能区和生态控制线，对禁止、限制和重点开发区实行强制性保护和引导性开发。三是弘扬生态文明理念，丰富生态文化体系。积极探索生态文明理念传播和弘扬新途径，加大环保宣传教育及公众参与力度，先后组织开展高校环保社团认保水源保护区、环保宣教社团进学校、环保志愿服务队伍进社区及纪念“六·五”世界环境日等系列活动；全面开展废电池回收，倡导市民自觉参与环保。成功举办生态文明珠海年会，发出《生态文明珠海宣言》。四是创新生态环境管理，完善生态文明制度。成立以省委常委、市委书记李嘉为组长、市长何宁卡为常务副组长的生态文明示范市创建工作领导小组，领导小组成员由32个部门主要领导出任；以创建工作动员大会为契机，与北京大学、中国生态文明研究与促进会、中国环境科学研究院建立战略合作关系，从机制、体制和法制三个层面提出相关建议，已完成《珠海市建设生态文明示范市制度研究框架设计》《城市生态文明建设的若干探索——以珠海生态文明建设为例》等研究报告。强化目标考核，编制完成《珠海市创建生态文明建设示范市考核实施办法》和《创建生态文明示范市考核指标体系》，制定全国生态文明示范市第一阶段目标——《珠海市创建国家生态市实施方案》。

韶关市 韶关市积极构建符合生态文明要求的生态经济体系、生态功能体系、生态人居体系和生态文化体系，着力打造生态文明示范市。一是生态产业基础不断夯实。在生态工业方面，加快传统产业转型升级，积极培育战略性新兴产业，构建新型工业体系。加强工业园区基础设施建设，全面提升园区产业承载能力；东莞（韶关）产业转移园被列为省重点产业转移园，东莞大岭山（南雄）产业转移园在全省考核中评为优秀等次；大力发展循环经济，推进清洁生产，建立清洁生产示范基地，2012 年新审核清洁生产企业 23 家，全市清洁生产企业达 45 家，在粤北山区市排名第一；积极淘汰落后产能，全年淘汰 190 万吨落后水泥产能，减排二氧化硫约 1 万吨，规模以上工业增加值综合能耗下降 7.8%，万元地区生产总值能耗下降 4.2%。在生态农业方面，推进现代农业园区建设。粤北现代农业示范园区（仁化县）被国家农业部确认为第二批国家现代农业示范区，全市 58 个百亩以上现代农业园区有 11 个园区被确认为省级现代农业园；农业基础设施建设不断完善，2012 年投资 3138 万元，新增标准农田 2 万亩；农业基地建设不断壮大，全市形成了 142 个“一村一品”专业村和 30 个“一乡一品”专业镇、8 个省级农业标准化示范区，创建了 7 个万亩国家级、3 个 5000 亩省级高产创建示范片；全市已建设 500 亩以上蔬菜基地 48 个，农产品品牌效益不断显现，全市无公害农产品、绿色食品、有机农产品认证的农产品 355 个，全省 55 个地理标志产品中，韶关就有 10 个，有 13 个农产品获得省级农业名牌荣誉。在生态旅游方面，以大丹霞、大南华、大南岭、大珠玑和世界过山瑶祖居地为重点，进一步加大对全市旅游资源的开发整合力度，促进旅游业快速发展；2012 年新增南岭国家森林公园、珠玑古巷－梅关古道景区等 2 家“国家 4A 旅游景区”，2012 年全市接待旅游人数 2117.53 万人次，旅游收入达到 155.82 亿元。二是生态环境建设不断加

强。发展生态林业，以创建“森林生态市”为载体，加大封山育林工作力度，加强林业重点生态工程建设；在全省率先完成136公里生态景观林带建设任务；完成造林38.8万亩，封山育林1164.4万亩；全市建立林业类自然保护区22个，其中国家级2个，省级12个，自然保护区面积21.68万公顷；各类森林公园28个，总面积9.29万公顷。开展生态村、镇创建活动，全市共有7个国家级生态示范镇，4个镇、3个行政村、7个自然村、4个生态园被命名为“省级生态示范镇（村、园）”，63个村被命名为“市级生态示范村”。加强水土资源保护，乐昌峡水利枢纽开始发挥防洪效益；大力实施农村饮用水安全工程，提前一年完成中央和省下达的工程任务，共解决了72.8万农村人口的饮水安全问题。三是生态人居质量不断改善。不断加大环境综合整治力度，加强污水处理设施建设，进一步完善现有污水处理厂的管网建设，城市生活污水处理率达81.62%；加强空气污染防治，完成列入减排计划的重点企业脱硫脱硝设施建设，列入关停计划的14条立窑水泥生产线全部停产关闭；加强机动车污染防治，2012年全市更新投放了75辆液化天然气公交车和5辆电动公交车；制定“黄标车”限行实施办法，控制外地“黄标车”转入；加强重金属污染防治，开展对重点工矿企业重金属污染综合整治和环境修复；加快城区生活垃圾无害化填埋场建设步伐，乐昌市和新丰、乳源、始兴县的生活垃圾无害化填埋场已建成投入使用；不断优化城区绿地布局，在城区主干道和公园，实施增绿、增花、增色亮丽工程，城区生态环境质量进一步改善。深入开展乡村“清洁美”工程，完成村庄整治363个，初步建立“户收、村集、镇运、县处置”的农村生活垃圾收运处置体系；继续在广大农村推广使用清洁能源，2012年全市农村安装太阳能热水器3496台，完成大中型沼气池建设5000多立方米。扎实推进名镇名村示范村建设，2012年打造了2个名镇、20个名村、50个示范村，示范村显现了示范带动作用。四是生态文化理念不断深化。举办“绿色转型·生态发展”高层论坛，论坛分别围绕“产业转型与区域发展”和“生态旅游与绿色发展”专题，深入探讨生态文明与生态建设、生态文明与和谐城乡建设等重大理论和现实问题，提出了建设生态文明、发展生态旅游、发展县域经济、发展循环经济的前沿理论以及推动山区发挥后发优势的着力点和特点。加强舆论宣传，营造良好舆论氛围，新闻媒体加大对生态文明建设的宣传力度，制作《加强环境保护，建设绿色韶关》电视专题片；以践行"厚于德、诚于信、敏于行"新时期广东精神为契机，广泛开展社会公德、职业道德、家庭美德和个人品德教育，制作投放大批公德教育公益宣传广告，印发《市民文明礼仪手册》，使公民道德教育渗透到社会的各个领域和不同人群。倡导文明和谐、低碳环保城市生活方式，开展"关爱自然"自愿服务活动，倡导社会各界积极参与关爱自然、保护环境、建设生态家园的具体行动；投资1100万元，在市区建设了30个公益性自行车租赁站网服务网；在城区主要路段、公园、广场、部分社区、学校建设环境文化橱窗40个。全面启动以"节俭惜福"为主题的"文明餐桌行动"；通过加强生态文明宣传教育，公民的生态文明和环保意识不断提高，支持、参与生态文明和环保工作已成为公民的自觉行为。

中山市 中山市生态文明建设工作基础扎实。特别是2011年中山市获得全国首个地级、全省唯一一个国家级生态市后，启动了生态文明建设试点工作。编制完成《中山市生态文明建设规划》（2011-2020年），印发《中共中山市委中山市人民政府关于加快全国生态文明示范市建设工作的意见》，配套出台《印发中山市生态文明建设实施方案的通知》等文件。生态文明建设工作启动一年以来，重点推进几项重大生态文明工程：一是加快产业转型升级，推动绿色发展。重点助推一百家外资投资企业及来料加工企业就地转型升级；重点扶持一百家内资企业做强做大、重点引进一百家优质企业（项目）作为新的经济增长点，以创立标杆、带动辐射的方式，加快全市经济转型升级。二是以"岐江夜游"为切入点，推动城镇雨污分流，倒逼全市治水工作。将治水工程纳入十项民生工程之首，投入约4.5亿元，开展清淤、支堤加固和保洁约371公里，清淤土方约470万立方。计划投入约80亿元，城区两年时间、镇区三年时间完成全市雨污分流工作，开展禽畜养殖污染专项整治工作，清理非法禽畜养殖场1100多户；设立岐江河水环境生态保护区，将岐江河39公里全部水域划为重点保障水域，并设为一级保护区和二级保护区。三是大力开展森林围城工作，提高全市绿化水平。出台《中山市森林进城森林围城规划（初稿）》《中山市2012年全民修身绿化月行动方案》《中山市义务植树认种认养认捐方案（试行）》等文件，从2011年起，计划连续3年时间，每年投入不少于1.5亿元，开展一系列“大种树、多种树、种好树”活动，强力推动“森林围城、森林进城”，让生态廊道延绵入室，形成林相葱郁、城郊碧水相连、城内花团锦簇的绿色生态体系。围绕“村（翠亨）”、“城（主城区）”、“山（五桂山）”、“水（民众水乡）”四个旅游精品系列开展区域绿道建设，完成区域绿道主线总长约119公里，区域绿道连接线长约19公里。对各类旅游资源和分散的旅游区（点）进行有机整合，做“活”翠亨的中山文化，做“丰”中山城区的休闲内容，做“秀”五桂山的风景旅游，做“特”民众水乡的水上项目。四是加强五桂山生态保护区管理，构建生态屏障。设立占全市1/9土地面积的五桂山生态保护区，在新一轮土地利用总体规划修编和《中山市矿产资源规划》的功能分区空间管制中将五桂山生态保护区划定为禁止开发地区；完成林相改造第八期工程6000亩的备耕任务，形成一个多树种、多层次、多色彩、多功能的森林体系雏形；完成《中山市生态景观林带建设总体规划》，为未来5年山地造林工作打下基础；落实五桂山生态保护区的核心库区——长江库区水源林自然保护区保护建设工作，落实防火道路建设、保护站建设等基础设施建设；积极落实崖口红树林保护和恢复种植工程，完成崖口红树林保护和恢复种植工程约1500亩，抚育管理红树林造林地面积2700亩；在部分镇区挑选了1–2个基础条件好的村或农业基地作为无公害农产品、绿色食品生产示范基地，通过示范，辐射和带动全市无公害、绿色农业持续发展，至2012年底，全市主要农产品中无公害及绿色产品种植面积的比重超过65%。五是全方位开展环保专项行动，加强饮用水源保护管理。2012

年共开展了 6 项环保专项子行动，组织了 4 次联合执法检查，出动执法人员 51179 人次，检查企业 21508 家次，查处环境违法行为 372 宗，处罚金额达 1312 万元；受理环境信访案件 11824 宗，办结 11268 宗，办结率达 95.3%。经省政府同意，对全市饮用水源保护区进行调整，调整后的一级饮用水源保护区从原来的 3 个增加到 26 个，一级水源保护区水域增加了 860.4%，陆域增加了 261.5%，且增加了一批小型水库作为抗咸备用水源；安装饮用水源标志牌 350 个，在全市一、二级饮用水源保护区边界竖立了明显标识。六是开展生态文明细胞工程示范创建活动，实现生态保护工作向农村延伸。生态示范村创建是生态文明建设的重要“细胞”工程，是生态文明建设的有效载体，结合秀美村庄创建活动，2012 年共有 23 个村（社区）顺利通过市级生态村考核验收并通过市政府命名。自 2010 年开展市级生态示范村（社区）创建工作以来，至 2012 年底已有 11 个镇区，累计 32 个村（社区）成功创建市级生态示范村（社区）。通过生态示范村创建工作，充分发挥地方优势、特色，创新农村环境保护工作思路，促进农村生态绿色发展。

佛山市南海区 2011 年 11 月佛山市南海区纳入全国生态文明建设试点。南海区围绕建设生态经济发达、生态环境优美、生态社会和谐、生态文化繁荣的绿色美丽家园的目标，稳步推进生态文明建设。一是成立生态创建工作领导小组，制定创建方案，安排建设进度。全区经济发展、城市建设和社会管理工作不断前行，各项改革深入推进，民生保障水平再上新台阶。二是将节能减排作为硬抓手，促进产业转型升级。着力推动发展方式转变，加快产业结构优化调整，全面启动东翼金融高新区、中部国家高新区、西翼旅游集聚区三大国家级平台建设，以平台为依托加快科技、产业和人才集聚；大力实施“雄鹰计划”和“选种育苗计划”，落实扶持资金 1.5 亿元，帮助中小微企业融资 15 亿元，600 多家民企受惠；大力推动产业链招商，强化龙头项目带动，累计引进外资项目 46 个，其中世界 500 强项目 2 个。三是以环保物联网为“好帮手”，挖掘智慧环保潜力。依靠环保领域物联网平台，设立污染源自动监控系统，追踪工厂排放的废水的水量和水质，然后传递到环保中心进行智能化的分析管理。四是以生态建设为源动力，生态文明建设稳步推进。落实镇街同步配套生态村创建的奖励资金，推动生态细胞工程，改善村镇环境质量，为国家生态区建设奠定基础；完成生态区建设规划的编制及审批，成功创建市级生态示范村 60 条；推进狮山镇、大沥镇、罗村街道的省级生态镇的创建工作；在全区开展创建“广东省绿色学校”、“广东省绿色社区”、“广东省环境教育基地”等活动。至 2012 年底，全区已获命名的国家生态镇 4 个、省级生态镇 6 个、省级生态村 9 个、市级生态村 161 个。五是用基础设施建设作基石，深入推进生态文明建设。至 2012 年底，全区建成城市绿道 190 公里、9 个社区绿道示范区约 35.5 公里，全区绿道实现贯通成网，形成以桂城千灯湖、九江海寿岛、西樵环山湖、丹灶金沙滩、狮山南国桃园、大沥九龙涌公园、里水大甘路等为亮点的绿道工程；以河涌整治为起点，改善城市生态环境。2012 年内河涌整治项目累计完成总投资额约 9.53 亿元，汾江河整治项目累计完成总投资额约 9.69 亿元；抓好生活污水处理厂和截污管网建设。2012 年新建成 191 公里截污网管，完成西岸污水处理厂主体工程建设。六是以生态宣传教育为主题，增强市民生态意识。充分利用各种载体加大对生态建设和环境保护工作的宣传教育力度，形成了“电视有其影、电台有其声、报纸有其文、社区有其窗”的良好氛围。在多个社区和道路设置了多块生态文明建设宣传栏；6·5 世界环境日期间，开展“绿色发展，生态南海”为主题的环境保护宣传月教育活动。

二

生态文明是人类为保护和建设美好生态环境而取得的物质成果、精神成果和制度成果的总和，是人与自然、环境与经济、人与社会和谐共生的社会形态。建设生态文明，以把握自然规律、尊重自然为前提，以人与自然、环境与经济、人与社会和谐共生为宗旨，以资源环境承载力为基础，以建立节约环保的空间格局、产业结构、生产方式、生活方式以及增强永续发展能力为着眼点，以建设资源节约型、环境友好型社会为本质要求，贯穿于经济建设、政治建设、文化建设、社会建设各方面和全过程。我省全国生态文明建设试点市、区在探索建立推动生态文明建设的体制机制中虽然取得一定成效，但离国家的要求仍有较大的距离，仍要继续加大工作力度，继续努力探索，不断总结完善，积极推进各项工作。主要问题：一是国家生态文明建设指标体系尚未完善，部分统计指标缺乏有效依据。虽然试点市、区出台了生态文明建设的相关工作意见、实施方案及有关文件，对生态文明建设行动计划制定了线路图和时间表，但由于国家生态文明建设指标体系尚未完善，试点市、区部分统计指标仍缺乏有效依据。二是生态文明建设细胞工程有待进一步加强，生态工业园区、生态旅游示范区、绿色社区、绿色机关、绿色学校、绿色酒店、绿色医院、ISO14000企业等创建工作力度有待进一步加大。三是投入保障机制有待完善。生态环保支出占财政支出应设定一个合理的比例。虽然试点市、区对生态文明建设高度重视，自启动生态文明建设以来已相继开展相关工程建设，而且这些工程对推进生态文明建设是必不可少的，但要如期完成这些工程，仍需继续加大投入。四是主要污染物总量减排任务艰巨。主要污染物总量减排是国家下达的刚性指标，对改善环境质量、加快产业转型升级、推进生态文明建设有着十分重要的作用。虽然我省对“两高一资”（高耗能、高污染、资源性）、产能过剩行业项目实行严格把关，并且经过全省上下的共同努力，如期完成国家下达的年度减排任务，有效促进经济发展和产业转型升级，但要如期完成“十二五”主要污染物总量减排任务仍十分艰巨。五是环境风险继续增加，损害群众健康的环境问题仍比较突出。由于处在社会转型和环境敏感、环境风险高发与环境意识升级共存叠加的时期，长期积累的环境矛盾正集中显现，PM2.5. 饮用水安全、血铅事件等引起了群众的广泛关注。六是环境管理体制不顺，生态环境保护职能分散交叉现象依然存在。

三

建设生态文明，先进的生态伦理观念是价值取向，发达的生态经济是物质基础，完善的生态文明制度是激励约束机制，可靠的生态安全是必保底线，良好的生态环境是根本目的。建设生态文明，并不是放弃对物质生活的追求，回到原生态的生活方式，而是超越和扬弃粗放型的发展方式和不合理的消费模式，提升全社会的文明理念和素质，使人类活动限制在自然环境可承受的范围内，走生产发展、生活富裕、生态良好的文明发展之路。必须持续改善生态环境质量，让人民群众喝上干净的水、呼吸上新鲜的空气、吃上放心的食物，给子孙后代留下天蓝、地绿、水净的美好家园。生态文明建设是一个长期艰巨的过程，既要补上工业文明的课，又要走好生态文明的路。

认真贯彻落实省委省政府《关于进一步加强环境保护推进生态文明建设的决定》。2011 年 12 月 29 日，中共广东省委、广东省人民政府作出《关于进一步加强环境保护推进生态文明建设的决定》（以下简称《决定》）。《决定》明确提出了我省新时期加强环境保护、建设生态文明的总体目标、指导思想和发展思路，强调以建设资源节约型和环境友好型社会为目标，以实施从严从紧的环保政策措施为抓手，以解决损害群众健康的突出环境问题为重点，以发展绿色科技为支撑，加强环境调控，强化污染防治，严格环境监管，创新体制机制，努力改善环境质量，保障环境安全，着力建设法治环保、科技环保、民主环保和民生环保，全面提升生态文明水平，为率先全面建成小康社会提供环境支撑和生态保障。全省各地各部门要按照《决定》确定的目标任务，按照已制订印发的具体实施方案，层层抓好落实，确保《决定》目标如期实现，共同推进生态文明建设。

制定生态文明建设目标体系。党的十八大提出，“把生态文明建设放在突出地位，融入经济建设、政治建设、文化建设、社会建设各方面和全过程”，并从“优化国土空间开发格局”、“全面促进资源节约”、“加大自然生态系统和环境保护力度”、“加强生态文明制度建设”等四个方面明确了生态文明建设的重点任务。国家有关部门认真贯彻落实十八大精神，正在组织修订完善《生态文明建设目标体系》。我省要根据国家制定的《生态文明建设目标体系》，及时制定推进实施细则，并将其纳入地方各级政府绩效考核，确保生态文明目标体系任务的完成。

加快推进经济发展方式的绿色转型。要把节约环保与调整产业结构、污染防治与企业节约增效、发展节能环保产业与扩大内需、生态环境保护与优化生产力空间布局结合起来，以环境容量优化区域布局，以环境监管优化经济结构，以环境成本优化增长方式，以环境标准优化产业升级，大力推进经济发展方式的绿色转型。实施建设项目主要污染物排放总量前置审核制度，完善污染物排放地方标准体系，对珠江三角洲地区和“两高一资”行业实行更严格的排放标准。大力发展绿色经济、循环经济和低碳产业，积极推进清洁能源、绿色设计与制造等环境友好型技术与产业发展。要形成节约资源和保护环境的空间结构、产业结构、生产方式、生活方式，推进环境保护与经济发展的协调融合。要按照人口资源环境相均衡、经济社会生态效益相统一的原则，控制开发强度，调整空间结构，促进生产空间集约高效、生活空间宜居适度、生态空间山清水秀，给自然留下更多修复空间，给农业留下更多良田，给子孙后代留下天蓝、地绿、水净的美好家园。以环境容量优化区域布局，以环境改善倒逼发展方式转变，以生态建设再造环境优势。加快实施主体功能区战略和环境功能区划，在重要生态功能区、陆地和海洋生态环境敏感区、脆弱区，划定并严守生态红线，推动各地区严格按照主体功能定位发展，构建科学合理的城镇化格局、农业发展格局、生态安全格局。要通过节约集约利用环境资源，倒逼产业结构转型升级，优化经济发展方式。

深入推进生态示范创建。要坚持典型引路、试点示范，因地制宜、循序渐进，广泛开展文明城市、卫生城市、园林城市、宜居城乡、生态市（县）、环境保护模范城市、环境优美乡村、环境友好企业、生态工业园区、生态旅游示范区、绿色社区、绿色机关、绿色学校、绿色酒店、绿色医院等的创建活动，深入推进绿色创建工作，着力打造生态文明建设的细胞工程，形成全社会共同推进建设生态文明和美丽中国、美丽广东的良好局面。

全力完成主要污染物减排任务。国家将化学需氧量、二氧化硫、氨氮和氮氧化物四种主要污染物纳入约束性指标，必须全力完成总量削减任务。要强化污染减排目标责任考核，实行严格的责任追究。要把结构减排放在更加突出的位置，继续强化工程减排和管理减排，加快污水处理设施建设，提高污水处理率和负荷率。继续加强燃煤电厂脱硫，切实加强电厂脱硝，严格控制机动车尾气排放，着力构建“统一规划、统一监测、统一监管、统一评估、统一协调”的区域空气联防联控工作新机制。在实现总量控制的同时，积极探索新的改革办法，既要兼顾总量减排任务，又要考虑持久推进，既要考虑防治各种污染因子，又要考虑改善环境质量，更要防范环境风险。

加快建立有利于生态文明建设的体制机制。从恢复和维持生态系统整体性与可持续性的系统理念出发，建立和完善职能有机统一、运转协调高效的生态环境保护综合管理体制。加强生态文明制度建设，需要做好顶层设计，也即完善政治、经济、文化、社会、生态环境运行体系；需要健全规则体系，也即设计好具体的办事规程和行动准则。要建立体现生态文明要求的目标体系、考核办法、奖惩机制，把资源消耗、环境损害、生态效益纳入经济社会发展评价体系。以建设生态文明为导向，加强规划和政策引导，综合运用财税、价格等经济杠杆，建立健全生态补偿机制，深化资源性产品价格改革，完善资源环境经济配套政策。加强环境监管，健全生态环境保护责任追究制度和环境损害赔偿制度。进一步深化环评制度，健全重大环境事件和污染事故责任追究制度。建立健全污染者付费制度。要建立可操作性强的资源有偿使用制度、排污权交易制度和生态补偿制度，充分体现市场供求关系、环境资源稀缺程度和生态产品公平分配原则。要实施绿色价格政策，加快建立反映资源稀缺程度和环境成本的价格形成机制，完善电厂脱硫脱销电价政策，提高重点耗能行业和淘汰类、限制类企业差别电价标准，完善污水、垃圾、危险废物等处理处置收费和排污费征收使用制度；实施绿色保险政策，健全环境污染责任保险制度，对涉重金属排放等企业依法实施强制性保险。要建立国土空间开发保护制度，完善最严格的耕地保护制度、水资源管理制度、环境保护制度。积极开展碳排放权、排污权、水权有偿使用和交易试点。要加强环境监管，健全生态环境保护责任追究制度和环境损害赔偿制度。要提高生态文明建设考核在各级党政考核中的比重，并对污染减排、节能降耗、污染整治、环境安全等重要考核项目实行“一票否决制”，以制度推动各级领导干部提高对生态文明建设工作的认识度和执行力。

加大农村环境保护力度。我省农村地区很多是重要水源发源地和生态屏障，没有农村环境质量的改善，就没有全省的生态安全。农村环境保护是建设生态文明的薄弱环节。要更加注重农村生态环境的改善，切实加强农村环境综合整治，实现城乡生态环境基本公共服务均等化，推进生态环境基础设施建设向农村延伸、环境监管向农村覆盖、环保投入向农村倾斜。要建立健全农村环保协调机制和农村环境综合整治目标责任制，探索建立将农村环境综合整治纳入地方政府责任考核的机制，推动农村环境状况的改善。强化村镇集中式饮用水源保护，加快推进村村通自来水工程，构建农村安全供水保障体系；实施农村环境连片整治，建立农村生活垃圾“户收集、村集中、镇转运、县处理”的长效清洁机制，因地制宜推进农村污水收集处理设施建设；大力发展生态农业，扶持一批现代生态农业示范区；强化农产品环境安全管理，加强农药、化肥、农膜等面源污染防治。要继续深化农村环境保护“以奖促治”政策，强化农村生活污水和生活垃圾治理，扎实推进畜禽养殖污染防治。要全面开展农村饮用水源地保护、生活污水处理、生活垃圾处理、散养畜禽养殖污染防治等相关工作，改善农村环境现状。

加强生态文明舆论宣传。要深入开展生态文明价值观和伦理观教育，树立环境为人人、人人为环境的现代文明理念。要建立健全国民生态文明教育体系，在大小中学和各级党校、行政学院全面开设环境教育课程，在基层、农村举办环境教育培训活动。加强环境保护公益宣传，广泛开展群众性环境文化活动，提高全民生态文明素质，以浓厚的环境文化氛围在全社会形成对破坏环境行为的公共排斥力，使资源节约和环境友好成为全省人民的共同价值观和自觉行动。要在全省大力倡导绿色行为和低碳生活理念，建立低碳环保的生活方式和消费方式。建立完善政府环境管理信息公开制度、公众听证制度，保障和扩大公众环境知情权和议事权，促进环境决策民主化，推动公众参与环境监督。

此文发表在《广东省情调查报告(2013)》（冯胜平主编，广东经济出版社2013年版）

推进农村人居环境综合整治
建设美丽乡村的思考

2014年1月12日，省委十一届三次全会通过了《中共广东省委贯彻落实〈中共中央关于全面深化改革若干重大问题的决定〉的意见》，明确提出要建设“美丽乡村”。建设“美丽乡村”是省委部署的一项重大任务，是全面改善我省农村生产生活条件的一项重要举措。

本文拟就推进我省农村人居环境综合整治、建设“美丽乡村”作一些初步探讨。

一

我省有1142个乡镇、21320个行政村，约3500万农村人口，我们赖以生存的粮、油、菜、果等都产自农村。关注农村环境污染，推进农村人居环境综合整治，建设“美丽乡村”显得十分重要，事关农民安居乐业，事关农村社会和谐稳定，事关生态环境改善。多年来，在省委、省政府的高度重视下，我省农村环境保护取得明显成效，解决了一批农村突出环境问题，部分地区农村环境质量明显改善。

农村环境保护机制逐步健全。2011年省政府成立农村环境保护联席会议制度，随后全省有12个地市建立了农村环境保护联席会议制度或领导小组。对涉及农村的重点环境问题开展省、市挂牌督办，着力解决影响农村社会稳定和可持续发展的突出环境问题。农村饮用水源保护、农村垃圾处理及农村生态示范创建等内容纳入了新修订的《广东省环境保护责任考核指标体系》，强化了地方政府对农村环境污染综合治理的责任。佛山市，湛江市徐闻县，韶关市始兴县、浈江区，梅州市梅县，阳江市阳东县等6个市、县（区）列入省级农村环境综合整治目标责任制试点，并有序推进。省财政投入8.4亿元一揽子解决农村垃圾管理问题，组织申报“广东农业面源污染治理项目”世界银行贷款项目，获得世界银行贷款1亿美元支持建设包括规模化养殖场废弃物污染治理在内的示范工程；逐年增加省级农村环境保护专项资金，形成了良好的农村环境保护投入机制。基层环境监测能力不断增强，截至2013年底，全省有52个县级环境监测站完成了标准化建设。

农村饮用水安全得到加强。基本完成全省所有乡镇集中式饮用水源保护区划定方案，全省有98个典型乡镇建立了集中式饮用水水源水质定期监测制度。2013年提前完成我省纳入国家规划解决1645.5万人饮水不安全问题的建设任务，重点推进汕头市潮阳区等六个“村村通自来水工程”示范县（区）建设。韶关市全面开展镇级集中式饮用水水源保护区划定工作，对全市86个乡镇共96个水源地（包括65个河流型、20个水库型、11个地下水型）进行环境基础数据收集和实地调查，编制《韶关市乡镇集中式饮用水水源地保护区划定方案》，初步确定集中式的乡镇饮用水源地划定对象44个；通过实行行政首长负责制、签订责任书的方式，层层落实农村饮用水安全工程建设责任，截至2013年底，韶关市完成农村饮水安全工程共418宗，总投资45316.75万元，解决饮水不安全人数70.34万人，供水能力建设规模总计为1.21万吨/日。全省农村饮用水水质卫生合格率逐年提高，截至2013年底达到63%。

农村环境基础设施建设取得明显进展。加强对镇级污水处理设施建设的指导，指导欠发达地区中心镇因地制宜选取适宜的生活污水处理工艺，降低建设成本和运行维护成本。同时，省级环保专项资金继续对粤东西北地区和珠三角外围的肇庆、江门、惠州所辖欠发达的县（市、区）实行“以奖促减”政策，对新增减排量的污水处理设施进行奖励，减轻地方财政压力，推进污水处理设施和管网建设。平远县河头镇“以奖促治”项目工程建成后，解决7个村庄环境脏、乱、差问题；汇集镇区生活污水，统一排放，达到无臭水、污水渍存；垃圾集中堆放、统一分捡清运；美化了村庄的环境，达到了预期环境治理效果，镇容镇貌得到了明显的改善。截至2013年底，全省所有县和珠三角地区所有中心镇全部建有污水处理设施，中山、东莞等市镇镇建成生活污水处理设施，全省城镇生活污水处理率达80%。全省初步形成“户收集、村集中、镇转运、县处理”的农村垃圾收运处理模式，建立了“一镇一站、一村一点”的农村垃圾收运系统。梅州市采取“市补一点，县镇筹一点，村收一点，乡贤捐一点”的办法，多渠道筹集城乡生活垃圾处理资金，建立“户收集、村集中、镇转运、县统筹处理”的长效工作机制，保障农村生活垃圾收集处理有序运行，有效改善农村环境；2013年市财政安排2000万元专项资金专门用于乡镇农村生活垃圾收集清运，各县（市、区）财政均安排了农村环卫经费，如梅江区率先在全市将农村环卫保洁员每月400元的补助经费列入财政预算；梅县区连续两年投入2000万元推动城乡生活垃圾处理工作；平远县财政每年安排570万元采取“以奖代补”的方式，根据考核结果下拨到各镇村，专项用于生活垃圾收运处理设施建设和日常运作经费。韶关市农村生活垃圾收运处置范围已基本覆盖全市各行政村，并制定了一系列工作目标和工作制度；新丰县、乳源县、乐昌市、始兴县生活垃圾无害化处理场建成并投入使用；截至2013年3月底，全市建成镇级生活垃圾转运站16座，已建立卫生保洁制度的行政村945个，已建成生活垃圾收集点的自然村3176个。罗定市把整治环境作为一项重要工作，投入7000多万元建设无害化垃圾处理填埋场，建成了4000多个自然村垃圾收集点。截至2013年底，珠三角除肇庆市个别县(市)外，各县（市、区）基本建成生活垃圾无害化处理设；全省承担开工建设生活垃圾场任务的71个县（市、区）中，有35个已建成、33个已开工；1049个镇（街）和14万个自然村，全部完成生活垃圾中转站和收集点的建设，全省生活垃圾收运处理能力明显提高。

畜禽养殖污染减排得到加强。全面开展规模化畜禽养殖场全过程综合治理，推进畜禽养殖业规模化、规范化、生态化发展。截止2013年底，全省各地市基本完成畜禽禁养区的划定，全年清拆关闭禁养区猪场1万多家，减少生猪养殖量224.6万头，完成规模化畜禽养殖场污染减排工程建设项目1285家。按照《关于加强规模化畜禽养殖污染防治促进生态健康发展的意见》的要求，全省各地在完成畜禽养殖业禁养区、限养区和适养区“三区”划定的基础上，开展畜禽养殖业清理整顿行动，关闭、搬迁了一批规模化畜禽养殖场，从源头上遏制畜禽养殖废弃物污染饮用水水源。梅州市以纳入省污染减排重点项目的33家规模化畜禽养殖场为重点，大力推行标准生态规模养殖模式，推广干清粪方式，完善雨污分流，加大养殖废弃物的肥料化和沼气化处理，发展规模化标准化养殖场，推动畜禽养殖污染集中治理，有8家养殖场被列为农业部畜禽养殖标准化示范场，24家猪场被列为全省重点生猪养殖场。继续推动实施“以奖代补”政策，安排3969万元省农村环保专项资金用于奖励249家规模化畜禽养殖场。韶关市优化畜禽养殖业总体布局，严格控制畜禽养殖新增排污量，加强畜禽养殖污染物排放监管，大力发展生态种植、养殖业，努力控制畜禽养殖业污染物排放总量；截至2013年底，全市列入2013年畜禽养殖总量减排计划的160家畜禽场中，完成污染减排任务的有141家，关闭的有7家，完成率达92.5%。全省已建户用沼气池44.9万个，出栏量5000头以上的规模化养猪场治理率达61.5%，169家养殖企业被农业部认定为全国畜禽标准化示范场，数量居全国首位。无公害、绿色、有机农产品数量分别达到2268个、620个和128个。

农村环境综合整治取得成效。截至2013年底，我省获中央和省农村环保专项资金3.7亿元支持了205个“以奖促治”农村环境综合整治项目，涉及村庄713个，受益人口约180万人。完成了新丰县梅坑镇等15个农村环境连片综合整治示范工程，推动解决龙川县船肚村等一批群众反映强烈、严重危害农民群众健康突出环境问题，促进东江流域等重点区域农村环境质量改善。全省村庄规划覆盖率为 51.4%，村庄环境整治覆盖率为 30.45%。为集中连片推进我省农村环境综合整治，有效改善农村环境质量，省环境保护厅会同省财政厅联合创新农村环保专项资金分配方式，以我省生态发展区域、重点流域、饮用水源地、典型区域的村庄连片地区为重点，采取竞争性评审方式，选择一批最能实现专项资金绩效目标，实施成本低、资金使用效益最高的连片整治示范项目。2013 年筛选出始兴、新兴、平远、龙川、陆河等 5 个农村环境连片综合整治示范县试点项目，通过竞争性资金分配方式安排 5000 万元给以重点支持，并与 5 个县政府签订目标责任书，明确整治目标和具体任务，落实地方政府责任。

生态示范建设成效显著。以生态示范创建带动区域生态环境整体提升，建成一批广东省宜居示范城镇、广东省宜居示范村庄、国家生态乡镇、省级生态乡镇，有效改善了农村生产生活环境。梅州市将生态创建活动作为推动农村环境保护工作、实现经济发展与环境保护“双赢”的重要措施和有效载体，积极开展生态镇（村）、美丽乡村示范点建设，促进特色宜居城乡发展；该市梅县区松口镇大黄村、南口镇侨乡村被农业部确定为中国“美丽乡村”试点村；雁洋镇桥溪村桥溪古韵获评 2013“美丽中国”十佳旅游村，成为广东省唯一入选的村落；“桥溪古韵·梦里客家”于 2013 年 8 月底开门迎客，吸引了各地游客纷至沓来。韶关市以沼气池的建设为纽带，带动养殖业，种植业和农村能源的变革，形成了“蚕—沼—桑”、“猪—沼—果（菜、烟）”等生态模式；截至 2013 年底，全市建设户用沼气池 17 万多座，大中型沼气工程 100 多宗，约有近 90 万农民和养殖户用上了沼气；同时，大力推广太阳能与沼气池建设互补，减少了薪柴的砍伐，巩固了森林资源保护成果。

农村工矿监管进一步强化。2012 年经省政府同意印发了《关于进一步加强矿产资源开发利用生态环境保护工作的意见》，强化矿山环境监管。加快推进电镀、鞣革、印染、造纸等重污染乡镇企业统一规划统一定点，积极引导重污染乡镇企业入园进区、整合升级，全省已设立38个重污染行业环保定点基地。持续开展环保专项行动，严厉打击各种环境违法行为，2013年全省共出动环境执法人员65万人次，检查排污企业21万家，查处违法案件8661宗，限期整改或限期治理企业6823家，关停企业819家，向公安机关移送涉嫌环境污染刑事犯罪案件58宗，对江门市荷塘镇重污染行业污染整治、惠州市惠东县吉隆镇垃圾场污染整治等30多个涉及农村重点环境问题进行省、市挂牌督办。

土壤环境保护工作积极推进。在全省土壤环境状况调查基础上，制定《广东省土壤环境保护和综合治理方案》《珠江三角洲典型区域土壤污染综合治理方案》和《广东韶关典型区域土壤污染综合治理实施方案》。制定实施《广东省重金属污染综合防治2013年度行动计划》，积极推进珠三角地区电镀、铅蓄电池等重点行业重金属污染整治，推动建成东莞麻涌等电镀园区，全面整治192家铅蓄电池企业。清远市佛冈县、韶关市董塘镇、大宝山等地开展了农产品产地重金属污染治理修复试点示范工程，开展全省农产品产地土壤重金属污染的全面调查。

环境监管力度进一步加大。严格环保准入，实施主体功能区划和生态功能区划，强化分区控制和分类指导，坚持珠三角环境优先、东西两翼在发展中保护、山区保护和发展并重的原则，严把建设项目、产业转移工业园环境准入关，防止重污染企业向农村地区转移。加强环境监管，严厉打击各种环保违法行为，防止"十五小"、"新五小"企业在农村死灰复燃，防止在城市环境综合整治中重污染企业向农村山区转移，解决了一批危害群众健康和影响可持续发展的突出环境问题。

齐抓共管合力正在形成。在推进农村环境保护工作中，各相关部门互相配合，各司其责。省环境保护厅、农业厅通过实施"五个联合"（联合发文、联合督办、联合执法、联合培训、联合召开现场会）以及"以奖促减"推进了农业源减排工作。省环境保护厅积极争取中央农村环保专项资金及省级配套，实施"以奖促治""以奖代补"推动农村环境综合整治和生态示范建设。省农业厅积极争取世界银行贷款项目推动规模化畜禽养殖场（区）及农业面源污染治理示范工程。省发展改革委通过加快审批《广东省村村通自来水工程建设规划（2011-2020）》以及世行贷款广东农业面源污染治理项目等支持农村环保工作。省财政厅创新农村环境保护资金投入机制，新增设省级农村环保专项资金，制定《广东省农村生活垃圾处理设施省财政资金方案》，一揽子解决农村生活垃圾建设补助问题。省国土资源厅积极落实保障农村饮水安全工程用地，强化矿产资源开发环境监管。省住房建设厅强力推进农村生活垃圾“一县一场”、“一镇一站”、“一村一点”建设。省水利厅积极推进农村饮水安全工程和村村通自来水工程建设工作。省卫生厅不断加强农村饮用水水质卫生监测和农村改厕工作。实施村级公益事业建设一事一议财政奖补政策，2013 年中央财政和省财政共安排村级公益事业一事一议奖补资金达 5.98 亿元。

二

虽然我省农村环境保护取得了一定成效，但目前农村环境基础设施严重滞后，生活污染、面源污染严重，“脏、乱、差”现象仍普遍存在，工业污染、城市污染向农村转移加剧，监管能力薄弱等突出问题尚未得到根本解决。近年来，在城市环境日益改善的同时，农村环境污染问题却越来越突出。人们一谈到环境污染，不少人往往只想到城市，而顾不到农村。农村环境问题主要有：一些地方点源面源污染共存、生活污染与工业污染叠加、各种新旧污染与二次污染相互交织、工业及城市污染向农村转移。由于环境管理体系建立在城市和重要点源污染防治上，对农村污染及其特点重视不够，加之农村环境治理体系的发展滞后于农村现代化进程，使得在解决农村环境问题上不仅力量薄弱而且适用性不强。不科学的农业生产、乡镇企业的不合理结构和布局等等引发的一系列严重的农村环境问题，一些地方由于环境污染引发的各类疾病明显上升，已严重威胁到农民群众的身体健康；一些地方农田污水灌溉、过量施用农药、化肥，导致农作物品质下降、减产甚至绝收，影响农民增收；

一些地区农村环境信访量不断增加，由于环境污染引发的群体性事件也呈上升之势，影响农村社会的稳定。在生产上，农村对于城市是作为一个原料输入地而存在的，因此也就相应成为了因供应城市原材料而导致生态破坏的直接受害者和部分城市污染物质的接受者；在生活方式上，农村生活、居住以一家一户一院的形式为主，生活物质因为基础设施的缺失一般直接排入其生活的环境中，而城市的生活废弃物一般以有序的方式转移出其生活的环境。污染防治投资以工业和城市为重点，城市环境污染向农村扩散，而农村从财政渠道得到污染治理和环境管理能力建设资金与实际需求存在较大差距。由此可见，农村环境污染不仅受到来自农村内部的污染和破坏，还受到外部城市的污染转移，而农村环境治理的范围很大，耗资巨大，农业生产、农民生活所造成的环境污染和生态破坏将很难在短期内得到解决。建设“美丽乡村”任务十分艰巨。

农村垃圾污染。据广东省爱卫办 2012 年的抽样调查，我省农村户日均生活垃圾量 1.93kg，农村生活垃圾处理覆盖率为 49.39%，据此类推，全省农村日产生活垃圾约 3.11 万吨，其中仅有 1.54 万吨得到有效处理。农村垃圾收集、集中、无害化处理落后，垃圾减量化、资源化基本未实施，全省还有 38 个县（市、区）未建成生活垃圾无害化处理场，比重高达 46.5%；有 32.2% 的自然村尚未建成生活垃圾收集点；一些乡镇转运站、村收集点建设不符合密闭要求，垃圾运输车跑冒滴现象严重，二次污染情况难以避免。农村环境问题引发的环境之痛也令人忧虑，有关专家指出，垃圾使土壤中的微生物死亡，土壤盐碱化、毒化，土壤被破坏，无法耕种；一些地方的稻田土壤因渗入含镉废渣而被污染，致使稻米含镉量超标，其结果是“城市污染农村的水和地，农村污染城市的饭和菜”。《广东省城市垃圾管理条例》的管辖范围包括市、县、镇的垃圾管理，但不包括农村垃圾管理，农村垃圾管理处于无法可依的状态。

农村生活污水污染。农村生活污水包括洗涤、沐浴、厨房炊事、粪便及其冲洗等等的排水，其排放途径除珠三角等部分发达地区由于实现城乡一体化、农村污水处理纳入城镇污水处理系统而得到较好处理外，绝大多数农村的生活污水和垃圾随意倾倒、随地丢放、随意排放，环境意识、卫生意识、文明意识仍普遍比较淡薄。虽然农民群众对改变镇容村貌不洁现状的愿望较为强烈，但由于农村长期以来形成的生活习惯难以在短期内改变，“室内现代化，室外脏乱差”成为一些农村地区形象写照。即使是经济发达的珠三角地区，也仍有部分非中心镇还未建成污水处理设施。不少农村的沟渠由于疏于管理，造成垃圾堵塞、污水横流、蚊虫乱飞，严重污染农村生产生活环境，造成严重的“脏、乱、差”现象。

农业生产污染。我省人多地少，化肥、农药的施用成为提高土地产出水平的重要途径。据省政协十一届三次常委会议发布的《关于“农村环境污染治理”的调研报告》，我省化肥施用强度高达 852.4 公斤 / 公顷，是发达国家警戒线的 3.8 倍，农药使用量为 40.27 公斤 / 公顷，是发达国家对应限值的 5.75 倍。超量的化肥、农药流失到环境中，不仅导致农田土壤污染，还通过农田径流造成对水体的有机污染、富营养化污染甚至地下水污染和空气污染。畜禽养殖的污染排放，不仅会带来地表水的有机污染、富营养化污染、大气的恶臭污染、甚至地下水污染，畜禽粪便中所含病原体也对人群健康造成极大威胁。大量未经无害化处理的禽畜粪便废水直接排放到环境中，污染土壤、水源，已成为影响我省农村环境质量的重要因素，据相关数据，我省农业污染中，COD（化学需氧量）占 40%，42% 的氨氮排放量均来自于畜禽粪便。因为大棚农业的普及，地膜污染也在加剧。塑料农用地膜覆盖栽培技术以其增温、保湿保土、保肥、防虫等功能，已成为农业增产增效的一项重要技术，深受农民群众的喜爱，在种植业上得到广泛应用，但塑料农用地膜的大规模应用也带来对环境的污染：目前广泛使用的塑料农用地膜产品原料主要是聚乙烯，此类聚合物的化学性能稳定，不易腐烂，自然状态下的残留地膜能够在土壤中存留百年以上；残留的农用地膜不能腐烂分解，破坏土壤结构，影响土壤的通透性以及水分的上下疏导，降低土壤肥力，造成农田固体废物污染。据有关资料，我省单位面积地膜使用量为全国平均水平的 2.35 倍。

农村工业污染。受乡村自然经济的深刻影响，农村工业化实际上是一种以低技术含量的粗放经营为特征、以牺牲环境为代价的反积聚效应的工业化，城市工业污染“上山下乡”现象加剧，村村点火、户户冒烟，不仅造成污染治理困难，还导致直接污染的危害。而且由于乡镇企业布局不合理，工艺落后，相当部分没有污染治理设施，污染物处理率明显低于工业污染物平均处理率。我省农村工业垃圾和废水主要来自于化工、皮革等重污染行业。据有关资料，我省农村日产工业污水 295.16 万吨，有 72.73 万吨（约占 24.6%）不经任何处理直接排放（企业偷排），严重污染环境。采矿业特别是小型无证采矿企业的偷采，其生产设施简陋，废渣乱堆乱放，造成环境污染和水土流失，严重破坏农村生态环境。农村由于污水灌溉和堆置固体废弃物，导致了土壤的重金属污染以及延伸的食品污染。以珠三角典型区域、韶关大宝山矿区及周边地区为代表的耕地受到不同程度的重金属污染，汕头贵屿废旧电子拆解焚烧场地污染等事件，直接威胁人民群众身体健康。据有关资料，近年来我省受工业“三废”和矿山污染造成减产的农田面积达 77.6 万亩，其中有 1.15 万亩因严重污染遭废弃或改变用途。土壤污染导致珠三角一些地方蔬菜重金属超标率达 10 ~ 20%。

村庄规划和配套基础设施建设滞后。在“新镇、新村、新房”建设中，规划和配套基础设施建设普遍未能跟上：全省有 40%多的村庄尚未编制规划，村庄整治和建设缺乏科学性、协调性和系统性。不少城镇只重视编制城镇总体建设规划，忽视与土地、环境、产业发展等规划的有机联系，规划之间缺位或不协调，农村聚居点则缺少规划，使城镇和农村聚居点或者沿公路发展，形成马路和带状集镇，或者与工业区混杂。小城镇和农村聚居点的生活污染物则因为基础设施和管制的缺失一般直接排入周边环境中，造成严重的“脏、乱、差”现象。

三

建设“美丽乡村”涉及面广，任务繁重，需要多个部门及有关方面的联合推动，建立相关部门密切合作的工作机制。按照2013年10月9日全国改善农村人居环境工作会议精神，美丽乡村不仅要有青山绿水、鸟语花香、林茂粮丰的自然景象，还要有路畅灯明、水清塘净、村容整洁的宜居环境。按照此要求，笔者认为，推进我省农村人居环境综合整治、建设“美丽乡村”应做好以下几项工作。

（一）以制定农村环境综合整治规划为重点，推进农村环境保护基本制度和基础体系建设

要抓紧编制农村环境综合整治规划，重点做好乡镇环境保护、农村饮用水源地保护、小流域治理等规划，明确村庄整治重点和时序，有计划、分步骤、规范有序地向前推进。县域环境保护规划的重点内容应是环境功能区划和环境保护控制性规划。通过编制新农村建设规划、工业园和畜牧园区规划，逐步实现人居环境和生产环境的分离。要立足当地实际，与美丽乡村建设和农业结构调整紧密结合，与农民生产生活方式转变紧密结合，与当地村镇布局和村庄建设规划紧密结合，从决策源头防范环境污染和生态破坏。正在实施的环境保护责任考核制度要真正做到县长、乡镇长等行政一把手对管辖范围内的环境质量负责，乡镇企业法人对本企业影响范围内的环境质量负责。环保“三同时”制度要落实到美丽乡村建设、农村生活垃圾和污水收集处理系统建设等。要完善农村环境管理基础体系建设，逐步实现城乡环境保护监督管理一体化。要逐步建立政府、企业、社会多元化投入机制。各级政府要在本级预算中安排一定资金用于农村环境保护，重点支持饮用水水源地保护、水质改善和卫生监测、农村改厕和粪便管理、生活污水和垃圾处理、畜禽和

水产养殖污染治理、土壤污染治理、有机食品基地建设、农村环境健康危害控制、外来有害入侵物种防控及生态示范创建的开展。

（二）以饮用水水源地保护为重点，保障农村饮水安全

要强化乡镇集中式饮用水源地保护及环境监管，农村集中式饮用水水源地要划定水源保护区，分散式饮用水水源地要建设截污设施，要依法取缔保护区内的排污口，严禁有毒有害物质进入保护区。要加快推进村村通自来水工程建设。要把水源保护区与各级各类自然保护区和生态功能保护区建设结合起来，明确保护目标和管理责任，切实保障农村饮水安全。要加强分散供水水源周边环境保护，防止水源污染事故的发生。要制订饮用水水源保护区应急预案，强化水污染事故的预防和应急处理。要加强农村饮用水水质卫生监测，珠三角发达地区要将农村饮用水纳入城镇统一供水范围，其他地方要基本形成农村供水安全保障系统，切实保障全省农村生活饮用水达到卫生标准。

（三）以生活垃圾处理为重点，推进农村生活污染治理

要把农村生活垃圾收集处置作为整治村庄环境的一项紧迫任务，按照“户分类、村收集、镇运输、县处理”的模式，推进农村生活垃圾集中处理，推动农村生活污染减量化、资源化和无害化。要加快县级垃圾无害化处理设施和镇级垃圾中转站建设，建立统一高效、各司其职的县域农村生活垃圾收运处理体系。已建有集中处理设施的镇要开征生活污水、垃圾处理费，以保障处理设施正常运行。有条件的小城镇和规模较大的村庄要建设污水处理设施。要着力推进水源保护区范围内镇级污水处理设施建设，珠三角发达城市要加快推进周边乡镇集中治污设施建设。城市周边村镇的污水应纳入城市污水收集管网；居住比较分散、经济条件较差的村庄的生活污水，可采取分散式、低成本、易管理的方式进行处理。要逐步推进县域污水和垃圾处理设施的统一规划、统一建设、统一管理。要加强粪便无害化处理，按照国家农村户厕卫生标准，推广

无害化卫生厕所，提高无害化卫生厕所普及率。要将农村污染治理和废弃物资源化利用同发展清洁能源结合起来，大力发展农村户用沼气，综合利用作物秸秆，逐步改善农村能源结构。要积极探索建立农村生活垃圾、污水处理长效管理机制。

（四）以农村环境连片整治为重点，推进农村环境综合整治

自2008年开始，中央财政设立了农村环境保护专项资金，实行“以奖促治”政策，扶持各地开展农村环境综合整治。“以奖促治”政策重点支持农村饮用水水源地保护、生活污水和垃圾处理、畜禽养殖污染和历史遗留的农村工矿污染治理、农业面源污染和土壤污染防治等与村庄环境质量改善密切相关的整治措施。针对我省村庄缺乏规划，脏、乱、差现象普遍，农村小河流污染严重的现状，相关部门要积极争取中央农村环保专项资金和省级农村环保专项资金，大力扶持和指导各地因地制宜开展农村生活污水、垃圾处理，畜禽养殖业污染防治等农村环境综合整治。要通过“抓点、带线、促面”，确保和扩大“以奖促治”的政策效果。要针对不同地区存在的某一类最突出环境问题，开展集中整治，取得成效；针对重点流域、区域和问题突出地区开展集中连片治理，通过解决某一类最突出环境问题带动其他问题的全面解决。要努力构建“以奖促治”的政策体系和长效机制，促进形成资源节约与环境友好的农村产业结构、生产方式和生活方式。

（五）以规模化畜禽养殖污染减排为重点，强化农业污染治理

畜禽养殖环境问题既是农村环境污染防治、也是农村资源合理利用的重大问题。解决畜禽养殖污染问题，有利于解决农村种养产业发展与资源环境不相适应的问题，改进农民的生产生活方式。要加强畜禽养殖废弃物综合利用和污染防治设施的建设，根据环境容量，合理规划布局和确定畜禽养殖规模，科学划定禁养区和限养区，改变人畜混居现象。要努力促进集约化畜禽养殖和生态农业的“种养平衡区域一体化”发展，

避免化肥、农药可能造成的污染。要鼓励建设生态养殖场和养殖小区，通过发展沼气、生产有机肥和无害化畜禽粪便还田等综合利用方式，实现养殖废弃物的减量化、资源化、无害化。要积极引导和鼓励农民使用生物农药或高效、低毒、低残留农药，推广病虫害综合防治、生物防治和精准施药等技术，全面禁用高毒高残留农药。要开展水产养殖污染调查，根据水体承载能力，确定水产养殖方式，控制水库、湖泊网箱养殖规模。要加强水产养殖污染的监管，禁止在一级饮用水水源保护区内从事网箱、围栏养殖；禁止向库区及其支流水体投放化肥和动物性饲料。针对农村人畜粪便带来的污染，建立人畜粪便规范化处理制度，大力推进改厕、粪便资源化利用和污水处理工程建设。

（六）以强化工矿企业监管为重点，防止污染向农村转移

严格执行规划环境影响评价和建设项目环境影响评价，防止不符合国家产业政策和重污染行业向山区和农村转移。相关部门在受理交通、采矿、热电联产、涉重金属排放项目等的环评文件时，要将规划环评通过审查作为前提条件之一。要加强矿产资源开发利用项目施工期环境监管，通过早期介入、早期防治，切实减少矿产资源开发利用对生态环境、农村环境的影响。针对乡镇企业布局不合理、治理设施相对简陋，环境监管薄弱、工业污染日趋严重的问题，组织开展专项整治行动，及时清理、搬迁村庄附近严重污染环境的企业，推进乡镇企业集中布局、集约发展，提高乡镇工业发展水平。要加强对农村工业企业的监督管理，严格执行企业污染物达标排放和污染物排放总量控制制度。严格执行国家产业政策和环保标准，坚决淘汰污染严重和落后的生产项目、工艺、设备。

（七）以耕地土壤保护为重点，保障农产品质量安全

围绕农产品质量安全基本保障这个重点，根据国家对土壤环境保护的一系列重要部署和要求，组织开展全省农产品产地土壤重金属污染状况调查，摸清耕地土壤环境状况，分类进行风险控制，建立土壤环境

保护优先区域。开展工矿污染问题突出的村庄的排查与集中整治，优先解决农村饮用水水源地、粮食主产区、矿产资源开发区等重点地区的工矿污染和土壤污染；加强对主要农产品产地、污灌区、工矿废弃地等区域的土壤环境监测和评价；开展土壤污染监管试点工作，重点防范重金属、持久性有机物污染；开展污染土壤治理和生态修复示范工程。推广使用可降解塑料和农用地膜。积极发展生态农业、有机农业，严格控制主要粮食产地和蔬菜基地的污水灌溉，确保农产品质量安全。

（八）以保护和恢复生态系统功能为重点，营造人与自然和谐的农村生态环境

开展生态文明建设示范区、名镇、名村、示范村、宜居村镇建设，努力建成一批村容整洁、环境宜人、设施配套、生活便利和人文特色突出的宜居、幸福村镇。要发动群众在村庄内外“见缝插绿”，美化家园。要把创建环境优美乡镇、生态村一并纳入美丽乡村建设工程整体实施。加强对矿产、水力、旅游等资源开发活动的监管，努力遏制新的人为生态破坏。要重视自然恢复，保护天然植被，加强村庄绿化、庭院绿化、通道绿化、农田防护林建设和林业重点工程建设。要采取有效措施，加强对外来有害入侵物种、转基因生物和病原微生物的环境安全管理，严格控制外来物种在农村的引进与推广，保护农村地区生物多样性。要认真落实《中共广东省委贯彻落实〈中共中央关于全面深化改革若干重大问题的决定〉的意见》提出“划定生态保护红线”的要求，抓紧开展生态红线划定试点，全面启动生态红线划定工作，制定生态红线区管控政策。

（九）以加强农村环境监督管理为重点，提升农村环境监管水平

要完善农村环境监测体系，建立健全监测指标体系和信息系统，加强农村饮用水水源地、自然保护区、基本农田、规模化畜禽养殖场和重要农产品产地等重点区域的环境监测。加大农村环境监督执法力度，依法查处小造纸、小化工、小冶炼、小水泥等高污染行业违法排污行为。对长期超标排污的私设暗管偷排偷放的、污染直排的，要依法停产整治。对建设项目未批先建、未经验收擅自投产的，要依法停产停建。对治理无望的企业和生产能力，要依法关闭取缔。禁止不符合区域功能定位和发展方向、不符合国家产业政策的项目在农村地区立项。要充实农村环境保护力量，保证必要的监测、执法装备、经费等工作条件。要通过乡规民约提高农民的卫生意识，约束卫生行为，使之形成讲卫生光荣、不讲卫生可耻的良好氛围。市、县级环保部门要设置专门农村环保机构或专职人员，有条件的县级环保部门在辖区乡镇设立派出机构，把农村环保工作落到实处。

（十）以加强农民环保知识培训为重点，提高农民的环境意识和素质

农民是“美丽乡村”建设的主力军，农民的环境意识和素质是“美丽乡村”建设的根本和关键。要充分利用广播、电影、电视、报刊、网络等各种媒体渠道，借助挂图、科普读物、专访、系列报道、专题片、培训等多种形式，广泛宣传和普及农村环境保护知识，提升全社会对保护和改善农村环境重要性的认识。要广泛听取农民对涉及自身环境权益的发展规划和建设项目的意见，尊重农民的环境知情权、参与权和监督权，调动农民参与农村环境保护的积极性和主动性。要建立村规民约，积极探索加强农村环境保护工作的自我管理方式。要引导农民自觉养成健康、文明、科学、环保的生产生活方式和消费方式。要组织乡镇干部参加农村环境管理培训班，提升乡镇干部农村环境管理水平。

此文发表在《广东发展蓝皮书（2014）》（汪一洋主编，广东经济出版社2014年版）

新常态下推进农村环境保护工作的思考

农村环境保护是关系到人民群众切身利益、涉及“米袋子”、“菜篮子”、“水缸子”的重大民生问题。2014年2月28日，中共中央政治局委员、省委书记胡春华在全省农村工作会议上强调，要加强农村规划建设，加大村容村貌整治力度，突出生态环境和历史文化、自然景观特色，建设具有乡土味道、地方特色、环境宜居的广东美丽乡村。2014年4月24日，全国人大常委会通过新修订的《环境保护法》。新的《环境保护法》有关农村、农业环境保护的条文共有4条，为加强农村环境综合整治提供了有力的法律支持，实现了从城市环境保护向农村环境保护的拓展，从工业环境保护向农业环境保护的跨越。我省有1149个乡镇、198184个自然村、6937万农村人口。近年来，我省农村人居环境建设虽然取得很大成绩，但目前相当部分的农村垃圾乱堆乱放、污水横流、饮用水污染等问题还比较突出，农村环境基础设施严重滞后，生活污染、农业面源污染严重，工业污染、城市生活污染向农村转移加剧，监管能力薄弱等突出环境问题尚未得到根本解决，直接影响广大农民群众的生产生活及农村经济社会的可持续发展，成为新农村建设中不可回避的问题，需要上下各方共同努力，特别是需要县级、乡镇级政府履行好法律法规赋予的农村环境保护职责，着力推进农村人居环境综合整治，建设美丽乡村。

一、县级、乡级政府要依法履行农村环境保护职责

明确县、乡两级政府农村环境综合整治职责。《环境保护法》第三十三条第二款明确规定，“县级、乡级人民政府应当提高农村环境保护公共服务水平，推动农村环境综合整治。”农村环境综合整治是公益性强、量大面广、投资回报低的领域，对社会资金投入缺乏吸引力，这需要政府制定必要的政策引导和较大的资金投入。县、乡两级政府应当按照建设服务型政府的要求，依法开展包括编制村庄规划、实施村内道路硬化工程、加强村内道路和供排水等公用设施的运行管护、农村饮用水源地保护、生活垃圾收运处置、生活污水收集处理、农村工业污染防治、畜禽粪便无害化处理、生态示范建设等的各项农村环境综合整治工作。据了解，佛山市成立农村环境综合整治工作领导小组，市长亲自挂帅，市政府印发实施《佛山市农村环境综合整治规划（2013—2015）》，要求各区在规划的指导下结合实际制定农村环境综合整治方案，设定具体目标及做好整治工作的铺排，确保规划内容与具体工作衔接。顺德区杏坛逢简村通过开展内河涌整治、垃圾收运提升、村容村貌改善等全方位的整治，成为佛山市农村社区建设样板模式之一，并于2013年荣获“中国最美乡镇典范奖”称号。

明确县级政府组织农村生活废弃物处置工作职责。《环境保护法》第四十九条第四款明确规定，“县级人民政府负责组织农村生活废弃物的处置工作。”据广东省爱卫办2012年的抽样调查，我省农村户日均生活垃圾量1.93kg，农村生活垃圾处理覆盖率为49.39%，据此类推，全省农村日产生活垃圾约3.11万吨，其中仅有1.54万吨得到有效处理。目前我省农村生活垃圾收运处理县城统筹和分类减量工作尚未全面推开，部分地区农村生活垃圾无害化处理率未达到30%，部分县（市）和大部分乡镇仍未开征生活垃圾处理费，大部分村庄未收取保洁费，收

运处理运营经费难以保障，农村垃圾问题日益凸显。《环境保护法》明确农村生活废弃物处置工作责任主体，县级人民政府应从管理机构的设置、规划编制、设施建设、资金支持、技术支持和长效运行管理方面予以全方位设计、执行，确保县城生活垃圾的全面收运和无害化处理。据《广州日报》报道，广州市白云区太和镇大源村约有16万人（其中户籍人口仅8600人），地处广州城区边缘地带，日产垃圾100多吨，人均日产垃圾约6.25kg，为解决"垃圾围村"问题，太和镇向所辖各村统筹下派环卫工，其中大源村80个环卫工每天为处理百吨垃圾而忙碌，4座垃圾中转站仍不够用。顺德区推行"大保洁"模式，按照统一标准各村居引入专业化保洁公司，实现村居环境保洁专业化；区财政安排3000万元专项补助资金，对全区160座村居垃圾收集站进行改造提升，将原来的开放式垃圾收集全面转变为密闭式压缩收集，确保垃圾收运环节不产生二次污染。

明确要求各级人民政府统筹城乡环保公共设施建设和运行。《环境保护法》第五十一条明确要求"各级人民政府应当统筹城乡建设污水处理设施及配套管网，固体废物的收集、运输和处置等环境卫生设施，危险废物集中处置设施、场所以及其他环境保护公共设施，并保障其正常运行。"农村污水处理设施建设普遍存在区域发展不平衡，城乡差距明显。相当部分农村生活污水得不到有效处理，直接排入附近河涌，农村生活污水处理设施建设滞后的问题比较突出。《环境保护法》的明确规定，标志着在立法层面对城乡环保服务一体化提出了要求。相关部门要在实施过程中逐步形成有效的管理机制，确保各项环境基础设施建设和运行的逐步开展，最终实现全面的城乡一体化环保公共服务。

明确各级人民政府财政支持农村环境综合整治。《环境保护法》第五十条明确要求"各级人民政府应当在财政预算中安排资金，支持农村饮用水水源地保护、生活污水和其他废弃物处理、畜禽养殖和屠宰污染防治、土壤污染防治和农村工矿污染治理等环境保护工作。"在农村环境综合整治工作中，资金不足一直是工作开展和推进的瓶颈。近年来，上级加大对农村环境综合整治补助力度，同时要求当地提供配套资金，由于生活污水治理投入大，不少村镇配套资金迟迟不到位，特别是以奖促治项目，经济困难的村镇更难以筹措，有关部门应进一步完善资金投入机制。各级政府应按照法律要求全面协调各项农村环境整治工作的资金需求，全方位考虑预算安排，为农村环境综合整治提供全面的资金支持。在保障基础设施建设资金的同时，要保障设施的运行维护经费，避免工程设施建成后不能正常运转。各级人大亦应在预算审查中依法对政府提出的预算进行详细审查，从农村环境综合整治的实际需求出发，对相关预算的编列提出要求。据了解，佛山市政府设立 1200 万元农村环境保护专项资金，其中，对 2012 年至 2015 年建成的国家级生态镇、生态村，实行"以奖代补"；对 2012 年至 2015 年建成污染治理设施的规模化生猪养殖场、建成分散式农村生活污水治理设施的村（居），实行"以奖促治"。

加强县、乡两级政府农村环境保护工作实绩考核。《环境保护法》明确县、乡两级政府农村环境保护工作职责，为提高县、乡两级政府农村环境保护公共服务水平，推动农村环境综合整治，不断改善村容村貌，建设美丽乡村，相关部门应当依据《环境保护法》及其他相关法规、规定，将农村环境保护工作职责纳入县、乡两级政府的年度考核内容，加强检查督促。据《南方日报》报道，2014 年 11 月 24 日，省人大常委会首次公布2014年广东省农村生活垃圾收运处理工作第三方评估结果，评估主要针对垃圾处理基础设施"一县一场"、"一镇一站"、"一村一点"的建设和管理使用的有关情况，包括各级政府履行农村垃圾管理职能及财政投入的情况、垃圾收运处理模式完善情况、农村生活垃圾收运管理工作情况等。评估报告提到的突出问题和相关意见建议，有关部门和各地级以上市政府应当认真研究，并在作出相关决策时予以考虑和吸纳。据了解，顺德区自 2013 年起，以城乡容貌提升工程为抓手，对全区村居实行"美化、亮化、绿化、序化"考评，着力打造出整洁靓丽的乡村容貌。

二、完善工作机制，增强农村环境保护合力

加强组织领导。省、市、县应当建立健全农村环境保护联席会议制度或领导小组，形成政府统筹安排、部门分工协作、各方齐抓共管的农村环境保护工作机制。联席会议或领导小组要定期召开会议，总结交流工作情况，研究部署农村环境保护工作任务，审定农村环境保护有关规划和政策措施，统筹推进农村环境保护工作，协调解决农村环境保护工作重大问题。据了解，目前部分地市尚未将农村环境保护工作摆上重要的议事日程，仍未建立相应的协调机制或者协调机制运转不顺畅，农村环境保护重点工程推进力度不够，尚未建立有效的投入机制和考核机制。

细化分解责任。为持续推进我省农村环境保护工作，改善农村人居环境，经省人民政府同意，省环境保护厅印发了《广东省农村环境保护行动计划（2014–2017年）》。各市应当根据省的工作部署编制市的任务分解方案，将农村环境保护相关工作任务细化分解到市直有关部门和县（市、区），形成各司其职、各负其责的农村环境保护工作格局。

强化激励督导。推行以奖促治政策，是2014年中央一号文提出的一项措施。对部署的农村环境保护各项工作任务要加强检查督促，确保落实到位。同时，要因地制宜，制定相关的激励机制，推进各项工作。据了解，惠州市建立了生态创建"以奖代补"机制，对创建为国家、省、市级生态乡镇、生态村的单位给予5～40万元不等的奖励；对建成污水处理设施的地区按300万元/万吨标准进行奖励；实施惠州市镇级生活污水处理设施运营补助机制，按照每削减1吨化学需氧量给予800～1800元不等的补助；对新建成垃圾无害化处理设施、垃圾中转站、新购置环卫压缩式专用运输车等也给予20～100万元不同程度的奖励，对农村的环卫保洁员实施500～600元不等的补助。惠州市所辖的县（区）

也相应的建立生态创建配套奖励制度，部分县（区）还建立了农村生活污水处理设施、垃圾中转站的建设和运行奖励补助机制，取得较好的推动效果。

三、采取措施推进农村环境综合整治

（一）科学编制村庄规划，开展农村环境连片整治。

编制村庄规划。加快编制村庄规划，是2014年中央一号文提出的要求，必须认真贯彻落实，着力推进。各地应当按照城乡一体、整体推进和分类指导的原则，加快编制村庄规划。要注重村庄规划的科学性、协调性和实用性，密切衔接县（市、区）总体规划、城镇发展规划、土地利用规划以及道路、管网等专项规划，细化生产、生活、服务各项区块功能定位，明确供水、污水处理、垃圾收集处理等基础设施建设时序和要求。强化村庄规划实施管理，统筹涉农资金安排，落实乡镇政府的责任和权力，发挥村民主体作用。以村庄规划为指导，全面推进村庄整治，重点加强农村生活污水处理、生活垃圾收运、农业生产废弃物回收利用及坑塘河道疏浚等工作，加快解决农村突出环境问题，持续改善农村人居环境。据了解，目前全省建制镇总体规划覆盖率为85.7%，行政村规划覆盖率为55.3%；省有关部门组织编制《广东省村庄规划编制指引》，开展省级村庄规划编制试点工作，组织开展“规划师、建筑师、工程师”专业志愿者下乡服务活动，有效推动各地做好村庄规划编制，其中广州市已全部完成867条村的村庄规划的编制，惠州市完成全市2812个50户以上较集中自然村规划，计划到2015年底前全面完成行政村规划编制工作，从而为做好村庄整治提供可靠依据。

开展农村环境连片整治。要围绕生态发展区、重点流域、重要饮用水源地周边村庄开展农村环境连片整治，扎实推进农村饮用水水源地保护、农村生活污水和垃圾处理、畜禽养殖污染防治、历史遗留的农村工矿污染治理等设施建设，着力解决农村突出的环境问题。要加快推进始兴、龙川、平远、陆河、新兴等5个农村环境连片整治示范县试点项目建设，进一步扩大农村环境连片整治示范试点县，积极探索整县推进农村环境综合治理，通过“抓点、带线、促面”，集中资金投入一批、整治一批、见效一批、分批分片滚动推进，形成农村环境连片整治示范片区，切实解决区域性农村突出环境问题。近年来，省环境保护厅、财政厅积极争取中央农村环保专项资金7400万元、省级农村环保专项资金1亿元，重点支持了90多个农村环境综合整治项目，共整治村庄389个，受益人口约132.44万人。其中，通过竞争性评审，确定蕉岭、揭西、新丰、东源、博罗等5县为新一批省农村环境连片整治示范县试点项目。同时，为加强项目实施管理，省环境保护厅分片分批对近两年中央农村环境环境连片整治项目进行督查督办，有效推进了项目进展。据了解，惠州市大力开展农村环境连片整治工作，编制《惠州市仲恺高新区潼湖镇农村生态环境连片整治方案》，对仲恺高新区潼湖镇的赤岗、黄屋、岗头、新光、琥珀、岗里、永平等7个村进行环境连片整治，重点开展农村饮用水源地保护、生活污水处理、生活垃圾处理、散养畜禽养殖污染防治等的整治工作，目前这几个村庄的环境卫生得到有效整治。

（二）以生态示范建设为载体，推动农村生态文明建设。

深入开展农村生态示范建设。要建立完善省级生态文明示范建设标准体系、考核办法、激励机制。按照省级指导、分级管理，因地制宜、突出特色，政府组织、群众参与，重在建设、注重实效的原则，实施“以创促治”政策，鼓励各地开展生态文明示范区创建工作。各地应当充分发挥本地生态自然优势，因地制宜开展生态乡镇和生态村等细胞工程建设，不断巩固建设成果，及时总结、推广成功经验，不断提升建设质量，促进农村环境质量持续改善。据了解，佛山市将生态乡镇建设作为城市环境保护向农村辐射的重要抓手，按照先易后难的思路，鼓励支持实力强、条件好的镇（街道）开展国家级、省级生态乡镇的创建，目前全市已有19个镇（街道）建成国家生态镇，有4个镇（街道）建成广东省生态镇，有1个国家级生态村、37个省级生态村、400多个市级生态村。

建设美丽宜居村镇。要按照国家和省委、省政府有关部署，大力推进宜居村镇、名镇名村示范村及美丽乡村建设。加快实施村庄整治规划，结合农村特色组织开展村庄环境综合整治，抓好村镇环境“四整治一美化”（整治镇村垃圾脏乱现象、整治镇村生活污水乱排放现象、整治农村畜禽污染、整治镇村厕所卫生设施，全面提高农村绿化美化水平），引导城镇基础设施和公共服务向农村延伸。加强镇村基础设施和整体风貌建设，突出农村特色和田园风貌，弘扬岭南传统建设文化，挖掘和提升农村人文内涵，建成一批村容整洁、环境优美、生活便利和特色突出的美丽宜居村镇。

（三）强化农村饮用水水源地保护，保障农村饮水安全。

强化农村饮用水水源地保护。要严格饮用水水源保护区环境监管，加强乡镇集中式饮用水水源地水质监测，并定期进行环境风险排查，对威胁饮用水源水质安全的重点污染源和风险源要依法予以整治、搬迁或关闭。要加大执法力度，采取联合执法等专项行动，依法拆除饮用水源保护区内违法排污口，清理整治保护区内的采砂、网箱养殖和生活污水垃圾等污染源。据了解，佛山市将饮用水源保护列为民生工程之一，统筹城乡供水，扩大市政统一供水范围，减少农村饮用水源地数量，创建“同城、同网、同价、同服务”的供水方式，目前全市农村自来水普及率为97.75%，远远超过省政府提出的90%的要求。但就全省来说，村村通自来水工程建设、小流域综合治理等工作目前推进力度不够，难以完成预定目标任务，相关部门应当采取措施加大工作力度，加强检查督促，帮助解决工作中遇到的困难和问题。

加快推进村村通自来水工程建设。要统筹规划，加快推进城乡供水一体化建设。实施《广东省村村通自来水工程建设规划（2011-2020年）》，加快推进村村通自来水工程建设，形成覆盖全省的农村供水安全保障体系。对已建成的农村饮水安全工程，要继续强化和规范建后管理，加强县级农村供水行业管理和水质卫生检测，保障农村饮水安全。据了解，按照省有关部门的工作部署，2014 年全省共设农村饮用水监测点 2986 个，覆盖除深圳、东莞、中山外的 18 个地级市、91 个涉农县（市、区），合格率为 60.15%。

（四）建立完善农村生活垃圾、污水管理机制，推进农村生活源污染治理。

加快建立和完善农村生活垃圾、污水管理机制。要制定相关法规，将生活垃圾管理范围延伸到农村，为农村生活垃圾管理工作提供法律依据。要研究制定相关政策，通过政策激励、资金扶持、技术指导等措施，鼓励农村生活垃圾分类、资源化利用。市、县城区全面开征生活污水、垃圾处理费，已建有生活污水、垃圾集中处理设施的镇要逐步开征生活污水、垃圾处理费。要引导社会资金参与农村生活垃圾、污水处理设施建设和运营，发动农村集体和农民参与及分担本村的生活垃圾收运处理和生活污水处理工作。要制订村规民约，落实农村生活污水、垃圾集中处理设施维护和管理人员，保障设施长期、稳定运行。2014 年 12 月 16 日《南方日报》介绍了新兴县村级垃圾处理新模式，在政府的引导下，新兴县的村级都是按照“群众建议、科学计划、合理布点”的原则，全县 1090 个自然村全部建成生活垃圾收集点，覆盖率达到 100%；共投入 9000 多万元，全力推进“一县一场”、“一镇一站”、“一村一点”基础设施建设，已建成县级生活无害化垃圾场 1 座，全县 12 个镇也已建成长、宽各 12 米，具备压缩功能的镇级转运站；为达到农村垃圾减量化和资源化，新兴县准备推行垃圾分类，部分镇和村已开始初步推行垃圾分类，生活垃圾分为可回收和不可回收，动物家禽粪便集中处理，建筑垃圾由村委会选择在村填埋，有毒有害垃圾由各镇定点收集后集中进行进行安全处理。新兴县有效推进农村生活垃圾处理经验，值得各地借鉴推广。据了解，全省有农村生活垃圾处理任务的 71 个县（市、区），有 44 个已建成启用，24 个已开工建设；71 个县（市、区）的 1049 个镇（街）全部建成“一镇一站”，约14万个自然村全部建成“一村一点”，全省生活垃圾收运处理能力得到显著提高。但我省仍有部分县（区）农村生活垃圾处理设施建设滞后，连平、潮南、潮安等3县（区）农村生活垃圾处理设施目前还未开工建设。

加快农村生活垃圾收运处理体系建设。要建立和完善“户收集、村集中、镇转运、县处理”的农村生活垃圾收运处理模式，加快县（市、区）垃圾无害化处理场、镇转运站、村收集点的建设，实现“一县一场”、“一镇一站”、“一村一点”。要加快建立统一高效、各司其职的县域农村生活垃圾收运处理体系。县（市、区）政府负责统筹“镇转运、县处理”工作，制定统一的镇垃圾转运站建设标准，合理划分垃圾收运范围，确定垃圾运输路线，统筹调配垃圾转运车辆，适时高效地将镇级垃圾转运站的生活垃圾转运至县生活垃圾无害化处理场处理，采取有效措施切实避免运输过程的二次污染；乡镇政府负责统筹制定辖区内从村收集点到镇级转运站的生活垃圾运输方案，落实“户收集、村集中、镇转运”的工作责任，指导村庄做好保洁工作；各村负责建立保洁制度，配备固定的保洁人员，重点清理农村路边、河边、池边及公共区域积存垃圾，积极开展环卫整治，扩大环卫保洁示范带（片）覆盖面。佛山市推行“户集、村收、镇运、市（区）处理”的生活垃圾收运处理模式；推行“一镇一站”、“一村一点”，各镇（街道）至少建设1座垃圾中转站，每个自然村至少建设1个垃圾收集点，每个行政村建立保洁制度，其中南海区城乡一体化生活垃圾转运系统工程，以BOT特许经营方式，投资3.3亿元，共建设10座生活垃圾压缩转运站，实现“统一规划、统一配置、统一调度、统一处理”的现代化处理模式，被住房城乡建设部评为“环境卫生科技示范工程项目”。

加快推进农村生活污水治理。要开展农村生活污水污染状况调查，摸清辖区内农村生活污水污染现状和治理设施情况，制订统筹推进全省农村生活污水治理的措施和方案。要重点对饮用水水源保护区、具有饮用水功能的重点水库库区、重要河流上游地区，加快推进镇级生活污水处理设施及配套管网建设。珠江三角洲地区城市周边乡镇要加快生活污水处理设施和配套污水输送管网的统一规划、统一建设、统一管理，尽可能将城乡结合部乡村的生活污水纳入城镇管网处理。粤东西北地区乡镇可根据人口密度、经济发展情况因地制宜，采取分散和集中相结合的方式建设生活污水处理设施，在满足污染减排和水环境质量保护要求下，可根据实际条件采用“分散式、低成本、易管理”的处理工艺，鼓励采用投资较少、运行费用较低的生物滤池、强化人工湿地等处理方式。

推动农村生活污染物的减量化资源化。要鼓励农村实施生活垃圾分类收集处理，引导社会企业和村民积极参与，开展农村生活垃圾减量化和资源化试点工作，采取适用技术，将有机易腐垃圾通过堆肥或沼气池就地处理，砖瓦、渣土等无机垃圾作为农村废弃坑塘填埋或道路垫土使用；在乡镇转运站采取分类处理，配套建设有机易腐垃圾处理设施，产生的有机肥料还林还田，减少垃圾收运和最终处理处置量。鼓励农村畜禽散养户实现人畜分离，采用沼气池处理人畜粪便，将沼渣、沼液用作农肥施用。逐步完善农村污水收集系统，鼓励雨污分流，雨水利用边沟或自然沟渠引入坑塘、洼地进入地表水系统，经处理后符合要求的生活污水用于农田灌溉。

（五）加强畜禽养殖业监管，强化农业污染治理。

加强畜禽养殖业监管。严格“禁养区、限养区、适养区”管理。要定期开展规模化畜禽养殖场（小区）清理整顿行动。要对畜禽养殖业实施主要污染物排放总量控制。新、改、扩建规模化畜禽养殖场（小区）要严格执行环境影响评价制度和主要污染物总量前置审批制度，建设项目新增主要污染物排放量必须来自本行业。要加大畜禽养殖业监管执法力度，定期组织开展畜禽养殖业污染防治专项执法检查，采取联合监督、专项监督和日常性监督等多种形式，严格查处畜禽养殖业违法行为，确保规模化畜禽养殖场污染物的达标排放。要加强畜禽养殖业饲料生产和使用的环境安全监督管理，按照《饲料添加剂安全使用规范》和

《饲料卫生标准》等规定，严格控制饲料中抗生素、铜、锌、砷等超标。2013 年以来，惠州市共清拆或搬迁禁养区畜禽养殖场 940 家，搬迁生猪 24.33 万头，家禽 7.9 万只；以 15 家国家畜禽标准化示范场、23 家省重点生猪养殖场和 42 家畜禽无公害认证生产基地为示范，大力推广沼气综合利用、合理配方喂料、科学饲养管理等生态环保型畜牧业生产技术和健康生态养殖模式，有效保护畜牧业资源环境，带动和引导养殖业向畜禽良种化、养殖设施化、生产规模化、防疫制度化及粪污无害化的方向发展。

加快推进规模化畜禽养殖场重点减排工程建设。要继续实施“以减促治”政策，督促规模化畜禽养殖场（小区）按照国家和省的畜禽养殖业污染防治和总量减排要求，加快重点减排工程项目建设进度，配套建设废弃物综合利用和污染治理设施，确保完成省下达的减排任务。对规模化畜禽养殖场周边消纳土地充足的，要引导种养结合、以地定畜，废弃物就近还田利用；对消纳土地不足的，要引导固液分离处理，固体废物生产有机肥，废水经处理后综合利用或达标排放。据了解，2014 年全省完成规模化畜禽养殖场（小区）污染减排项目 1001 个。

推进畜禽养殖专业户污染治理。要积极引导散养密集区域的畜禽养殖专业户适度集约化经营，采用“共建、共享、共管”的模式建设污染防治设施。鼓励依托现有规模化畜禽养殖场（小区）的治污设施，实施养殖专业户废弃物的统一收集、集中处理。通过政策激励、资金扶持、技术指导等措施，推动有条件的地区建设集中治污设施。生猪年出栏量 50 万头以上的县（市、区），应加快建设畜禽养殖废弃物集中式综合利用或无害化处理设施示范工程。

大力推动农业清洁生产。要组织开展化肥农药污染治理示范工程，探索研究农田化肥农药减量增效技术。要扶持使用生物农药和高效、低毒、低残留农药，鼓励使用有机肥、绿肥，禁止剧毒农药的生产和销售，推广各类生物、物理病虫害防治技术，提高施肥施药效率，降低化肥、农药施用量。要改进农膜使用技术，推广使用可降解塑料薄膜，减少农膜对土壤的危害。要建立农村定点有偿回收站点，对农业用品包装物等难降解废弃物进行回收和资源化利用。要大力发展农业循环经济，开展农业废弃物资源化利用。要进一步完善认证制度，鼓励农民种植无公害、绿色、有机农产品。据了解，佛山市编制了《佛山市“十二五”农业源主要污染物总量减排实施方案》，方案明确农业源减排工作的主要任务和具体要求。

（六）加强工矿企业环境监管，防止污染向农村转移。

严格工矿企业环境准入。应当根据不同主体功能区的经济社会发展水平、发展定位和资源环境承载力，实行分类指导、分区控制。重点生态功能区和国家级农产品主产区等生态发展区要适度发展低消耗、可循环、少排放的生态工业园区，现有产业园区应逐步按照生态工业园区标准进行改造，集中治污，原则上不得引进与园区主导产业无关的工业建设项目。要严格矿产资源开发利用项目审批，矿产资源总体规划环境影响评价未通过审查的地区，不得审批矿产资源开发项目。对基本农田保护区、居民集中区等环境敏感地区，以及重金属污染物超标的区域，不予审批新增有重金属排放的矿产资源开发利用项目，以保障农村生态环境安全。新、改、扩建设项目要严格执行环境影响评价制度和环保“三同时”制度，坚决防止不符合国家产业政策以及重污染行业向山区和农村转移。

强化工矿企业环境监管与综合整治。要以重污染行业工业园区、矿产资源开发利用项目为重点，加强污染源监督性监测，加大环境执法力度，开展专项执法检查，严格查处“未批先建”、未验先投”、违反“三同时”制度、故意偷排等各类环境违法行为。加快推进电镀、鞣革、印染、化工、危险废物处置等重污染行业工业园区建设，实施统一管理、集中治污。强化部门联动，定期组织开展矿产资源开发利用项目专项执法检查，切实加强环境监管和风险应急管理。加大矿产资源开发利用项目的生态环境综合治理与修复力度，落实和完善矿山自然生态环境恢复治理保证金制度，督促采矿权人履行矿山自然生态环境治理恢复义务。对采矿活动引起的矿山地质环境问题和历史遗留的工矿污染开展综合治理，全面推进“矿山复绿”行动。整治重要自然保护区、景观区、居民集中生活区、重要交通干线、河流湖泊直观可视范围范围内的重要矿山地质环境问题。

此文发表在《广东农村发展蓝皮书（2014）》（冯胜平主编，广东经济出版社 2015 年版）

新常态下做好新型城镇化进程中环境保护工作的思考

城镇化是伴随工业化发展，非农产业在城镇集聚、农村人口向城镇集中的自然历史过程，是经济社会发展的必然趋势，是现代化建设的必由之路。2014年6月15日，省委、省政府召开了全省城镇化工作会议，对广东新型城镇化工作作出全面部署。《国家新型城镇化规划(2014–2020年)》提出，未来，我国将推进以人为核心的城镇化，并提出到2020年，常住人口城镇化率达到60%左右、城镇化格局更加优化、城市发展模式科学合理等具体目标。为使城市生活和谐宜人，《规划》要求消费环境更加便利，生态环境明显改善，空气质量逐步好转，饮用水安全得到保障。按照《广东省新型城镇化规划(2014–2020年)》（公众咨询稿。下同），到2020年，全省城镇化水平和质量稳步提升，全省常住人口城镇化率达73%左右，努力实现不少于600万本省和700万外省农业转移人口及其他外来务工人员落户城镇；城镇生活污水处理率和生活垃圾无害化处理率达到90%，90%以上的省控断面水质按环境功能达标，城市集中式饮用水源水质高标准稳定达标，全省大部分地级以上市空气质量达到国家二级标准；珠三角地区优化发展，携手港澳建设世界级城市群取得新进展；粤东西北地区加快发展，地级市中心城区扩容提质成效明显；区域协调进一步加强，城镇化格局更加优化；城镇基础设施和公共安全体系更加完善，城镇综合承载能力显著增强；生态文明建设融入城镇化进程，城镇空间品质和城乡人居环境明显改善；城镇化体制机制不断完善，关键领域制度改革取得重大进展。最终实现生态文明、社会和谐、文化繁荣、城乡宜居、生活富裕、集约高效的新型城镇化和全面现代化。省委书记胡春华在2014年6月15日召开的全省城镇化工作会议上强调，在推进城镇化发展上，要更加注重城镇生态保护，强化资源集约节约、环境保护和生态修复，着力推进绿色发展、循环发展、低碳发展。

推进新型城镇化是一项系统工程。本文拟就新常态下我省推进新型城镇化发展中加强环境保护工作作一些探索。

一

做好新常态下推进新型城镇化环境保护工作必须对当前我省农村环境保护状况有一个清晰的认识。近几年来，省委、省政府高度重视农村环境保护工作，全省农村环境保护工作取得积极进展。

农村环境保护工作机制不断完善。省政府建立了省农村环境保护联席会议制度，经省政府同意，省环境保护厅印发《广东省农村环境保护行动计划（2014–2017）》，确定了8项具体目标，8大任务和400多项重点工程，全面部署了今后四年我省农村环境保护工作。同时，印发了《广东省农村环境保护行动计划2014年年度实施计划》，召开省级部门间农村环境保护联席会议联络员会议，有效推进农村环境保护行动计划的实施。全省有12个地级以上市建立了农村环境保护联席会议制度或领导小组，形成了政府统筹安排、部门分工协作、各方齐抓共管的农村环境保护工作机制。惠州市将潼湖镇等农村环境综合整治作为实施民生工程的重点工作，县（区）主要领导分片挂点负责整治工作，定期听取整治工作汇报，现场指导整治工作；镇政府成立了由镇长为组长，各相关单位“一把手”为成员的农村环境综合整治工作领导小组，并多次召开会议对有关工作进行专题研究、部署，并将责任落实到村组和责任人，形成了党委政府领导、部门配合、全社会共同参与的工作机制，扎实推进农村环境综合整治工作。

农村饮用水安全得到加强。省环境保护厅指导和推进乡镇集中式饮用水源保护区划定工作，截至 2014 年底，全省已基本完成镇以上集中式饮用水水源保护区划定工作，解决了 1600 多万人饮水不安全问题，农村饮用水水质卫生合格率逐年提高。梅州市加强农村集中式饮用水源地环境监管，全市 106 个乡镇集中式饮用水源保护区划定方案已通过省政府批准，全面完成 113.11 万人的农村饮水安全工程建设任务。蕉岭县扎实开展饮用水源地环境整治工作，投入 300 多万元在高场村建设 1 套人工湿地工艺污水处理系统；投入补助资金 195 万元开展饮用水源地龙潭水库上游高场村畜禽养殖整治工作，鼓励高场村养殖户自行关闭养殖场（点），全面退出养殖业，共计关闭 51 个养殖场（点）；投入 100 多万元建成三圳镇九岭村 2000 平方米的生态浮床，设置生物处置生活污水科普模型；列入整治村庄的人工湿地系统工程已进入征地、设计阶段；同时，开展全县各镇、村饮用水源地定期监管巡查和水质监测，及时掌握水源地的环境状况，确保饮用水质安全，全县集中式饮用水源地范围内无影响水源水质的工业污染源，无畜禽养殖、旅游、餐饮等污染饮用水源水体的活动，水源水质保持优良。

农村环境基础设施建设取得突破性进展。截至 2014 年底，基本建成全省"一镇一站、一村一点"的农村生活垃圾收运系统，珠三角地区所有中心镇（共 73 个）均已全部建成污水处理设施。惠州市采取分散与集中处理相结合的方式因地制宜处理农村生活污水，居住比较分散、不具备条件的村镇采取分散处理方式处理生活污水，2014 年新建成农村生活污水处理设施 170 座，总数达到 246 座，有效解决农村生活污水处理问题；对人口比较集中、有条件的镇驻地积极推进生活污水集中式处理；全市已建成投产的污水处理设施达 74 座，建成截污管网 1300 多公里，总处理能力 148.55 万吨 / 日；城镇污水处理体系的完善，为城镇周边的农村生活污水处理提供了工程依托，全市约有 200 多个位于城镇周边的村庄生活污水就近接入污水处理厂进行处理；开展"美丽乡村·清洁先行"行动，全市共建成生活垃圾无害化处理设施5座、镇级生活垃圾转运站94座、农村生活垃圾收集点2万多个，基本实现生活垃圾收集"一村一点"、转运"一镇一站"、处理"一县一场"的配备，做到定点存放、定时转运、定点集中处理，全市农村生活垃圾收集率、清运率和处理率达到95%以上。云浮市各县（市、区）均建有一个生活垃圾卫生填埋场，全市63个镇均建有一个垃圾压缩中转站，全市有8573条自然村建成垃圾收集点，配备专职、兼职保洁员7887名，形成了"一县一场、一镇一站、一村一点"农村垃圾收集处理网络，配备运输车辆280台以及清扫工具，各镇成立镇级环卫所，专职负责农村环卫工作，全面实施"户分类、村收集、镇转运、县处理"的农村垃圾清运体系，做到农村生活垃圾源头治理、过程管理和资源化利用；全市农村生活垃圾收运覆盖率达98%，清运率97.3%，无害化处理率90.3%。

畜禽养殖污染防治成效明显。全省各地级以上市、县（市、区）完成畜禽养殖禁养区划定；推进规模化畜禽养殖场治污工程建设，全省完成污染减排工程的规模化畜禽养殖场2000多家；实施"以奖代补"政策，2014年安排5204万元奖励711家已完成减排工程的规模化畜禽养殖场。开展规模化畜禽养殖业省重点监控企业排污申报核查试点，逐步建立健全重点监控企业"一源一档"动态数据库。梅州市加强畜禽养殖优化规划布局，各县（市、区）均依法全面完成禁养区、限养区划定工作，并加强巡查监管，优化了畜禽养殖业总体布局，防止畜禽养殖养殖场在水质保护区内的无序迁移和污染转移；大力提倡畜禽养殖量与可消纳土地相匹配的理念，推行干清粪的同时，大力发展"畜－沼－果（林、菜、稻、鱼等）"的生态养殖模式，2014年全市规模养殖场新安装固液分离机11台，新建沼气池48个，新建沼气池容积6898立方米，新建堆粪场6100立方米，新建生化塘、氧化塘容积20076立方米，扩大配套农、林业消纳土地10886亩；全市有10个猪场、3个禽场、1个羊场列为农业部畜禽养殖标准化示范场，有24家猪场列为全省重点生猪养殖场。新兴县以畜禽养殖污染治理为重点，大力开展畜禽养殖废弃物综合利用工作，通过推广使用生物垫料、干清粪工艺，减少冲洗用水和排污量；养鸡产生的粪便要收集用作肥料或生产有机肥原料，进行综合治理和利用，冲洗废水要收集处理达标排放；积极推广“猪－沼－果”、“养－沼－植”等各种生态养殖模式，实现畜禽粪便“资源化、减量化、无害化”，实现清洁生产和循环经济；大力建设规模化畜禽养殖场生态健康养殖和废弃物综合利用示范工程，目前全县建成生猪标准化规模养殖场103个（其中国家级畜禽标准化规模养殖示范场7个），建成养殖小区28个，废弃物综合利用厂4家，年加工利用能力达30万吨，利用率占产生量的46%以上；建成大中型沼气工程11宗、户用沼气池1600多个，形成了以沼气为纽带的生态农场模式、生态农业模式和生态户模式。

农村环境综合整治稳步推进。2014年10月29日，省政府印发了《关于改善农村人居环境的意见》，按照“生产发展、生活宽裕、乡风文明、村容整洁、管理民主”社会主义新农村建设要求，以整治农村生活垃圾、生活污水、畜禽污染、水体污染为突破口，大力开展农村人居环境综合整治，全面改善农村生产生活条件。实施“以奖促治”政策，中央、省农村环保专项资金安排约3.4亿元支持农村环境综合整治项目216个，以点带面推动农村环境综合整治，并通过竞争性评审方式确定了博罗、新丰、东源、蕉岭、揭西县等5个2014年农村环境连片综合整治示范县试点项目，省环境保护厅与5个县政府签订目标责任书，明确整治目标和具体任务，落实地方政府责任。同时，为切实推进“以奖促治”实施成效，省环境保护厅加强对基层技术指导和项目管理，组织对重点连片整治项目进行督查督办，有效推进了项目建设。各地因地制宜，加大农村生活污水处理、生活垃圾收运设施，规模化畜禽养殖污染防治设施等基础设施建设力度，有效改善农村环境状况。博罗县作为全省农村连片整治示范县，获得了省财政1000万元的资金补助，正在组织实施拉网式全覆盖的连片整治工作，截至2014年底，已建成48座农村生活污水处理设施，建立了完善农村垃圾收集处理体系，在农村地区主要河涌开展水浮莲、河道内及沿线垃圾集中清理。该县柏塘镇平南村建设的无动力“分散式人工湿地+生态沟”生活污水处理项目，作为成功典型，将逐步在全市推广。

农村生态文明建设取得新进展。2014年珠海市被授予“广东省生态市”称号，并通过国家生态市考核验收，珠海市香洲区被命名为国家级生态区，金湾区、斗门区通过国家生态区建设考核验收；全省新增13个国家级生态乡镇、49个省级生态乡镇（街道）、6个省级生态村。截至2014年底，全省共有国家生态市1个、生态区5个、生态村镇87个，广东省生态示范村镇669个。惠州市在全市已创成748个生态示范村的基础上，2014年又规划建设了60个森林村庄，完成东江水源地生态安全体系建设面积4.6万亩，完成东江、西枝江水源林抚育工程4.36万亩，扩大生态公益林64.98万亩，同时，积极发展生态农业、绿色农业，推进有机食品、绿色食品和无公害食品生产基地建设，2014年新增市级农业标准化示范区5个，累计30个，新增绿色食品企业4家，无公害农产品认证企业11家，全市“三品”认证企业累计达到了154家、产品268个。

严格环境监管，防止重污染企业向农村转移。按照主体功能区划和生态功能区划的要求，强化分区控制和分类指导，严把建设项目、产业转移工业园环境准入关，防止重污染企业向农村地区转移。采取专项行动、日常监察及处理信访等综合措施，加大对环境违法行为的监管查处力度。截至2014年底，全省共出动环境执法人员73.6万人次，检查排污企业30.5万家，立案13491宗，结案11197宗，限期整改或限期治理企业14662家，关闭或停产企业1861家，罚没金额3.65亿元。省环境保护厅与监察厅联合对重点环境问题实施挂牌督办，公布2013年挂牌督办整治完成情况和2014年10个省级和21个市级挂牌督办环境问题名单，省政府就2013年未能完成省挂牌督办任务的4个环境问题约谈了广州等6市政府和省广晟公司等企业，有力地促进了涉及农村突出环境问题的解决。惠州市所有村镇工业企业严格执行环保“三同时”制度，不符合环保要求的项目一律不予审批，2014年全市共否决了近100宗选址农村或农村周边地区的工业项目，淘汰了30家工艺、技术、设备落后，影响农村生态环境的小作坊、小工厂等污染严重项目，有效防止城市工业污染向农村转移。

尽管我省农村环保工作取得了一定进展，但全省农村生态环境面临的形势仍然十分严峻，农村环保基础设施严重滞后，大部分农村生活污水未得到有效处理，农村生活污染处理设施运行和管理的长效机制尚未健全，2015年1月16日省人大常委会举行的省人大代表约见政府部门负责人座谈会上，8位省人大代表6次追问村居民用水难问题。同时，由于部分地方领导对于农村环境保护认识不足，农村环境基础设施投入严重不足，农村农民环保意识十分薄弱，农村环境整治难见明显成效。我省在推进新型城镇化发展中必须切实加强环境保护工作，以确保绿色发展、循环发展、低碳发展。

二

城镇化既是人口、生产要素在区域空间合理积聚的过程，又是人类对自然环境进行人工改造的过程。在传统粗放的城镇化模式下，很多城市出现了雾霾污染、饮用水水源地污染、重金属污染、垃圾污染等环境事件，有的甚至演变成重特大环境事件，直接影响经济社会发展和人民群众的生产生活，危及社会稳定。新常态下，《广东省新型城镇化规划(2014–2020年)》明确了广东未来推进新型城镇化的总体目标、重大任务、空间布局、发展形态与发展路径，提出体制机制改革的主要方向和关键举措，是指导全省新型城镇化健康发展的宏观性、战略性、基础性规划。《规划》既为优化现有城镇化格局、破解当前城市“环境病”提供了机遇，同时也对各级政府相关部门在推进新型城镇化过程中，推进体制、机制创新，落实生态文明建设的各项要求提出了新的挑战。

政府相关部门要正确理解和执行政府对本行政区域内主要污染物总量削减、环境质量和环境安全负总责的管理制度，高度重视城镇化进程中的生态环境风险，大力加强城镇化过程中的环境保护工作，逐步形成事前预防、动态监管、综合治理的城市环境新格局，推动城市环境管理的战略转型，牢固树立隐患险于事故、防范胜于救灾的理念，加大风险隐患排查和评估力度，防范城镇化发展的布局性风险；要将生态文明建设、生态环境保护融入新型城镇化发展的全过程，不断提高城市环境综合管理能力和城镇环境基本公共服务水平，促进形成与资源环境承载能力相适应、功能定位明晰、产业布局合理的城镇化新格局，为新型城镇化提供环境支撑和生态安全保障。

笔者认为，新常态下，我省新型城镇化进程的环境保护要重视和做好这些工作：

要强化领导责任。做好新型城镇化的环境保护，政府责无旁贷。必须强化最严格的生态保护制度，为形成节约资源和保护环境的空间格局、产业结构、生产方式和生活方式提供体制机制保证。要确立“珠三角地区实行环境优先，东西两翼在保护中发展，山区发展与保护并重”的城镇建设思路，按照省十届人大常委会21次会议审议通过的《广东省环境保护规划纲要（2006-2020年）》确定的“三区控制、一线引导、五域推进”总体战略（三区控制：以优化空间布局为突破口，分类指导、分区控制，将全省划分为严格控制区、有限开发区和集约利用区。一线引导：贯彻发展循环经济的战略主张，调整和优化产业结构，转变经济增长方式，降低资源能源消耗水平和污染物排放强度，促进产业生态化，建设资源节约型社会。五域推进：重点推进生态保护与建设、水污染综合整治、大气污染防治、固体废物处理处置以及核安全管理和辐射环境保护五大领域的建设，全面改善区域环境质量），切实解决关系群众切身利益的环境问题，努力改善城镇环境质量，强化各级领导的环境保护责任。要认真落实《广东省实施差别化环保准入促进区域协调发展的指导意见》，珠三角地区是我省重要的“优化开发区域”，区域污染物排放强度高，局部地区大气和水环境污染问题突出，资源环境约束凸显；该地区应以环境调控促转型升级，优化发展，不断改善环境质量，逐步达到“水清气净”。粤东粤西地区，是我省主要的“重点开发区域”，区域环境质量总体保持良好，但存在局部水环境污染问题；该地区应科学利用环境容量，有序发展，坚持“在发展中保护”，维持环境质量总体稳定，留住“碧水蓝天”。粤北地区是我省主要的“生态发展区域”，区域总体生态环境较好，是我省重要的生态安全屏障和水源涵养地；该地区应实行从严从紧环保准入，适度发展，坚持“在保护中发展”，确保生态环境安全。

要优化城镇化的布局和形态。要编制全省新型城镇化规划，落实国民经济和社会发展规划的要求，并做好与土地利用总体规划、城乡规划等规划的衔接。要综合考虑国土空间的生态重要性、脆弱性、敏感性以及水污染物、大气污染物空间扩散特征，合理划分国土空间的环境功能分区，积极预防和降低局部性环境风险。要合理划分生态空间，在重要生态功能区、陆地和海洋生态环境敏感区、脆弱区等区域划定并坚守生态红线，严格落实用途管制，确保生态安全。要从污染物扩散的自然规律出发，研究划定城市间最少生态安全距离，建立城镇间的生态缓冲带，优化城镇化空间布局。要合理安排县（市）域村镇建设、农田保护、产业聚集、生态涵养等空间，明确重点镇和一般镇、中心村和一般村的布局，统筹安排城乡基础设施和公共服务设施，加快构建覆盖城乡、功能完善、水平适度的基本公共服务体系。要充分考虑环境应急疏散通道和紧急避险空间，降低化学品生产与贮存、危险化学品运输路线与管道敷设、危险废物与垃圾处理处置的布局性环境风险，避免出现“生产生活混居、饮水排污交错”等不合理现象，提高城市宜居宜业水平。在新区建设过程中，要逐步清理整顿违背环境功能分区、环境风险过高的涉化学类工业园区。要将环境保护工作融入城市经济社会发展战略全局中统筹谋划，解决城镇化、工业化和农业现代化协同推进中的生态环境建设与保护问题。

要强化城市群、城镇环境综合治理能力。一是环境管理精细化。要完善市域范围内污染物排放情况、环境质量状况、生态保护现状和环境风险状况统计与监测机制，编制城镇全口径污染物排放清单、市域范围内的物种保护清单和生态环境风险优先控制清单，提高环境质量、生态状况综合评估、动态分析能力，促进环境管理精细化，努力建设环保智慧城市。二是建立环境承载力监测预警系统。要定期发布区域和企事业单位的资源消耗、污染排放情况。依据城市环境功能区划，设定不同环境功能区的资源环境承载力预警标准，并根据监测值与资源环境红线接近程度，对特定区域内企事业单位采取相应措施，防止过度开发和排放后造成不可逆转的严重后果。三是开展城镇化、经济转型等政策环评试点。要深化规划环评的领域和内容，发挥规划环评优化空间的作用，推进城镇化发展战略、城镇体系规划、城市总体规划、城市建设规划和国家级新区总体规划的环境影响评价，统筹综合交通、环保、水利等基础设施建设，集约节约开发建设，合理控制建设用地规模，优化重点产业布局，加强对自然保护区、水源地、风景名胜区、绿地、山体等生态空间的保护。要编制符合长远发展的乡村规划。必须明确，城乡一体化不应该是城乡一样化，不是把农村变成城市。应逐步把城乡统一纳入政府公共服务框架，让乡村真正美丽起来。要健全完善项目环评管理制度，加强全过程管理，从严从紧控制“两高一资”（高耗能、高污染、资源性）、低水平重复建设、产能过剩以及不符合环境功能分区要求的项目建设，加快淘汰落后产能，完善污染物排放标准和环境质量标准体系，推进强制性清洁生产审核，推动经济转型升级。四是强化城市环境风险防控及突发事件应对处置能力。要制定城市及重点工业区域环境风险防控措施和环境应急预案。城市间、生产集中区与生活区之间，以及饮用水水源地、油气化学品输送管道和重要交通运输通道之间要建立风险防范隔离阻断设施。五是制定符合生态文明建设要求的新型城镇化生态环境保护的指标体系、考核办法、奖励机制。六是建立城市群环境管理协调机制。要完善重点区域环境联防联治机制，推进跨区域规划、标准、执法、绿色基础设施和环境基本公共服务体系的共建共享和信息公开。

要提升环境基本公共服务水平。要将加强城乡环境基本公共服务均等化、提升城乡环境基本公共服务水平作为约束性目标，按照城乡发展一体化要求，因地制宜健全农村生活垃圾“户收集、村集中、镇运转、县处理”收运处理体系，引导鼓励源头分类、就地减量，建立农村垃圾收运处理体系和管理长效机制，改善城乡人居环境质量。加强城乡结合部环境整治，完善基础设施和公共服务设施配套，促进其社区化发展。要通过立法对各地各具特色的乡土田园风光进行永久性保护。要开展城乡一体化和新农村建设，使农民既享有同市民相当的生活品质和公共服务，又使农村保持田园风光。要按照地域特征，建立城镇污水、垃圾无害化处理、再生利用设施及管网建设运营等环境基本公共服务配置标准，合理规划城镇绿色基础设施布局，加大环境基本公共服务投入水平，推动城镇绿色基础设施建设。

要提高城镇生态建设质量。要加强生态红线区域特色及其缓冲区域的环境管控，确保城市的基础生态空间。积极推进山体复绿、坑塘河道及岸线整治、乡村公园和村庄景观营造，塑造乡村特色风貌。重视发挥城市水系的生态服务功能，严控水资源开发强度，确保最少生态径流。要提高城区透水地面比例，增加下凹式绿地、植草沟、人工湿地、可渗透路面、沙石地面和自然地面，以及透水性停车场和广场，增加城市水系的自然补给。要加强城市通风廊道设计研究，整合绿地资源和开放空间，合理划定城区范围内的绿化空间，增强城市大气污染物扩散能力，营造城市通风走廊，减缓市区热岛效应。要因地制宜开展城市立体绿化，推进森林围城、森林进城，加快碳汇林、城镇景观林带和环城防护林建设，不断增强净化空气、涵养水源、降低噪音、调节小气候、美化环境等生态系统功能，形成具有地域特色的城镇生态安全格局。

要加快城市重点环境问题治理。认真实施《大气污染防治行动计划》《广东省大气污染防治行动方案》和《珠三角清洁空气行动计划》，落实《广东省大气污染防治目标责任书》，开展区域大气污染联防联控联治，强化重点行业大气污染治理力度，着力整治 $PM_{2.5}$ 和臭氧污染等问题，加大灰霾防治力度，大力改善城镇大气环境质量。实施《南粤水更清行动计划（2013–2020 年）》，抓好跨界河流综合整治，加强城市河流和河涌污染治理，推进新一轮全省水污染防治工作。加大工业固体废物污染防治力度，加强危险废物全口径、全过程管理。完善城镇生活垃圾分类回收、密闭运输、集中处理体系，推进生活垃圾减量化、资源化、无害化治理体系建设。制定重金属污染防治行动计划，实施广东省土壤环境保护和综合治理方案，推进重点地区污染场地和土壤修复治理。推进城镇噪声环境治理，建设安静舒适的城乡环境。

要推进建制镇和农村环境保护。新型城镇化的核心在于不以牺牲农业和粮食、生态和环境为代价，着眼农民，涵盖农村，实现城乡基础设施一体化和公共服务均等化，促进经济社会发展，实现共同富裕。要加强建制镇、农村环境监管能力，提高环境基本公共服务水平。要划定城镇开发边界，严守生态红线，保护城乡生态资源，高效利用农用地资源，维育具有地方特色的自然景观和乡村景观。要加快建制镇和农村饮用水安全建设，制订农村饮用水源保护区突发环境事件应急预案。大力开展生态清洁型小流域，整体推进农村河道综合治理，推广河道池塘水沟生态整治技术，提高水体自我净化能力。要加强农村面源污染和畜禽养殖业污染源治理，依法关闭水源保护区等禁养区内的养殖场，制定和实施土壤污染防治行动计划，推进重金属污染耕地修复，确保农产品产地环境安全。严防城市污染源向中小城镇或农村转移。

随着城镇经济的繁荣，城镇功能的完善，公共服务水平和生态环境质量的提升，人们的物质生活会更加殷实充裕，精神生活会更加丰富多彩。

此文发表在《广东发展蓝皮书（2015）》（汪一洋主编，广东经济出版社 2015 年版）

后 记

1991 年从肇庆教育学院调到广东省环境保护厅工作，不觉在环境保护领域走过了 24 个春秋，见证了广东环境保护事业不断发展、不断取得新成效。24 年来，在繁重的环境保护行政管理工作之余，也思考环境保护的相关问题，在相关刊物上发表了 50 余篇文章。本来没有计划要出汇集，因而发表了的文章往往不注意保存。某日几个同学聊天，大家建议我将已发表的文章结集出一本汇编。于是，利用节假日将散落的文稿进行了整理。这些文稿都是在相关刊物上正式登载的。我深知这些文章的肤浅，认识也不一定很到位，但敝帚自珍，权且当作一个环境保护工作者对环境保护的孜孜以求。

本书收录 1992–2015 年期间在相关刊物上正式发表的文章共 26 篇，以文章发表时间先后为序，内容、文字不作任何改动，保留文章刊登时的原状。由于时间跨度较长，书中有些观点可能不一定准确，盼望大家给予帮助、指正。

感谢赵泓教授为本书的出版给予的热心帮助、指导，感谢广东省国土厅原厅长、广东省环境保护局原局长、第十届广东省人大环资委副主任袁征同志给本书作序，感谢世界图书出版公司为本书的出版付出的辛勤劳动。

何惠明

2015 年 8 月